Zu diesem Buch

Die moderne Naturwissenschaft zeigt eindrucksvoll die große
Reichweite menschlichen Denkens – sie wirft aber auch eindringlich die Frage nach ihrer menschengerechten Anwendung
auf und führt an unüberwindliche Grenzen jeder Erkenntnis.
Tragweite und Grenzen der Wissenschaft verweisen uns zurück
auf uralte Fragen der Philosophie, zum Beispiel auf die Suche
altgriechischer Denker nach den Urprinzipien der Natur oder
auf das »Wissen vom Nichtwissen« des Nikolaus von Kues. Der
Blick auf 2500 Jahre Geschichte des Denkens über die Natur soll
dabei helfen, die moderne Naturwissenschaft wieder in die großen Sinn- und Wertzusammenhänge menschlichen Lebens zu
stellen.

**Alfred Gierer**, geboren 1929 in Berlin, Studium der Physik, 1954
bis 1960 wissenschaftlicher Mitarbeiter am Max-Planck-Institut
für Virusforschung, dort seit 1960 Leiter der Abteilung Molekularbiologie. Seit 1965 Direktor am Institut (1984 in Max-Planck-
Institut für Entwicklungsbiologie umbenannt) und Professor für
Biophysik an der Universität Tübingen. Weitere Buchveröffent-
lichungen: »Die Physik, das Leben und die Seele« (Piper, 1988)
und »Im Spiegel der Natur erkennen wir uns selbst: Wissenschaft und Menschenbild« (Rowohlt, 1998).

Alfred Gierer

# DIE GEDACHTE NATUR

*Ursprünge der modernen Wissenschaft*

Rowohlt

rororo science
Lektorat Jens Petersen

Veröffentlicht im Rowohlt Taschenbuch Verlag GmbH,
Reinbek bei Hamburg, April 1998
Die deutsche Erstausgabe erschien unter dem Titel
»Die gedachte Natur: Ursprung, Geschichte, Sinn und Grenzen
der Naturwissenschaft« im Piper Verlag, München
Für diese Ausgabe Copyright © 1998 by
Rowohlt Taschenbuch Verlag GmbH, Reinbek bei Hamburg
Umschlaggestaltung Barbara Hanke (Foto: The Image Bank)
Alle deutschen Rechte vorbehalten
Gesamtherstellung Clausen & Bosse, Leck
Printed in Germany
ISBN 3 499 60552 X

*Für Lucia*

# INHALT

*Vorwort*                                                    13

I.   ANSPRUCH UND GRENZEN DER
     NATURWISSENSCHAFT

   1. Die Einheit der Natur
      *... zeigt sich in Grundgesetzen, die für alle*
      *Vorgänge in Raum und Zeit gelten*                     19

   2. Grundmerkmale des Lebens
      *... sind naturwissenschaftlich erklärbar*             25

   3. Die Wissenschaft entdeckt
      ihre eigenen Grenzen
      *Von Heisenbergs physikalischer Unbestimmtheit*
      *zu Gödels Grenzen der Entscheidbarkeit*               32

   4. Finitistische Erkenntnistheorie
      *Die Endlichkeit der Welt beschränkt die*
      *Entscheidbarkeit von Problemen*                       35

   5. Die Leib-Seele-Beziehung
      *... ist vermutlich einer vollständigen*
      *wissenschaftlichen Theorie unzugänglich*              40

6. Die »metatheoretische«
   Mehrdeutigkeit der Welt
   *... ist eine Konsequenz prinzipieller Grenzen*
   *objektiver Erkenntnis; Wissenschaft*
   *ist mit philosophischem, kulturellem*
   *und religiösem Pluralismus vereinbar* 46

7. Rückblick in die Geschichte: Ein Beitrag
   zum Verständnis moderner Wissenschaft?
   *Wieso manche Wissenschaftshistoriker die*
   *»Retrospektive« nicht mögen, und wozu sie*
   *trotzdem hilfreich ist* 50

II. DIE ERFINDUNG DES
    THEORETISCHEN DENKENS
    ÜBER DIE NATUR

1. Jede Geschichte hat eine Vorgeschichte
   *... dazu einige Verse der Sappho von Lesbos* 57

2. Die »Meinungen der Physiker«
   *... im ionischen Griechenland vor zweieinhalb*
   *Jahrtausenden. Thales und Anaximander,*
   *Pythagoras und Xenophanes, Anaxagoras*
   *und – vor allem – Heraklit* 63

3. Das Leben und die Seele
   *Wie Aristoteles die Biologie begründete* 79

4. Himmel und Erde, Mechanik und Technik
   *Forschung und Entwicklung im Altertum*
   *von Aristarch, Eratosthenes und Archimedes*
   *bis Heron* 91

5. Zuviel an Wissen, zuwenig an Leben?
   *Frühchristliche Wissenschaftskritik*
   *und die Ermordung der Hypatia* 94

6. Islamische Weltdeutung
   *...beginnend mit Al Kindi in Bagdad, suchte
   unbefangenes wissenschaftliches Denken mit dem
   Glauben an den einen Gott zu versöhnen*                    99

7. Europas Theologen entdecken
   das »Buch der Natur«
   *...als gleichberechtigten Zugang zur
   göttlichen Wahrheit neben der Bibel
   als »Buch der Offenbarung«*                                112

8. Die Renaissance besinnt sich auf die
   schöpferischen Kräfte des Menschen
   *...und führt in die Eigendynamik moderner
   Wissenschaftsentwicklung*                                  116

III. ZUM BEISPIEL NIKOLAUS
     VON KUES: DAS WISSEN
     VOM NICHTWISSEN

1. Vom Studium in Padua
   bis zur Reise nach Konstantinopel
   *Inspiration zu einer neuen Philosophie
   im Geiste der Renaissance*                                 123

2. Wissenschaft als kreative Leistung
   des menschlichen Denkens
   *Wie Gott die Welt in Wirklichkeit,
   so schafft der Mensch die Welt in Gedanken*               132

3. Quantität und Erkenntnis
   *Reflexionen über Mathematik und
   Experiment, die gestaltende Kraft des Feuers
   und das fast unendliche Universum*                        141

4. Die belehrte Unwissenheit
   *...ist eine positive Erkenntnis über Grenzen
   des theoretischen Wissens, die den Weg
   zur intuitiven Schau freigibt*                            152

5. Theater im Himmel: Der Friede im Glauben
   *...erfordert religiösen Pluralismus und*
   *Verzicht auf Gewalt im Vertrauen*
   *auf vernünftige Einsicht*                               161

6. Strukturen einer neuen Wissenschaft
   von der Natur
   *...sind in der Philosophie des*
   *Nikolaus von Kues entworfen*                            169

7. Scheitern in Tirol – Resümee eines Lebens
   *...Kleinliche Praxis, große Gedanken*                   175


IV.  VOM ENTWURF
     ZUR ENTWICKELTEN
     NATURWISSENSCHAFT

1. Die Reise des Kolumbus
   *...nach Amerika, ihre Vorgeschichte und*
   *ihre Folgen für Wissenschaft*
   *und Technik: Erfolg erzeugt Erfolg*                     187

2. Wer wenig weiß, dafür aber das
   Allgemeingültige, weiß viel
   *Galilei, Kepler und Newton begründen die*
   *allgemeine Mechanik der Bewegungen*                     191

3. Die Physik wird Grundlage der
   Naturwissenschaften
   *Ihre Gesetze erfassen Elektrizität und*
   *Magnetismus, Wärme und Strahlung, die Chemie*
   *und schließlich die molekularen Prozesse*
   *der Biologie*                                           201

4. Statt Keplers Harmonie der Welt –
   John Donnes Theater in der Hölle?
   *Themen und Thesen moderner*
   *Wissenschaftskritik sind in Wirklichkeit sehr alt*      210

5. Einheit oder Spezialisierung
   der Wissenschaften?
   *Schellings schlechte Gründe für eine*
   *gute Idee und die Einheit der Natur*
   *in den Grundgesetzen der Physik*                     221

6. Moderne Wissenschaft ist deutungsfähig und
   deutungsbedürftig
   *...und die Suche nach Weisheit führt uns auf die*
   *Ursprünge der Naturphilosophie zurück*               227


V.  RÜCKBLICK UND AUSBLICK:
    SINN UND ZIEL
    WISSENSCHAFTLICHER
    ERKENNTNIS

1. Der Erfolg der Naturwissenschaft
   *...zeigt die erstaunliche Reichweite*
   *des theoretischen Denkens, das Geist*
   *und Natur verbindet*                                 235

2. Erkenntnis der Erkenntnisgrenzen
   *...trägt wesentlich zum menschlichen*
   *Selbstverständnis bei*                               239

3. Wissenschaft und Religion
   *...sind logisch vereinbar; religiöse*
   *und nichtreligiöse Weltdeutungen*
   *werden auf Dauer koexistieren*                       246

4. Umgang mit Natur und Umgang mit Wissen
   *Gründe für Behutsamkeit bei der Anwendung*
   *von Wissenschaft und Technik auf die Natur*
   *und den Menschen*                                    256

5. Plädoyer für eine
   naturphilosophische Perspektive
   *...die Erkenntnisse moderner Wissenschaft*
   *mit der Geschichte des theoretischen Denkens*
   *über die Natur verbindet*                            263

Literaturhinweise und Anmerkungen          267

Personenregister          289

Sachregister          293

# Vorwort

Die Naturwissenschaft prägt weite Lebensbereiche unserer Gegenwart. Dennoch erscheint sie vielen Zeitgenossen nah und fremd zugleich; häufig wird sie als Angelegenheit von Spezialisten angesehen, die weder in ihrem Gehalt noch in ihren Folgen zu überschauen ist. Wie können wir die Wissenschaft und ihre Anwendungen wieder eng in die allgemeinen Sinnfragen menschlichen Lebens einbeziehen?

Der Erfolg der Naturwissenschaft zeigt auf eindrucksvolle Weise die Reichweite menschlichen Denkens und zeitigt dadurch nicht zuletzt auch Erkenntnisse über uns selbst. Die Wissenschaft führt aber auch an unüberwindliche Grenzen, die sich ihrerseits wissenschaftlich einsehen und begründen lassen. An diesen Grenzen zeigt sich, daß moderne Wissenschaft nicht mehr für eine bestimmte Weltsicht – etwa eine materialistisch-mechanistische – in Anspruch genommen werden kann, im Gegenteil: Viele verschiedene philosophische, kulturelle und religiöse Ideen sind mit wissenschaftlichen Tatsachen und logischem Denken vereinbar. Wissenschaft ergibt keine verbindliche Weltdeutung, sie ist selbst deutungsbedürftig. Bei der Suche nach dem Sinn wissenschaftlicher Erkenntnis stößt man ganz unvermeidlich auf sehr alte Ideen in der Geschichte des Denkens – angefangen bei den altgriechischen Naturphilosophen vor zweieinhalbtausend Jahren. Diese Geschichte für ein besseres Verständnis der modernen Naturwissenschaft zu nutzen ist das Ziel des vorliegenden Buches.

Dem historisch orientierten Teil ist ein Kapitel vorangestellt, das wesentliche Merkmale der modernen Naturwissenschaft, ihre Reichweite und ihre Grenzen kurz zusammenfaßt. (Eine eingehendere Darstellung dazu gibt mein früheres Buch »Die Physik, das Leben und die Seele«.) Dieses Einleitungskapitel unterscheidet sich durch seine Sachbuch-Diktion von den folgenden Abschnitten, die über ausgewählte Stationen naturphilosophischen und naturwissenschaftlichen Denkens von der Antike bis in die Gegenwart führen. Die Auswahl ist von subjektiven Vorlieben des Autors beeinflußt; ich meine aber, daß die gezogenen Schlüsse bei einer anderen Wahl von Beispielen nicht wesentlich anders ausfallen könnten.

Exemplarisch ist besonders auch das Kapitel gedacht, welches sich ausführlicher mit Nikolaus von Kues beschäftigt. Überlegungen zur Entwicklung der modernen Naturwissenschaft setzen häufig mit Kopernikus, Kepler und Galilei ein. Die Vorgeschichte des neuen Denkens in der Frührenaissance ist aber besonders interessant, und Nikolaus von Kues eignet sich wie kaum ein anderer Denker dazu, diese Frühphase besser zu verstehen. Ich bekenne gern, daß mich auch seine Persönlichkeit gereizt hat, seit ich kurz hintereinander bei einem Besuch in Kues an der Mosel ihn als Helden des Geistes und des Glaubens – und wenig später bei einem Aufenthalt auf der Südtiroler Sonnenburg als Schurken der Lokalhistorie dargestellt fand. Widersprüche reizen eben mehr als glatt aufgehende Geschichten; gerade diese Widersprüche spiegeln aber auch das Spannungsfeld wider, in dem ein neues Denken über die Natur seinen Anfang nahm.

Das Thema des Buches gehört zu Natur- und Geisteswissenschaften zugleich. Der Text verleugnet nicht, daß er von einem Naturwissenschaftler geschrieben ist, der keineswegs alle internen Regeln geisteswissenschaftlichen Diskurses einhalten kann und einige davon auch gar nicht befolgen will. Ich habe versucht, Geschichten ebenso wie Originalaussagen früherer Denker soweit als möglich für sich selbst sprechen zu lassen.

Herzlich bedanken möchte ich mich bei denen, die mir bei der Arbeit am Buch geholfen haben: bei meiner Frau, Dr. Lucia Gierer, die die Entwürfe in verschiedenen Stadien überarbeitet und diskutiert hat; und bei meiner Sekretärin, Frau Christa Hug, für das Schreiben sowie für engagierte und effiziente Hilfe bei der Revision des Manuskripts. Sehr dankbar bin ich dem Wissenschaftskolleg Berlin, in dem ich die Wintermonate 1988/ 1989 verbrachte und dabei eine erste Fassung überarbeitet habe, besonders der Sekretärin Frau Reuter sowie dem außerordentlich hilfreichen Bibliotheksdienst des Kollegs.

Tübingen, im Frühjahr 1991                    Alfred Gierer

# I. ANSPRUCH UND GRENZEN DER NATURWISSENSCHAFT

# 1. Die Einheit der Natur

*...zeigt sich in Grundgesetzen, die für*
*alle Vorgänge in Raum und Zeit gelten*

Naturwissenschaftliches Denken ist Teil unserer Kultur. Es beeinflußt und prägt die Weltsicht von Jugend an; in der Regel werden nur neueste Erkenntnisse oder der Streit um die jüngsten Anwendungen der Wissenschaft zum Problem. Erst im Blick auf fremde Kulturen und auf die Vergangenheit unserer eigenen bemerken wir, wie wenig selbstverständlich insgesamt ein Verständnis der Natur ist, das sich im Laufe der letzten Jahrhunderte in Europa herausgebildet hat. Es umfaßt Vorstellungen von Raum und Zeit, Sonne und Sternen, Himmel und Erde, Wellen und Wind, Ursache und Wirkung, Kräften und Energie, der Entstehung und Entwicklung des Lebens. Es beeinflußt auch das Menschenbild, die Zukunftshoffnungen, die Wertvorstellungen – und zwar viel weniger über logische Zusammenhänge als über intuitive Einsichten und Vermutungen –, und all dies ist ziemlich unabhängig davon, ob man der zeitgenössischen Wissenschaft unter dem Eindruck ihrer praktischen Folgen eher zustimmend oder ablehnend gegenübersteht, ob wir zum Beispiel Mikroelektronik oder Gentechnik nun mögen oder nicht.

Daß die Naturwissenschaft in diesem Sinne zu einem wesentlichen Kulturmerkmal wurde, ist durchaus zu verstehen und zu bejahen. Sie bildet zwar nicht den einzigen, aber doch einen sehr wichtigen Zugang zum Verständnis der Welt. Sie zeigt eine verborgene und zugleich umfassende Ordnung der Natur; sie lehrt uns über uns selber, daß der menschliche Geist diese Ordnung aufgrund einfacher, abstrakter, allgemeiner, in gewissem Sinne auch schöner Gesetze begreifen kann. Dieses Begreifen wiederum führt zu einer starken Ausweitung der Möglichkeiten kreativen Handelns in gutem wie in schlechtem Sinne. Allerdings beantwortet die Wissenschaft keineswegs *alle* Fragen, die Menschen interessieren und die für das menschliche Selbstverständnis bedeutend sind. In dieser Hinsicht hat man die Naturwissenschaft zeitweise, besonders im vorigen Jahrhundert, überschätzt. Die physikalische Mechanik der damaligen Zeit, ihre Anwendung bei der Industrialisierung, begünstigte intuitiv ein materialistisches Weltbild, das alle Vorgänge als objektivierbar und berechenbar ansah, das vielfach den Bereich des Seelischen als unbeachtlich, wenn nicht gar unwirklich abtat und der Wissenschaft zutraute, daß schließlich mit ihrer Hilfe alles erkennbar und alles machbar sein werde. Weltanschauungen wetteiferten darin, sich mit dem Prädikat »wissenschaftlich« zu schmücken und ihre Gegenspieler als von der wissenschaftlichen Aufklärung überholt abzutun. Heute ist erkennbar, daß das alles so nicht zutrifft, und wir wissen noch etwas mehr: Wir sehen ein, *warum* das nicht stimmt; wir erkennen und verstehen Grenzen wissenschaftlicher Erkenntnis.

Ziel der Naturwissenschaft ist es, die Natur zu erklären und ihre verborgene Ordnung zu erkennen; darüber hinaus aber richtet sich unser Interesse auf übergeordnete philosophische Fragen, in denen wir die Reichweite und die Grenzen des wissenschaftlichen Denkens thematisieren: Was bedeutet es für unser Selbst- und Weltverständnis, daß Naturwissenschaft überhaupt möglich ist, daß also der menschliche Verstand bei einiger Anstrengung zu einem weitgehenden, aber doch nicht unbegrenzten Verständnis der Vorgänge in Raum und Zeit gelangen kann? Für solche Überlegungen sind zwei Merkmale der modernen Wissenschaft von zentraler Bedeutung: Zum einen zeigt sie eine naturgesetzliche Ordnung des Geschehens, welche sich als »Einheit der Natur« verstehen läßt – wenn man den Begriff »Einheit« sinnvoll anwendet und nicht zu weit faßt. Zum anderen ergeben sich aber auch prinzipielle Grenzen wissenschaftlicher Erkenntnis, die sich durch die Anwendung wissenschaftlichen Denkens auf seine eigenen Voraussetzungen aufzeigen lassen.

Konkretisiert haben sich beide Merkmale erst in jüngster Zeit; aber mit diesen Einsichten wurden zugleich zwei allgemeinere, sehr viel ältere Ideen bestätigt: Es gibt einheitliche Erklärungsprinzipien für die Wirklichkeit, und es gibt erkennbare Grenzen der Erkenntnis. Beide Konzepte reichen weit zurück in die Geschichte der Philosophie. Etwas vom Reichtum dieser Geschichte für die Deutung moderner Wissenschaft zu nutzen, ist das Hauptziel der folgenden Erzählungen und Überlegungen. Bevor wir aber einige Jahrtausende zurückblicken, wollen wir zunächst die genannten Merkmale der entwickelten Naturwissenschaft zusammenfassend erläutern und dabei ganz besonders die wissenschaftliche Erklärung von Lebensvorgängen betonen.

Stellt man eine willkürliche Liste von »Fragen an die Natur« zusammen: Warum scheint die Sonne? Wie wachsen Pflanzen? Was bewirkt die Muskelkraft? Warum schwimmt Eis auf Wasser? Wie bildet sich eine Düne? Warum leitet Eisen Strom? Wie verfolgt eine Fliege eine andere Fliege? Wie sieht man Farben? ..., so hat man es zunächst mit Problemen in verschiedenen Fachgebieten, Physik, Chemie, Biologie..., zu tun, für die verschiedene Fachleute zuständig sind; jede ihrer Antworten erzeugt zunächst weitere Fragen, die wiederum zu weiteren Antworten führen; in letzter Konsequenz endet man bei all diesen unterschiedlichen Fragestellungen schließlich bei ein und denselben grundlegenden Naturgesetzen, den Gesetzen der Physik. Zwar ist die Physik insgesamt keine vollständige Wissenschaft, aber es spricht doch alles dafür, daß die physikalischen Grundgesetze für denjenigen Energiebereich, der für die Chemie und die Biologie relevant ist, abschließend bekannt und universell gültig sind.

Diese allgemeine Physik ist aus der Mechanik entstanden, die das Verhalten von Körpern unter dem Einfluß von Kräften erklärt. Schon im vorigen Jahrhundert wurden scheinbar unmechanische Phänomene wie Elektrizität und Magnetismus in eine erweiterte Mechanik aufgenommen. In unserem Jahrhundert gelang es, auch die Atome und Moleküle einzubeziehen. Die Erweiterung der Physik auf den Bereich des unsichtbar Kleinen – auf Teilchen, die nur einige zehnmillionstel Millimeter groß sind – erforderte aber eine grundsätzliche Änderung des begrifflichen Rahmens der Physik mit tiefgreifenden philosophischen Folgen.

Die »alte« Mechanik beruhte auf der anschaulichen Vorstellung raumerfüllender bewegter Körper. Sie war »deterministisch« in dem Sinne, daß aus dem Zustand der Gegenwart zukünftige Zustände im Prinzip beliebig genau berechenbar erschienen. Es zeigte sich aber, daß diese anschauliche Mechanik noch nicht die allgemeine Physik der Ereignisse in Raum und Zeit sein konnte. Sie versagte unter anderem bei dem Problem der chemischen Bindung: Sie gab keine auch nur annähernd richtige Erklärung, warum, zum Beispiel, Wasserstoff und Sauerstoff sich zu Wasser verbinden. Im Bereich der Atome führte sie zu unauflösbaren Widersprüchen. Atome bestehen aus Kernen und Elektronen. Würden sich die Elektronen im Atom »wirklich« um den Atomkern herumbewegen, so müßten sie ständig Energie abstrahlen und würden schließlich in den Kern fallen – was natürlich nicht geschieht. Um solche und andere Widersprüche aufzulösen, bricht die moderne Physik radikal mit der körperlichen Vorstellung von Materie und deren Verhalten: Sie ist keine Theorie mechanisch-anschaulicher Wirklichkeit im Bereich des unsichtbar Kleinen, in dem sich körperhafte Partikel zu bestimmten Zeiten in bestimmten Positionen befinden und mit bestimmten Geschwindigkeiten bewegen; sie ist vielmehr eine *Theorie des Wissens* von der Wirklichkeit. Wissen aber ist begrenzt; es kann Wirklichkeit nicht *vollständig* und mit beliebiger Genauigkeit erfassen. Wissen erfordert Beobachtungen und Messungen; jede Messung beruht auf physikalischen Einwirkungen auf das gemessene Objekt und beeinflußt dadurch auf unvorhersehbare Weise das Meßergebnis. Für sichtbar große Objekte, die aus unzähligen Atomen bestehen, wirkt sich dies nicht merklich aus; will man aber ein einzelnes Atom zum Beispiel mit Hilfe von Röntgenlicht vermessen, so sind wesentliche Meßunschärfen auf keine Weise zu vermeiden. Die moderne Physik, wie sie unter der Bezeichnung »Quantenphysik« in den zwanziger Jahren unseres Jahrhunderts entwickelt wurde, baut derartige Unschärfen von vornherein in ihre Grundgesetze ein.

Diese allgemeine, auf den Bereich des unsichtbar Kleinen erweiterte Physik gilt für alle Ereignisse in Raum und Zeit; sie ist durch eine Unzahl von Experimenten hervorragend bestätigt. Ihre Gesetze stellen – nicht anders als die alte Mechanik – das Verhalten von Teilchen unter dem Einfluß von Kräften dar; was aber Ort und Geschwindigkeit der Teilchen angeht, so sind diese nur in Form von Wahrscheinlichkeitsverteilungen zu berechnen. Aus Messungen der Gegenwart – zum Beispiel über Ort und Geschwindigkeit im Rahmen physikalisch möglicher Genauigkeit – ergeben sich *Wahrscheinlichkeiten* für Messungen in der Zukunft. Der Grad von Unbestimmtheit physikalischer Meßgrößen ist selbst Naturgesetz. Eine Deutung der Vorgänge im Sinne körperhafter Bewegungen ist im Bereich des unsichtbar Kleinen grundsätzlich nicht möglich – sie führt zu unauflöslichen Widersprüchen. Was bedeutet dies für die Beziehung zwischen menschlicher Einsicht und objektiver Realität? Verbirgt sich hinter den Grenzen unseres Wissens ein Ablauf bestimmter physikalischer Ereignisse, oder ist die Unbestimmtheit die letzte – und schließlich auch befriedigende, weil erkenntnistheoretisch stimmige – Antwort der Natur auf die Fragen des Menschen? Derartige »metatheoretische« Fragen vermag die Physik aus sich heraus nicht eindeutig zu beantworten, sie fordern philosophische Deutungen heraus.

Die moderne Physik unterscheidet sich also in wesentlichen Punkten von der deterministisch-mechanistischen Vorstellungswelt des vorigen Jahrhunderts: durch einen gewissen Verzicht auf Anschaulichkeit, durch prinzipielle Grenzen der Meßbarkeit und Berechenbarkeit, durch naturphilosophische Offenheit, aber auch durch umfassende Anwendbarkeit und erkenntniskritische Klarheit. Sie entspricht einer radikalen Vereinheitlichung und Verallgemeinerung der Naturgesetze, weil es in letzter Konsequenz nur wenige stabile Teilchen und einige wenige Kräfte gibt – in dem Energiebereich chemischer und biologischer Vorgänge zählen in erster Linie Atomkerne, Elektronen und die zwischen ihnen wirkende elektrische Kraft.

Wenige Partikel, wenige Kräfte, wenige Naturkonstanten gehen ein in wenige physikalische Grundgleichungen, die jeweils eine einfache, »schöne« mathematische Form haben – und die dann ein umfassendes Verständnis für eine unglaubliche Vielfalt von Vorgängen in Raum und Zeit erschließen.

Wenn man die Naturgesetze kennt, die die Veränderungen von Zuständen in der Zeit darstellen, so kann man wiederum diejenigen Zustände herausfinden, die sich mit der Zeit wenig oder gar nicht ändern, auch nicht unter dem Einfluß kleiner Störungen. Das sind dann die ziemlich stabilen Zustände der Materie; sie charakterisieren das, was »es gibt«. Dazu gehören auch die beständigen Verbindungen von Atomen zu Molekülen. Das physikalische Verständnis der chemischen Bindung ist eine große Leistung der Quantenphysik. Dieses Grundverständnis schließt auch den ganzen Reichtum von Verbindungen ein, die der Kohlenstoff mit Stickstoff, Wasserstoff, Sauerstoff und Phosphor eingehen kann, um die »Moleküle des Lebens« zu bilden.

Die Physik ist die allgemeinste, die Biologie die komplexeste und die am meisten auf den Menschen selbst bezogene Naturwissenschaft; in der physikalischen Begründung und Erklärung von Lebensvorgängen zeigt sich am deutlichsten, daß die ganze Natur in den Grundgesetzen der Physik zu einer gedanklichen Einheit verbunden ist.

# 2. Grundmerkmale des Lebens

*...sind naturwissenschaftlich erklärbar*

Reichtum der Formen – verborgene Ordnung – Zweckmäßigkeit der Strukturen und Verhaltensweisen – die Fähigkeit zur Erzeugung von Nachkommen gleicher Art: all dies kennzeichnet die belebte Natur. Der Bereich des Lebendigen umfaßt eine Vielfalt von Arten, die durch Evolution im Laufe von Milliarden Jahren entstanden sind. Fragt man nach den Eigenschaften, die die belebte von der unbelebten Natur ganz allgemein unterscheiden, die also auch noch die einfachsten Organismen, die Bakterien, vor der anorganischen Welt auszeichnen, so stößt man vor allem auf drei Merkmale: die Reproduktion der Organismen von Generation zu Generation; den Stoffwechsel, also die Verwendung von Energie und Material aus der Umgebung zur Vermehrung und Erhaltung der Lebewesen; und die Fähigkeit zu Mutationen – zufälligen Veränderungen erblicher Eigenschaften, ohne die eine Evolution nicht möglich und die Entwicklung des Lebens auf der Erde nicht verständlich wäre. Nicht alle diese Eigenschaften sind Bedingungen für das Leben der einzelnen Organismen – Tiere können leben, auch wenn sie die Fähigkeit zur Fortpflanzung nicht oder nicht mehr haben. Die drei Merkmale sind aber notwendige Voraussetzungen für Entstehung, Entwicklung und Erhaltung des Systems »Leben«.

Die »molekulare Biologie« erklärt nun diese charakteristischen Merkmale des Lebendigen aufgrund der Eigenschaften der beteiligten Moleküle. Erbsubstanz der Organismen ist Desoxyribonukleinsäure, »DNS«. Sie besteht aus langen Kettenmolekülen, in denen vier Typen von Gliedern in bestimmten, für den jeweiligen Organismus charakteristischen Reihenfolgen aufgereiht sind. Die Aufeinanderfolge der Glieder enthält die »Information« für den Aufbau des Organismus in Analogie zu einem geschriebenen Text, in dem die Folge von Buchstaben Information enthält, zum Beispiel die Anweisung zum Bau eines Hauses. DNS hat eine Doppelfunktion für die Vererbung. Erstens wird die Reihenfolge der Bausteine der DNS *reproduziert*, und zwar durch eine Art Abdruckverfahren im molekularen Bereich. Kopien der DNS werden bei der Vermehrung von Zellen und Organismen an die Nachkommen weitergegeben; auf diese Weise wird genetische Information von Generation zu Generation übertragen. Zweitens bestimmen die Folgen von Bausteinen in der Erbsubstanz DNS die Reihenfolge der Bausteine in den Proteinen, die von den Zellen gebildet werden. Viele dieser Proteine wirken als spezifische Katalysatoren und lenken dadurch den Stoffwechsel des Organismus. Neben Reproduktion und Stoffwechsel beruht auch die dritte Grundeigenschaft des Lebens, die Fähigkeit zu Mutationen, auf den Eigenschaften der Erbsubstanz. Mutationen sind zufällige Veränderungen in der Folge der Bausteine der DNS, die zum Beispiel zu veränderten Proteinen führen können. Die meisten Mutationen wirken sich schädlich für die Funktionsfähigkeit des Organismus aus; einige sind nützlich für die Fortpflanzungsfähigkeit und setzen sich deswegen im Laufe der Generationen selektiv in der Population durch: Evolution findet statt.

Diese hier sehr grob skizzierten Einsichten der Molekularbiologie, die inzwischen zur Allgemeinbildung gehören und in den Schulen gelehrt werden, erklären die drei Grundeigenschaften lebender Systeme – Selbstvermehrung, Stoffwechsel, Mutationen – als Eigenschaften von Molekülen, die ihrerseits auf der Basis physikalischer Gesetze zu verstehen sind. Das wichtigste Prinzip der »molekularen Genetik«, die Fähigkeit der Erbsubstanz DNS zur Selbstvermehrung, ist auch ohne allzuviel Erklärung anschaulich, wenn man vor einem Modell des Moleküls DNS – der »Doppelhelix« – steht und es betrachtet: Der Mechanismus der Kopierung ist physikalisch unmittelbar einleuchtend.

Sind mit diesen molekularbiologischen Erkenntnissen die grundlegenden Probleme der Biologie gelöst, geht es danach nur mehr um komplizierte Details? Sicher nicht: Am meisten bewundern wir doch an der belebten Natur zwei Eigenschaften *höherer* Organismen, die die einfachsten Lebewesen nur ansatzweise zeigen, nämlich den Reichtum der Gestalten der Organismen und ihr komplexes Verhalten. Keine der beiden Eigenschaften würde unmittelbar verständlich, wenn man nur die chemische Struktur aller beteiligten Moleküle kennen würde; lange Listen chemischer Formeln würden uns eher ratlos machen, wollten wir verstehen, warum die Hand fünf Finger hat. Gestalten und Verhalten sind Eigenschaften komplexer *Systeme* von Molekülen, Zellen und Zellverbänden. Systeme von Komponenten haben Eigenschaften, die die Komponenten je für sich nicht besitzen; ihre Erklärung bedarf deshalb der mathematisch-physikalisch begründeten Systemtheorie.

Was die biologische Gestaltbildung angeht, so entsteht die räumliche Struktur der Organe und Organismen in jeder Generation neu aus der relativ einförmigen Eizelle nach der Befruchtung. Daran sind verschiedene Mechanismen beteiligt – Zellen vermehren und differenzieren sich in verschiedene Typen wie zum Beispiel Hautzellen, Muskelzellen, Nervenzellen; sie bewegen sich und verändern ihre Form. Die ersten Differenzierungen können weitere Prozesse der Strukturierung auslösen. Ein Grundvorgang ist dabei die Induktion: Kontakt eines Gewebes von Typ A mit Teilen eines Gewebes von Typ B löst dort die Ausbildung eines Gewebes von Typ C aus.

Ein besonders eindrucksvoller Prozeß biologischer Entwicklung ist darüber hinaus die *Neu*bildung von Strukturen *innerhalb* anfangs einförmiger Zellen bzw. Gewebe. Diese räumliche »Selbstgliederung« zeigt bemerkenswerte »ganzheitliche« Regeleigenschaften – etwa, indem ein halber Seeigel-Embryo in der Lage ist, aus sich selbst heraus noch ein ganzes Tier im verkleinerten Maßstab zu bilden. Zwar kennt man bislang noch nicht die beteiligten biochemischen Mechanismen im einzelnen; die Systemanalyse zeigt jedoch, daß gewöhnliche Reaktionen und Ausbreitungsvorgänge von Molekülen ausreichen, um räumliche Ordnung zu erzeugen. Dazu ist eine Reaktion erforderlich, die sich selbst verstärkt, so daß kleine Anfangsvorteile zu einer starken Aktivierung führen; ist diese Aktivierung mit einer

Hemmwirkung verbunden, die sich – zum Beispiel durch Diffusionsvorgänge – in weitere Bereiche ausbreitet, so führt Aktivierung in einem Teilbereich zur Verhinderung von Aktivierung in der Nachbarschaft. Auf diese Weise kann das Wechselspiel von Aktivierung und Hemmung zur »Selbstgliederung« eines zunächst einförmigen Gewebes in aktivierte und nicht aktivierte Teilbereiche führen. Es zeigt sich nun, daß Mechanismen dieses Typs in einfacher Weise die merkwürdigen ganzheitlichen Regeleigenschaften biologischer Systeme ergeben können, so auch die Regelung der Größe der Teile im richtigen Verhältnis zur Größe des Ganzen. Was in einem Teilbereich geschieht, beeinflußt das Geschehen in anderen Teilbereichen. »Das Ganze ist mehr als seine Teile« – dieser Satz ist nicht mehr ein biologisches Argument gegen physikalische Erklärbarkeit; er ist vielmehr Gesetz mathematischer Systemtheorie, die ihrerseits fester Bestandteil der Wissenschaft physikalisch-chemischer Prozesse geworden ist.

»Struktur aus Nichts« – genauer gesagt: räumliche Organisation aus annähernd gleichförmigen Anfangsbedingungen – dies ist zwar nur einer unter sehr vielen Aspekten biologischer Entwicklung; aber er ist besonders wichtig, wenn man die Logik des Generationszyklus verstehen will. Zwar könnte auch eine Entwicklung, die ausschließlich auf Zelldifferenzierung, Zellwanderung und Induktion beruht, dabei aber auf »Selbstgliederung« verzichtet, zu komplizierten Strukturen führen; jedoch würden dann kleine Schwankungen und Fehler in frühen Stadien die spätere Entwicklung allzu leicht desorganisieren. Der Mechanismus der Selbstgliederung hingegen ist sehr regelfähig und robust gegen Störungen. Er vermag Fehler zu korrigieren; die Fähigkeit der Anpassung der Größe von Teilen an die Größe des Ganzen ist hierfür nur ein – allerdings eindrucksvolles – Beispiel. Selbstgliederung sichert die *Verläßlichkeit* der Ausbildung *komplizierter* Strukturen in jeder Generation – dies ist vermutlich der Grund dafür, daß die Evolution diese Mechanismen hervorgebracht und in die Entwicklungsprozesse eingebaut hat.

Früher behaupteten kluge Vertreter der »vitalistischen« Denkschule, die Neubildung von Strukturen in jeder Generation sowie ihre »ganzheitliche« Regelung könnten niemals durch

Physik allein erklärt werden, dazu bedürfe es einer besonderen »Lebenskraft«. Diese Auffassungen sind nun widerlegt: Physikalisch-chemische Prozesse sind in der Lage, räumliche Ordnung zu erzeugen. Wie immer die biochemischen Prozesse im einzelnen verlaufen mögen, die Erklärung biologischer Strukturbildung liegt in der Reichweite bekannter physikalischer Gesetze.

Das allgemeine Prinzip solcher Erklärungen heißt »Selbstorganisation«: Die Entwicklung von Strukturen erfordert nicht, daß Ordnung auf ungeordnete Systeme von außen formend aufgeprägt wird. Strukturen können vielmehr auch aus anfangs einförmigen oder chaotischen Zuständen durch die Wechselwirkung der Bestandteile des Systems »von selbst«, also ohne prägende Außeneinflüsse, gebildet werden.

Nun ist Selbstorganisation nicht auf den Bereich der Biologie beschränkt. Im Gegenteil, es gehört zu den interessantesten Einsichten der Theorie dynamischer Systeme, daß sich bei aller Verschiedenheit der Mechanismen ähnliche Prinzipien der Strukturbildung in unterschiedlichen Bereichen der Wirklichkeit finden – in der unbelebten wie in der belebten Natur, aber auch in sozialen Systemen. Insbesondere spielt das allgemeine Prinzip »*Selbstverstärkung*« nicht nur bei Prozessen biologischer Strukturbildungen, sondern ebenso in der anorganischen Natur eine wesentliche Rolle, zum Beispiel bei der Bildung von Wolken und Wellen, Dünen und Kristallen; Selbstverstärkung bestimmt aber auch gesellschaftliche und psychologische Vorgänge: Kapital erzeugt Kapital; wo Leute sind, ziehen Leute hin; Erfolg erzeugt Erfolg, und Frustration erzeugt Frustration.

Neben solchen Merkmalen, die Strukturbildungen durch »Selbstorganisation« im biologischen und außerbiologischen Bereich *gemeinsam* sind, gibt es aber auch charakteristische *Unterschiede*, die die belebte vor der unbelebten Natur auszeichnen: Wolken gleichen sich untereinander nur in wenigen Eigenschaften, Elefanten hingegen in sehr vielen. Dies liegt daran, daß Details der Bildung einer einzelnen Wolke stark vom Zufall abhängen, während der Zufall bei der Entwicklung eines Elefanten eine vergleichsweise geringe Rolle spielt. Seine Organe entstehen unter der Kontrolle der Gene in einer genau regulierten

Folge von Prozessen, die bewirken, daß Teilstrukturen an bestimmten Positionen des Embryos in bestimmter Orientierung gebildet werden. Nur weil der Zufall weitgehend ausgeschaltet ist, sind die hochorganisierten Strukturen der Lebewesen Generation für Generation reproduzierbar.

Das eindrucksvollste biologische Merkmal des Menschen und der höheren Tiere ist die Leistungsfähigkeit des Gehirns. Das Bauelement des Gehirns, die Nervenzelle, besteht aus einem Zellkörper, der über Fortsätze mit anderen Zellen – zumeist mit anderen Nervenzellen – verschaltet ist. Sie verarbeitet eingehende elektrische und chemische Signale in ausgehende Signale. Das Gehirn des Menschen enthält über 10 Milliarden Nervenzellen und vielleicht noch zehntausendmal mehr Verknüpfungen zwischen Zellen durch Faserverbindungen, deren Gesamtlänge sich auf 100 000 km abschätzen läßt. In gewissem Sinne ist das Gehirn ein Netz von Schaltelementen der Informationsverarbeitung, ähnlich einem Computer. Zwar ist das Bauelement »Nervenzelle« anders aufgebaut als das der Computer, aber seine Möglichkeiten der Verarbeitung von Informationen sind sicher reicher und nicht ärmer. Auch die Funktion des Nervennetzes im Ganzen unterscheidet sich in wesentlichen Merkmalen von der heute üblicher Computer. Für beide gilt dennoch in gleicher Weise ein allgemeines Prinzip der Mathematik: Jede formal genau definierte Leistung kann durch ein Netz einfacher physikalischer Schaltelemente erbracht werden; etwas vereinfacht gesagt: Was formalisierbar ist, ist mechanisierbar. Daher erwartet man, daß letztlich jede Leistung des Gehirns – sei sie auch noch so eindrucksvoll, abstrakt, »ganzheitlich« – auf einer physikalischen Basis zu erklären ist, sofern man die Leistung nur formal genau beschreiben kann. Das schließt auch die hochintegrierenden Fähigkeiten des menschlichen Gehirns ein, wie Sprachgebrauch, Strukturerkennung, Abstraktion, Erinnerung und strategisches Denken. Dabei bleibt allerdings zunächst offen, ob *alle* Eigenschaften des Gehirns formalisierbar sind; auf diese Frage werden wir im Zusammenhang mit dem Leib-Seele-Problem zurückkommen. Zudem ist die Einsicht in die Existenz einer Erklärung noch nicht die Erklärung selber – diese kann immer nur durch konkrete neurobiologische Forschung erbracht werden.

Die Einheit der Natur in den Grundgesetzen der Physik – sie zeigt sich am deutlichsten darin, daß die Gesetze der Physik im Bereich des Lebendigen uneingeschränkt gelten; sie erweisen sich als die Erklärungsgrundlage der charakteristischen Merkmale des Lebendigen, wie Vermehrung und Evolution, Gestaltbildung bei der Entwicklung und Informationsverarbeitung im Gehirn.

# 3. Die Wissenschaft entdeckt ihre eigenen Grenzen

*Von Heisenbergs physikalischer Unbestimmtheit zu Gödels Grenzen der Entscheidbarkeit*

Hängt wissenschaftliche Erkenntnis nur von unseren Anstrengungen ab, oder sind ihr prinzipielle Grenzen gezogen? In der Vergangenheit wurde immer wieder behauptet, bestimmte Eigenschaften der Natur würden sich einer wissenschaftlichen Erklärung grundsätzlich entziehen, insbesondere die Merkmale des Lebendigen. Solche Zweifel wurden inzwischen von der Entwicklung der Wissenschaft überholt. Schließlich stieß diese dann doch auf unüberwindliche Grenzen der Erkenntnis, aber nicht als Folge außerwissenschaftlicher Vorbehalte, sondern im Gegenteil durch die konsequente, kritische Analyse der Voraussetzungen der Wissenschaft durch die Wissenschaft selbst.

Dies gilt zunächst für die Unbestimmtheit der Quantenphysik, die sich durch eine physikalische Analyse physikalischer Meßprozesse begründen läßt. Ort und Geschwindigkeit eines Teilchens lassen sich nicht gleichzeitig mit beliebiger Genauigkeit messen. Ist aber der Zustand in der Gegenwart unbestimmt, so sind auch zukünftige Zustände nicht genau vorherberechenbar. Für die meisten makroskopischen Vorgänge hat die Unbestimmtheit einzelner Ereignisse an Atomen und Molekülen zwar wenig Bedeutung, da das Verhalten von Objekten aus sehr vielen Atomen durch statistische Mittelwerte gegeben ist, die sehr genau zu berechnen sind. Dies gilt aber nicht, wenn *einzelne* atomare Ereignisse in makroskopische Dimensionen hinein verstärkt werden. Dann hat nämlich die Unbestimmtheit im Kleinen die Unbestimmtheit im Großen zur Folge. Das gilt zum Beispiel für Keimbildungen bei Kondensationen von

Tropfen und bei der Entstehung von Turbulenzen. Kleinste Ursachen können schließlich große Auswirkungen haben; aus solchen Gründen ist vermutlich die langfristige Wettervorhersage nicht nur praktisch, sondern auch grundsätzlich unmöglich.

Besonders bedeutsam ist die Unbestimmtheit im biologischen Bereich. Mutationen, aber auch Rekombinationen von Chromosomen bei der sexuellen Vermehrung der Organismen sind Prozesse an einzelnen Molekülen der Erbsubstanz DNS und unterliegen deshalb der Unbestimmtheit der Quantenphysik. Hieraus folgt unter anderem, daß die biologische Konstitution zukünftiger Lebewesen – auch die aller zukünftigen Menschen – nicht nur praktisch, sondern grundsätzlich nicht vorhersagbar ist. Die Zukunft ist zwar hinsichtlich mancher Merkmale sehr gut, in anderer Hinsicht aber überhaupt nicht berechenbar – sie ist in wesentlichen Aspekten wirklich offen. Diese Erkenntnis unterscheidet die moderne Physik von der unvollständigen, aber anschaulich-materialistischen Mechanik des vorigen Jahrhunderts, denn diese war »deterministisch«; wäre sie richtig, so wären alle künftigen Vorgänge – einschließlich aller menschlichen Handlungen – durch die gegenwärtige Konfiguration der Materie bereits unverrückbar festgelegt.

Weniger als ein Jahrzehnt nach Werner Heisenbergs fundamentaler Entdeckung der physikalischen Unbestimmtheit in den zwanziger Jahren entdeckte der Mathematiker Kurt Gödel prinzipielle Grenzen mathematisch-logischer Entscheidbarkeit. Auch diese Entdeckung beruhte auf einer Analyse der Voraussetzung der betroffenen Wissenschaft mit Mitteln der Wissenschaft selbst: Die Anwendung des formalen, logischen Denkens auf formale Systeme logischen Denkens zeigt Grenzen der Formalisierbarkeit des Denkens. Gödel und andere Mathematiker bewiesen mit der strengen Schlußweise ihres Faches: In jedem halbwegs leistungsfähigen formalen System der Logik kann man »Sätze« – gemeint sind allgemeine Behauptungen – formulieren, die mit den Mitteln des Systems nicht zu beweisen oder zu widerlegen sind. Man nennt sie »unentscheidbar«. Insbesondere läßt sich die Widerspruchsfreiheit eines Systems nicht mit den Mitteln des Systems selbst beweisen. Es wird nie ein abgeschlossenes System von Regeln des Denkens geben, das sich selbst vollständig absichert. In letzter Konsequenz beruht jedes formale Denken auch auf intuitiven Voraussetzungen.

# 4. Finitistische Erkenntnistheorie

*Die Endlichkeit der Welt beschränkt die
Entscheidbarkeit von Problemen*

Wir wollen einen dritten Gesichtspunkt über Grenzen der Erkenntnis einführen, der nicht so allgemein erkannt bzw. anerkannt ist wie die Unbestimmtheit der Quantenphysik und die Unentscheidbarkeit im Rahmen der mathematischen Logik: Die Endlichkeit der Welt begrenzt auch die wissenschaftliche Lösbarkeit von Problemen.

Möchte man allgemeine Eigenschaften komplizierter Systeme herausfinden und nachweisen, so bedarf es der gedanklichen Erprobung vieler verschiedener Möglichkeiten und einer umfangreichen Verarbeitung von Information. Diese kann unmittelbar vom menschlichen Gehirn oder mit Hilfe von Computern geleistet werden. Die Leistungsfähigkeit ist aber quantitativ begrenzt durch die endliche Zahl physikalischer Bestandteile im System der Informationsverarbeitung, seien es nun Nervenzellen oder elektronische Schaltkreise. In der Praxis ist die Grenze durch die biologischen Eigenschaften menschlicher Gehirne sowie durch Umfang und Effizienz verfügbarer Computer bestimmt, aber solche rein *praktischen* Grenzen haben keine *erkenntnistheoretischen* Konsequenzen, ebensowenig wie *praktische* Schwierigkeiten der Weltraumfahrt Zweifel an der Realität von praktisch unerreichbaren Himmelskörpern aufkommen lassen. *Prinzipielle* Grenzen der Erkenntnis liegen jedoch dann vor, wenn sie durch physikalische Naturkonstanten bestimmt werden; dazu aber gehören die Dimensionen des Kosmos im Ganzen.

Das Universum ist von endlicher Masse, endlichem Alter und endlicher Größe. Stellen wir uns im Gedankenexperiment einen Computer vor, der so groß ist wie das ganze Universum und seit seinem Anbeginn ununterbrochen gerechnet hat. Das Universum enthält ungefähr $10^{80}$ langlebige Elementarteilchen wie Protonen, Neutronen und Elektronen – $10^{80}$, das ist eine Eins mit achtzig Nullen. Der größte denkbare Computer kann nicht mehr als $10^{80}$ Bauelemente enthalten. Aber auch die Informationsverarbeitung pro Bauelement ist durch physikalische Gesetzmäßigkeiten eingeschränkt. Die Quantenphysik besagt nämlich, daß Zustandsänderungen eine Mindestzeit erfordern, wenn die Stabilität eines Partikels nicht in Frage gestellt werden soll; dies gilt natürlich auch für einen Rechenschritt, den ein Bauelement der Informationsverarbeitung ausführt. Rechnet man nun nach den Regeln der Quantenphysik aus, wie groß diese Mindestzeit für ein stabiles Partikel ist, und schätzt man dann ab, wie viele solcher Mindestzeiten seit Anbeginn der Welt vergangen sind, so ergibt sich eine Zahl um $10^{40}$. Jedes Bauelement unseres gedachten Supercomputers könnte also nicht mehr als $10^{40}$ und der ganze Computer nicht mehr als $10^{80}$ x $10^{40}$ = $10^{120}$ Operationen ausführen, auch wenn er so groß ist wie der Kosmos und so lange rechnet, wie das Weltall alt ist.

Nun ist dies zwar ein reichlich irreales Gedankenexperiment, aber es zeigt uns doch eine oberste Grenze an – eine noch größere Anzahl von Operationen wäre mit den Gesetzen der Physik und der Endlichkeit des Kosmos prinzipiell unverträglich. Diese Überlegung kann als Grundlage einer finitistischen Erkenntnistheorie dienen: Der Endlichkeit der Welt entsprechen prinzipielle Grenzen der Erkenntnis. Was *nur* in $10^{120}$ oder mehr gedanklichen Schritten der Informationsverarbeitung entscheidbar wäre, ist unentscheidbar.

Sicher kann man darüber streiten, ob derartige finitistische Argumente philosophisch tragfähig sind. Schließlich können wir uns in mathematischen Gedankenkonstruktionen noch viel mehr Operationen vorstellen. Wir haben aber Grund zur Vorsicht mit unseren »Vorstellungen«: Dies zeigte sich bereits Anfang dieses Jahrhunderts am Beispiel der Relativitätstheorie Einsteins. Entsprechend dieser Theorie gibt es eine physikalische Obergrenze für die Geschwindigkeit von Signalen, nämlich die Lichtgeschwindigkeit, und zwar unabhängig vom Standort und der Bewegung des jeweiligen Beobachters. Daraus ergeben sich weitreichende Konsequenzen, die der gewöhnlichen raum-zeitlichen Anschauung widersprechen. Als diese Theorie noch neu und ungewohnt war, argumentierte man, daß wir uns noch schnellere Bewegungen – oberhalb der physikalischen Obergrenze – vorstellen könnten; aber solche Gedankenexperimente führten zu unsinnigen oder falschen Schlüssen. So lernte man die Lichtgeschwindigkeit auch erkenntnistheoretisch als maximale Signalgeschwindigkeit zu akzeptieren: Ein stimmiges Konzept für »Zeit« erfordert letztlich die Anerkennung dieser physikalischen Obergrenze der Signalgeschwindigkeit. Analoge Argumente sprechen für die finitistische Erkenntnistheorie: Man kann sich zwar im Gedankenexperiment Entscheidungsprozesse mit noch mehr als $10^{120}$ Einzelschritten vorstellen, aber die Schlüsse, die man mit solchen Extrapolationen ziehen würde, sind vermutlich unsinnig, jedenfalls aber ungesichert.

Nun gibt es durchaus gut definierte und sogar interessante Probleme, deren Entscheidung »superkosmische« Anzahlen von analytischen Operationen erfordern würde. Mathematiker haben ganze Klassen derartiger »schwer entscheidbarer« Probleme beschrieben. Im Rahmen der Naturwissenschaft könnten manche Fragestellungen zur Evolution betroffen sein – so zum Beispiel: Gibt es Leben auch unter ganz anderen chemischen Bedingungen als denen, die wir auf der Erde vorfinden, und welche Merkmale würde es aufweisen? Schließlich kann man nicht alle denkbaren Welten auf die Möglichkeit »Leben« hin durchspielen, ohne bald auf Zahlen von Möglichkeiten jenseits der Größenordnung $10^{120}$ zu stoßen. Finitistische Gesichtspunkte werden auch in unsere Diskussion des Leib-Seele-Problems eingehen. Zunächst sei aber unter diesem Aspekt eines der zentralen Merkmale moderner Naturwissenschaft noch einmal kritisch betrachtet: die Einheit der Natur in den Grundgesetzen der Physik.

Einheit, so lautete das Argument, bedeutet die Verknüpfung aller Phänomene der Natur mit den Grundgesetzen der Physik. Diese Gesetze bilden die allgemeine Erklärungsgrundlage der objektivierbaren Vorgänge in Raum und Zeit, einschließlich chemischer und biologischer Prozesse. Erklärung erfolgt in Stufen. Zunächst kommen wir durch Anschauung und Erfahrung zur begrifflichen Fassung dessen, was wir erklären wollen; und die Erklärungen führen erst über eine Kette von Zwischenstufen auf die Grundgesetze der Physik. In der Biologie, zum Beispiel, erklären wir Lebensvorgänge durch den Begriff der Vererbung, Vererbung durch Gene, Gene als DNS, die Funktion und besonders die Selbstvermehrung der DNS durch die physikalisch-chemischen Eigenschaften der molekularen Bestandteile und diese wiederum durch Wechselwirkung von Atomkernen und Elektronen entsprechend den Grundgesetzen der Quantenphysik. *Ohne* Anschauung und Erfahrung, nur durch Nachdenken über die Grundgesetze selbst, könnte man nicht herausfinden, daß es Leben gibt und wie es beschaffen ist. Die physikalisch begründete Erklärung hebt die Unterschiede zwischen belebter und unbelebter Natur keineswegs auf; sie macht im Gegenteil die unterscheidenden Merkmale – Selbstvermehrung, Stoffwechsel und Mutation – einem naturwissenschaftlichen Verständnis zugänglich.

»Einheit der Natur« heißt also keineswegs, die verschiedenen Erscheinungen der Natur seien »in Wirklichkeit« »nichts als« Physik, sie bedeutet vielmehr, daß alles Geschehen in Raum und Zeit den gleichen einfachen, abstrakten, dem menschlichen Geist zugänglichen Gesetzmäßigkeiten folgt und auf diese Weise alles mit allem verknüpft ist. Die so erfaßte Einheit erlaubt, ja verlangt für jeden Zweig der Wissenschaft, wie Biologie und Chemie, seine eigene Begrifflichkeit und spezialisierte Methodik. Nur in dieser qualifizierten Form dürfen wir von der »Einheit der Natur in den Grundgesetzen der Physik« sprechen. Die Physik ist die Erklärungsgrundlage für alle Ereignisse in Raum und Zeit. Die Erklärung selbst ist sie für sich allein nicht.

Nun kann man einwenden, daß die moderne Informatik, die Forschung über künstliche Intelligenz, zu Computern mit immer weitergehenden Fähigkeiten führt. Warum sollen diese nicht – in der Analyse der denkbaren Konsequenzen der Grundgesetze der Physik – schließlich Begriffe bilden, und warum sollen darunter nicht auch Begriffe wie »Leben« und »Gen« sein, warum sollen sie nicht unter den Möglichkeiten physikalischer Erscheinungen Voraussetzungen des Lebens ermitteln, zum Beispiel kopierfähige Moleküle nach Art der DNS – auch ohne zuvor eine »Anschauung« vom wirklich existierenden Leben zu haben? Warum sollen sie nicht Formen der Lebewesen und ihrer Organe errechnen, soweit es sich nicht um rein zufällig entstandene Merkmale handelt? Wenn aber ein Supercomputer der Zukunft so etwas im Prinzip könnte – wenn er allein aus den Gesetzen der Physik in mathematisch-logischen Operationen das »Prinzip Leben« und alle wesentlichen Eigenschaften der belebten Natur ermitteln könnte, ohne zuvor etwas von »Leben« zu wissen –, wäre dann nicht »Leben« doch auf Physik reduziert? Ich meine, daß dieses Argument an der finitistischen Erkenntnistheorie scheitert. Ein Computer mit unbegrenztem Gedächtnis und unbegrenzter Rechenzeit mag dahin gelangen – jedenfalls läßt sich das logisch nicht ausschließen –, aber innerweltlich, finitistisch, so ist zu vermuten, ist dies nicht möglich; dafür gilt weiterhin: Die Anschauung und Erfahrung von »Leben« ist Voraussetzung für das Verständnis von Leben. Die physikalische Erklärung der Erscheinungen im Bereich des Lebendigen ist kein Argument für Reduktionismus; es wäre falsch zu behaupten, Biologie sei »nichts als« Physik.

# 5. Die Leib-Seele-Beziehung

*…ist vermutlich einer vollständigen*
*wissenschaftlichen Theorie unzugänglich*

Das tiefste, schwierigste und interessanteste Problem im Grenzbereich zwischen Physik und Biologie ist die Beziehung zwischen »Leib« und »Seele«, moderner ausgedrückt die zwischen Vorgängen im Gehirn und bewußtem Erleben. Subjektives Erleben erfolgt unmittelbar, ohne daß man von Prozessen im eigenen Nervensystem etwas bemerkt, aber die Wissenschaft hat gezeigt, daß Bewußtsein mit Gehirnfunktionen eng korreliert ist. Die Physik, darauf weisen alle Experimente hin, gilt vollständig auch im Gehirn des Menschen. Folgt daraus, daß Bewußtsein eine Eigenschaft ist, die sich in komplizierten physikalischen Systemen der Informationsverarbeitung »von selbst« ergibt, daß somit seelische Vorgänge »nichts anderes« sind als komplexe Signalverarbeitungen im Nervensystem? Unsere Intuition spricht dagegen, da bewußtes Erleben die ursprünglichste aller Erfahrungen ist und bewußte Entscheidungen als frei erlebt werden – aber wir möchten doch gerne herausfinden, ob diese Intuition eine Illusion ist oder ob sie sich begründen und bestätigen läßt.

Hierzu ist zunächst das Leib-Seele-Problem in einer wissenschaftlich tragfähigen Weise zu formulieren. Dies ist nicht einfach: Läßt sich Seele, läßt sich Bewußtsein überhaupt klar definieren? Einige charakteristische Eigenschaften des Bewußtseins lassen sich leicht angeben – die Information über sich selbst, der Selbstbezug, wie er im Gebrauch des Wortes »ich« zum Ausdruck kommt –, aber solche Merkmale lassen sich auch in einen Taschenrechner einbauen, ohne daß wir ihn deshalb als »bewußt« ansehen würden; die Eigenschaft »Selbstbezug« ist also nur ein Teilaspekt des Bewußtseins. Eine *hinreichende* Definition ist schwierig, vielleicht prinzipiell unmöglich. *Daß* wir Bewußtsein haben, erfahren wir unmittelbar im eigenen Erleben. Dem Menschen ist ohne Vermittlung von Augen, Ohren und anderen Sinnen sein eigener Zustand unmittelbar gegeben, etwa in Form von Gefühlen, Absichten, Verhaltensdispositionen, Ängsten usw. Dieser Zustand kann durch Worte und Gesten ausgedrückt und mitgeteilt werden. Einige davon, wie Lachen und Weinen, sind angeboren, die meisten sind kulturell vermittelt. Man kann sich anhand eines Synonymenlexikons davon überzeugen, daß Tausende von Worten unserer Sprache dem geistig-seelischen Bereich angehören; durch deren Kombination läßt sich eine ungeheure Vielfalt seelischer Zustände beschreiben. Damit ergibt sich eine klare, wissenschaftlich definierte Fragestellung: Welcher Zusammenhang besteht zwischen seelischen Zuständen, die dem einzelnen Menschen unmittelbar gegeben sind, und dem objektiv meßbaren physikalischen Zustand seines Nervensystems im Gehirn?

Die meisten Theorien zum Leib-Seele-Problem lassen sich in zwei Kategorien einteilen, je nachdem, ob sie mit Gültigkeit der Physik im Gehirn vereinbar sind oder nicht: Theorien der Leib-Seele-Entsprechung und der Seele-Leib-Interaktion. Interaktionstheorien, die letztlich auf den Philosophen Descartes zurückgehen, besagen: Seelische Ereignisse entstehen unabhängig von physikalischen Prozessen und wirken dann auf physikalische Vorgänge im Gehirn und im übrigen Körper ein; wie man es auch immer wendet, eine Seele-Leib-Interaktion setzt voraus, daß die gewöhnliche Physik nicht vollständig im Gehirn gilt, denn die Physik läßt keine außerphysikalischen Einwirkungen auf physikalische Vorgänge zu. Theorien der Leib-Seele-Entsprechung gehen davon aus, daß jedem physikalischen Zustand des Gehirns jeweils ein bestimmter seelischer Zustand entspricht. Die Entsprechungstheorie ihrerseits hat verschiedene Spielarten, die sich mehr in begrifflichen Feinheiten unterscheiden: Der »psycho-physische Parallelismus« nimmt zeitlich parallele Abfolgen seelischer und körperlicher Vorgänge an, mit eindeutiger Zuordnung der Vorgänge im Bewußtsein zu Vorgängen im Gehirn; die »Identitätstheorie« sieht das Körperliche und das Seelische als zwei Aspekte desselben Prozesses an.

Die Theorien der Leib-Seele-Entsprechung sind mit der Gültigkeit der Physik voll vereinbar. Damit ist keineswegs die Behauptung verbunden, seelische Vorgänge seien auf die physikalischen Eigenschaften der einzelnen Nervenzellen reduzierbar; Bewußtsein ist eine Systemeigenschaft des menschlichen Gehirns im Ganzen. Wenn aber das Ganze den Gesetzen der Physik folgt, so kommt man doch nicht um die Frage herum, ob und in welchem Sinne zum Beispiel selbstgefaßte Entschlüsse unser Verhalten beeinflussen können; allgemeiner gesagt, inwiefern seelische Vorgänge mehr sind als bloße Begleiterscheinungen neurophysiologischer Vorgänge, ob gar die Willensfreiheit eine Illusion ist, während »in Wirklichkeit« im Gehirn »nur« Prozesse nach den Gesetzen der Physik ablaufen, die allein unser Verhalten bestimmen.

Nun spricht eine reiche naturwissenschaftliche Erfahrung dafür, daß die Physik für alle Ereignisse in Raum und Zeit voll gilt – auch im Bereich des menschlichen Gehirns. Ist es aber wirklich eine selbstverständliche Konsequenz der Gültigkeit der Physik im Gehirn, daß dann der seelische aus dem physikalischen Zustand vollständig ableitbar sein müßte? Die folgende Betrachtung soll zeigen, daß die Antwort »nein« ist: Im Sinne finitistischer Erkenntnistheorie sind seelische Zustände nicht automatisch in einer physikalischen Beschreibung des Gehirnzustands enthalten.

Nehmen wir als Beispiel seelischer Zustände die Verhaltensdispositionen, die eine Person in der Gegenwart in bezug auf ihr zukünftiges Verhalten hat. Solche Dispositionen umfassen Absichten, Tendenzen, Strategien, die sich auf eine offene Zukunft beziehen. Sie sind gespeichert im Gehirn, sie sind zugänglich im Bewußtsein; deshalb eignen sie sich dafür, die Beziehung zwischen Gehirnzustand und Bewußtseinszustand zu diskutieren. Beispiel einer Disposition wäre: »Wenn der Winter sehr kalt wird, reise ich in den Süden.« Selbst eine einfache Verhaltensdisposition gilt für eine ungeheure Anzahl physikalisch verschiedener Zustände, die in allgemeinen Begriffen (wie zum Beispiel »kalter Winter«) zusammengefaßt sind. Darüber hinaus ist aber auch die Zahl verschiedener möglicher Verhaltensdispositionen sehr groß. Im Prinzip sind diese Zahlen zwar endlich;

daher liegt zunächst die Vermutung nahe, daß aus einem bestimmten Gehirnzustand alle Verhaltensdispositionen in endlichen Analysen zu ermitteln wären. Man könnte wenigstens im Gedankenexperiment einen Computer bauen, der ein Abbild des Gehirns ist; damit – so könnte man argumentieren – ließen sich mit Geduld alle Möglichkeiten einzeln hintereinander prüfen, um schließlich die dem Gehirnzustand entsprechenden Verhaltensdispositionen zu ermitteln.

Dies stimmt aber nicht; ein solches Entscheidungsverfahren erweist sich als undurchführbar, wenn wir die Endlichkeit der Welt als grundsätzliche Erkenntnisgrenze ansehen – wenn wir also beachten, daß innerweltlich aus grundsätzlichen physikalischen Gründen nicht mehr als $10^{120}$ gedankliche, analytische Operationen ausführbar sind. Derartig große Zahlen – eine Eins mit 120 Nullen – treten nämlich schon bei ganz alltäglichen Problemen als Zahl der *Möglichkeiten* auf; die Zahl der *möglichen* Briefe verschiedenen Inhalts, auch wenn sie nur eine einzige Seite lang sind, ist noch viel größer. Das gleiche gilt für die Zahl möglicher physikalischer Zustände der Zukunft, auf die sich eine bestimmte Verhaltensdisposition bezieht; und die Anzahl verschiedener denkbarer Verhaltensdispositionen ist so groß, daß sie erst recht nicht in einem finitistischen Entscheidungsverfahren alle einzeln nacheinander daraufhin geprüft werden könnten, ob sie einem vorgegebenen Gehirnzustand entsprechen.

Zwar kann man in jedem Bereich der Wissenschaft durch geschickte Beobachtungen, Experimente und Überlegungen viele allgemeine Zusammenhänge entdecken. Dies gilt auch für die Leib-Seele-Beziehung – kennen wir doch zum Beispiel bereits zahlreiche Beziehungen zwischen physikalischen Einflüssen auf das Gehirn wie etwa Reizungen, Unfallfolgen oder Drogen einerseits und seelischen Zuständen andererseits. Es wird aber kein *allgemeines* Verfahren geben, um *jeden* Zusammenhang im Rahmen finitistischer Analysen aufzufinden. Es ist vielmehr zu vermuten, daß wesentliche Aspekte der Leib-Seele-Beziehung in einer endlichen, erkenntnistheoretisch eingegrenzten Zahl von Schritten nicht »dekodierbar« sind, wie ja zum Beispiel auch ein Geheimcode so raffiniert verschlüsselt sein kann, daß er mit begrenzten Mitteln nicht zu entziffern ist.

*Welche* Aspekte des Bewußtseins sich einer vollständigen Theorie entziehen, darüber kann man nur Vermutungen anstellen. Hinweise dafür ergeben sich aus bestimmten Analogien zur mathematischen Entscheidungstheorie: Sie zeigt uns, daß es in jedem einigermaßen leistungsfähigen formalen System der Logik bestimmte Sätze gibt, die mit den Mitteln des Systems nicht in einem endlichen Verfahren zu beweisen oder zu widerlegen sind; dazu gehört immer der Satz über die Widerspruchsfreiheit des »eigenen« Systems, also eine typisch »selbstbezogene« Aussage. In Analogie hierzu sind die charakteristischen Eigenschaften des Bewußtseins, wie die Bildung von Verhaltensdispositionen, ebenfalls selbstbezogen: In unseren Erinnerungen, Ängsten und Hoffnungen, Wünschen und Plänen kommen wir selbst vor – wie wir sind oder zu sein glauben oder von anderen gesehen werden möchten, wie wir werden oder nicht werden möchten, wie wir unsere Vergangenheit und unsere Möglichkeiten in der Zukunft sehen. Verhaltensdispositionen werden von solchen »Selbstbildern« mitbestimmt, womit natürlich nicht konkrete räumliche Vorstellungen, sondern abstrakte Repräsentationen der Person in ihrem eigenen Gehirn gemeint sind. »Selbstbilder« sind oft widersprüchlich und können nie vollständig sein, denn kein physikalisch reales Gebilde kann ein vollständiges Abbild seiner selbst enthalten. Sie ändern sich mit der Zeit und wechseln einander im Bewußtsein ab. Sie beeinflussen sich gegenseitig und wirken dabei auch »reflektiv« auf sich selbst zurück. Vielleicht gehören solche multiplen »Selbstbilder« zu den Aspekten von Bewußtsein, die aus dem physikalischen Gehirnzustand nicht vollständig zu erschließen sind.

Es ist – fassen wir diese Überlegungen zusammen – keine logisch zwingende Folge der Gültigkeit der Physik im Gehirn und der eindeutigen Beziehung des jeweiligen seelischen zum physikalischen Zustand, daß alle Verhaltensdispositionen in finitistischen Verfahren aus dem Gehirnzustand ableitbar sind. Wir haben vielmehr gute Gründe dafür, daß es Grenzen der Dekodierbarkeit der Gehirnzustände in bezug auf seelische Zustände gibt. Zwar folgt, nach allem, was wir wissen, das Gehirn den gleichen physikalischen Gesetzen wie eine Maschine; aber eine Maschine, die wir verstehen, könnte nicht alles wie ein Mensch, und eine Maschine, die alles könnte wie ein Mensch, würden wir nicht verstehen. Kennen wir den seelischen Zustand eines Menschen, ausgedrückt durch Sprache und Gestik, so wissen wir weit mehr, als dies durch eine noch so umfassende rein physikalische Analyse seines Gehirns möglich wäre.

Diese Einsicht betrifft auch das zentrale Problem der Willensfreiheit des Menschen. Freiheit des Willens bedeutet zunächst, daß unsere Entscheidungen nicht nur von Außeneinflüssen, sondern auch von Innenfaktoren im einzelnen Subjekt wesentlich mitbestimmt werden. Mit der Gültigkeit der Physik im Gehirn ist dies voll vereinbar. Grenzen der Dekodierbarkeit der Leib-Seele-Beziehung zeigen aber einen darüber hinausgehenden Aspekt der Willensfreiheit auf: Es ist nicht zu erwarten, daß der Wille eines Menschen durch objektive Analyse von außen umfassend und verläßlich entschlüsselt werden kann. Damit sind sowohl der Manipulation als auch der Beurteilung fremden Willens prinzipielle Grenzen gezogen. Derartige Überlegungen können zu einem besseren Verständnis der subjektiv erlebten Freiheit beitragen, wenn auch hier nicht behauptet werden soll, daß sich dadurch das philosophisch so schwierige Problem der Willensfreiheit auflösen würde.

Wenn eine vollständige formale Theorie der Leib-Seele-Beziehung unmöglich ist, so ist kaum jemals eine vollständige objektive Definition von Bewußtsein, und daher auch kein eindeutiges Kriterium für Bewußtsein, zu erwarten. Bewußtsein erscheint zuallererst als Voraussetzung und eben deshalb nicht uneingeschränkt als Gegenstand naturwissenschaftlicher Welterklärung.

# 6. Die »metatheoretische« Mehrdeutigkeit der Welt

*…ist eine Konsequenz prinzipieller Grenzen objektiver Erkenntnis; Wissenschaft ist mit philosophischem, kulturellem und religiösem Pluralismus vereinbar*

Physikalische Unbestimmtheit, mathematische Unentscheidbarkeit, Grenzen einer naturwissenschaftlichen Theorie der Leib-Seele-Beziehung – die Reflexion der Grundlagen der Wissenschaft mit ihren eigenen Mitteln zeigt schließlich prinzipielle Grenzen möglichen Wissens auf. Bei der Unbestimmtheit der Quantenphysik ist es die gedankliche Vermessung des Meßvorgangs, bei der mathematischen Unentscheidbarkeit die logische Analyse der Logik, die solche Grenzen aufzeigen. Grenzen der Entschlüsselung der Leib-Seele-Beziehungen sind vom gleichen Typus der Selbstanalyse. Sie betreffen Bewußtsein von Bewußtsein; das Denken kann sich nicht selbst vollständig erfassen, auch nicht auf dem scheinbar so klugen Umweg über eine Analyse seiner eigenen Voraussetzungen im menschlichen Gehirn.

Wollen wir nun die Grenzen wissenschaftlicher Erkenntnis philosophisch hinterfragen und deuten, so stoßen wir auf unsicheres Terrain vor. Bis heute und vielleicht für alle Zukunft bleibt die Frage offen, ob trotz der Unbestimmtheit der Quantenphysik noch eine uns unzugängliche, aber doch wirkliche Abfolge der Ereignisse anzunehmen ist oder ob die Unbestimmtheit die letzte Antwort der Natur auf die Fragen des Menschen darstellt. Die zweite Deutung erscheint als erkenntnistheoretisch stimmig, aber Auffassungen dieses Typs sind doch nicht in demselben strengen Sinne beweisbar wie, zum Beispiel, die Gesetze der Planetenbewegung.

Ähnlich wie in der Quantenphysik gibt es auch hinsichtlich der Entscheidungstheorie auf der metatheoretischen, philosophischen Ebene verschiedene Deutungen – Grenzen der Entscheidbarkeit lassen sich interpretieren als rein formale Sätze über formale Sätze oder aber, mit etwas mehr Mut, als Zeichen dafür, daß sich das menschliche Denken selbst nicht vollständig erfassen kann. Entsprechend sind auch Grenzen der Dekodierbarkeit der Leib-Seele-Beziehung verschiedenen Deutungen zugänglich: Man kann bestreiten, daß das finitistische Argument prinzipiellen Erkenntnisgrenzen entspricht, und somit annehmen, daß in Wirklichkeit eben doch ein physikalisch bestimmter Ablauf der Prozesse im Gehirn alle seelischen Ereignisse determiniert; man kann aber auch, wie mir scheint mit mehr Vernunft, die Endlichkeit der Welt als grundsätzliche Begrenzung menschlicher Erkenntnis akzeptieren, also die These vertreten: Was nur für einen superkosmischen Computer bestimmt wäre, ist unbestimmt.

Die Grenzen der Erkenntnis, die sich aus der Reflexion der Voraussetzungen der Wissenschaft mit ihren eigenen Mitteln ergeben, zeigen uns also insgesamt die metatheoretische Mehrdeutigkeit der erfahrbaren Welt auf, mehrdeutig besonders hinsichtlich der Beziehung von Erkenntnis und Realität. Das Interpretationsspektrum ist weit, und es führt schließlich auf die charakteristischen Deutungsalternativen, in denen sich verschiedene Philosophien, Kulturen und Religionen unterscheiden. Sie betreffen sehr allgemeine Züge des menschlichen Selbst- und Weltverständnisses, wie Vorstellungen von Geist und Materie, vom Wesen der Zeit und von der Einheit des »Selbst« im Bewußtsein. Man kann in Übereinstimmung mit wissenschaftlichen Tatsachen und logischem Denken der Evolution des Menschen, seiner Geschichte und dem Leben des einzelnen den einen oder anderen – oder auch gar keinen – Sinn unterlegen, die Welt atheistisch oder theistisch deuten, das Bewußtsein als eine Urgegebenheit oder als bloße Begleiterscheinung von Gehirnprozessen ansehen, die Zukunft für wirklich offen oder letztlich doch vorherbestimmt halten. Wissenschaftliches Denken kann die Rätselhaftigkeit und Mehrdeutigkeit der Welt auf keine Weise überwinden; es bleibt offen für sehr unterschiedliche – wenn auch natürlich nicht für alle – kulturelle, philosophische und religiöse Interpretationen. Diese in ihrer inneren Logik begründete Selbstbescheidung der Wissenschaft gebietet Toleranz gegenüber verschiedenen Auffassungen, entbindet uns aber nicht von der Suche nach einem menschengerechten Selbst- und Weltverständnis.

Bei dieser Suche führen uns die Sinn-, Wert- und Deutungsprobleme moderner Naturwissenschaft zurück zu klassischen Themen der Philosophie. Worin besteht die verborgene Einheit hinter der Vielzahl der Dinge und der Komplexität des Geschehens? Wie weit und warum kann der menschliche Geist diese Einheit erfassen? Es stellen sich Fragen nach der Rolle von Denken und Erfahrung und nach der Beziehung von formalem zu intuitivem Denken. Es geht um »das Begrenzte«, »das Unbegrenzte« und »das Unendliche« im Verständnis von Kosmos, Raum und Zeit; den Begriff des Lebens; die Beziehung von Körper und Geist; die Unergründlichkeit der Seele; die Grenzen der Erkenntnis; und nicht zuletzt die Beziehung von Wissenschaft und Religion.

In unserem Jahrhundert behaupteten Vertreter des philosophischen Positivismus, die alte, sozusagen vorwissenschaftliche Philosophie tauge wenig zum Verständnis moderner Wissenschaft; viele Probleme klassischer Philosophen würden sich bei kritischer Analyse als Scheinprobleme erweisen, und die verbleibenden echten Probleme seien nur durch eine neue, methodisch strenge »Wissenschaft von der Wissenschaft« zu lösen. Damit behielt diese Denkschule aber nicht recht, trotz aller ihrer Verdienste um ein besseres Verständnis der wissenschaftlichen Methodik. Die alten Sinn- und Wertfragen erscheinen in Zusammenhang mit moderner Wissenschaft dringender denn je, und nun ist die neue Philosophie doch eher wieder die alte Philosophie – allerdings mehr im Hinblick auf die Problemstellungen als auf die Lösungen: Man darf nicht erwarten, daß irgendein philosophisches System der Vergangenheit, und sei es das der ganz großen Denker wie Platon oder Kant, der entwickelten Naturwissenschaft der Gegenwart gerecht wird. Andererseits sind die Deutungsprobleme, die naturwissenschaftliches Denken aufwirft, ebenso wie die möglichen Erklärungsansätze zum Teil uralt – sie finden sich in erheblichem Maße schon in der altgriechischen Philosophie vor Sokrates. Die Verbindung alter philosophischer Ideen mit gegenwärtigen Erkenntnissen könnte helfen, die moderne Naturwissenschaft besser zu verstehen und in einem engeren Zusammenhang mit dem menschlichen Selbstverständnis zu sehen. Hierzu soll im folgenden der Rückblick auf einige Episoden in der Geschichte des theoretischen Denkens über die Natur beitragen.

# 7. Rückblick in die Geschichte: Ein Beitrag zum Verständnis moderner Wissenschaft?

*Wieso manche Wissenschaftshistoriker die »Retrospektive« nicht mögen, und wozu sie trotzdem hilfreich ist*

Abstrakte, einheitliche, theoretische Grundprinzipien hinter der Vielfalt der natürlichen Erscheinungen zu suchen – dies war das zentrale Thema der altgriechischen »Physiker«, der vorsokratischen Philosophen, die die eigentlichen Pioniere des theoretischen Denkens über die Natur waren. Schon bei ihnen findet sich die Erkenntnis der Grenzen menschlichen Denkens und die Behauptung von der Unergründlichkeit der Seele. Trotz aller wissenschaftlicher Leistungen der Antike – der Weg in die Eigendynamik moderner Naturwissenschaft begann erst mit der Renaissance, durch die Entdeckung der schöpferischen Kräfte des Menschen, auch im Bereich des konstruktiven theoretischen Denkens über die Natur. Eigendynamik entsteht im Wechselspiel von Theorie und Erfahrung, von Erkenntnis und Praxis, von Erwartung und Erfolg. Theoretisches Denken über die Wirklichkeit ist eine schöpferische und nicht nur eine nachvollziehende Leistung des menschlichen Geistes – dies war das Konzept des Nikolaus von Kues in der frühen Renaissance. Er war es auch, der wohl als erster das Wissen um die Grenzen des Wissens zum Programm machte und diese »belehrte Unwissenheit« als tiefste, dabei aber auch definitiv positive, menschliche Erkenntnis ansah – für ihn gleichbedeutend mit der »Schau« auf das Göttliche.

Überhaupt ist die Beziehung von Glauben und Wissen in ihrer scheinbaren Widersprüchlichkeit explizit oder implizit ein Thema fast aller Philosophen in der Geschichte des theoretischen Denkens: Religion erscheint oft als Motivation, vielfach aber auch als Hemmnis der Wissenschaft; Wissen widerlegt religiöse Traditionen, die Gesamtheit des Wissens und die Grenzen des Wissens ließen und lassen sich aber auch als Hinweise auf das Göttliche verstehen.

Unser im folgenden begangener Weg über Stationen der Geschichte des naturphilosophischen Denkens ist nur einer von vielen möglichen; man hätte auch ganz andere Pfade von den Anfängen in die Gegenwart beschreiten, andere Gesichtspunkte betonen, andere Denker einbeziehen können. Ich gestehe eine Vorliebe für Philosophen, die mehr in die Vorgeschichte als in die Geschichte der Naturwissenschaft gehören, deren frühe Intuitionen sich bei wohlwollender Interpretation als Keim späterer Entwicklungen des Denkens über die Natur ansehen lassen – auch wenn diese Philosophen weniger systematisch dachten und sich oft unklarer ausdrückten als die großen Klassiker – eine Vorliebe etwa für Heraklit vor Platon, Al Kindi vor Ibn Ruschd, Nikolaus von Kues vor Kant. Anregend für unser eigenes Verständnis von Wissenschaft sind sie allemal, auch dann, wenn uns der ursprüngliche, auf ihre eigene Zeit bezogene Sinn nicht immer eindeutig zugänglich ist.

Nun wird die »retrospektive« Betrachtung vergangener Epochen unter Fragestellungen der Gegenwart von manchen Historikern kritisch gesehen. Ob und wie man es machen soll, das hängt zwar davon ab, welche Fragen man klären möchte; darin, wie man es nicht machen soll, haben solche Historiker sicher recht.

Vor etwa vierzig Jahren hörte ich in Göttingen eine Vorlesung des berühmten Professors der physikalischen Chemie Arnold Eucken über die Geschichte der Naturwissenschaften. Sie begann, wie es sich gehört, mit den Vorsokratikern, und bald kam Heraklit zur Sprache. Dieser Philosoph hatte vor zweieinhalbtausend Jahren gelehrt: »Die Sonne ist neu an jedem Tag« – das heißt, abends löst sie sich im Westen auf, morgens bildet sie sich im Osten neu. Eucken war bekannt für seine Verachtung der Dummheit und sein sanguinisches Temperament, das auch in diesem Falle durchbrach. Verärgert konstatierte er: »Der mußte doch sehen« – mit »der« war Heraklit gemeint – »der mußte doch sehen, daß das Unsinn ist!«

Seitdem kann ich professionelle Wissenschaftshistoriker ganz gut verstehen, wenn sie die Bemühungen von Naturwissenschaftlern um ihre geistigen Ahnen mit gesundem Argwohn betrachten. Seien wir also offen für die Belehrungen und Warnungen, die uns die Historiker zuteil werden lassen: Die Geschichte im allgemeinen, die Geschichte des Wissens im besonderen ist im Gesamtzusammenhang der kulturellen, politischen, religiösen, ökonomischen Gegebenheiten, mit den Denk- und Lebensformen der jeweiligen Epoche zu begreifen. Was wir wahrnehmen, hängt von unserem Vorverständnis ab. Dies gilt zum Beispiel auch für den zitierten Spruch des Heraklit: Unmittelbar sehen wir nur, daß die Sonne irgendwie am Horizont verschwindet. Eine zwingende Deutung ergibt sich daraus aber nicht; Tod und Wiedergeburt der Sonne im Rhythmus von Nacht und Tag gehörten zur religiösen Vorstellungswelt im alten Ägypten, und mit diesem Land unterhielten die Griechen enge Handels- und Kulturkontakte. Es ist unschwer vorstellbar, daß solches Gedankengut die frühe griechische Philosophie beeinflußt hat.

Allgemein gilt: Wie der Mensch »damals« gedacht hat, ist interessant. Wie *wir* denken würden, würden wir mit unseren Einsichten und Vorstellungen plötzlich in eine andere, vergangene Lebensform versetzt, wäre ein zwar reizvolles, aber historisch nicht sonderlich ergiebiges Gedankenexperiment. Darüber hinaus lehrt die Wissenschaftsgeschichte: Wissen ist nicht kumulativ, vorhandenes Wissen wird nicht Schritt für Schritt durch neues Wissen ergänzt. Wissenschaftsgeschichte zeigt nicht nur Erweiterungen des Wissens, sondern neben der Ablösung falscher Einsichten durch richtige auch die falscher durch andere falsche, gelegentlich sogar richtiger durch falsche. Wissenschaftsgeschichte verläuft nicht stetig – Phasen ruhiger Entwicklung werden abgelöst durch dramatische neue Ansätze des Denkens, die oft von einer Re-Interpretation, manchmal einer Revolution traditioneller Denkweisen begleitet sind. All diese Einsichten mahnen zur Kritik gegenüber Darstellungen der Entwicklung der Wissenschaft als gradlinigem, gleichförmigem Fortschritt, der im Lehrbuchwissen der Gegenwart seinen Höhepunkt erreicht.

Inzwischen, so scheint es mir, haben allerdings einige Wissenschaftshistoriker am Pfad der Erkenntnis einen allzu dichten

Schilderwald aus Verbots- und Warntafeln gegen unbedachtes, leichtfertiges Vorgehen errichtet – einen Schilderwald, dessen Mahnungen kaum noch zu überblicken und schon gar nicht zu befolgen sind. Geschichte, so wird unter anderem verlangt, soll man nie retrospektiv betreiben – wie aber soll man den Blick zurück in vergangene Zeiten dann führen und nennen? Selbst Geschichte der Ideen gilt bisweilen als suspekt, zumal wenn man ihre Auswahl an Erkenntnissen moderner Wissenschaft orientiert – als ob die Geschichte von einigen Ideen, die sich als richtig erwiesen haben, nicht doch interessanter sein könnte als die der unzählbaren falschen. Oder gibt es vielleicht gar keine wissenschaftliche Wahrheit? Ist alles Wissen kulturspezifisch? Gilt das zum Beispiel für die Chemie einer Epoche ebenso wie für ihre Begrüßungs-, Eß- und Kleidersitten?

Nun kenne ich zwar niemanden persönlich, der ernsthaft glaubt, daß die antike und mittelalterliche Stofflehre mit ihren Elementen Feuer, Wasser, Erde und Luft den gleichen Wahrheitsanspruch stellen kann wie die moderne Chemie mit ihren an die hundert Elementen vom Wasserstoff bis zum Uran; und doch wurden selbst Extremformen des historischen Relativismus in jüngerer Zeit von manchen Fachleuten der Wissenschaftsgeschichte ernstgenommen. Spätestens an dieser Stelle fragt man sich, wie ein so weitgehendes Miß- und Unverständnis der Naturwissenschaft überhaupt entstehen konnte. Zwar zeigt der Rückblick in die Geschichte, daß die Entwicklung der Wissenschaft von spezifischen kulturellen und sozialen Faktoren entscheidend bestimmt wird. Die allgemeine Gültigkeit von grundlegenden Ergebnissen wird dadurch aber nicht in Frage gestellt; sie zeigt sich darin, daß sie über Kulturgrenzen hinweg akzeptiert werden, über Generationen hinweg gültig bleiben, sich bestätigen und bewähren. Dies liegt vermutlich daran, daß Menschen neben unterschiedlichen auch gemeinsame Merkmale besitzen, darunter biologische Eigenschaften des Gehirns, die einem – begrenzten, aber der Menschheit gemeinsamen – Erkenntnisvermögen zugrunde liegen. Wie auch immer sie im einzelnen zu deuten ist, die erwiesene Universalität wesentlicher – wenn auch nicht aller – Züge der Naturwissenschaft begründet einen Anspruch auf Annäherung an die Wahrheit, und ihre Geschichte ist eine Geschichte der Suche nach allgemeingültigen Erklärungen der Natur.

Damit bin ich bei der Konsequenz angelangt, auf die es mir in diesem Zusammenhang ankommt: Die Ausgangspunkte »Naturwissenschaft« und »Geschichte« sind gleichwertig, und Erkenntnisse, die auf die eine oder andere Weise zustande kommen, können sich ergänzen, zumal wenn Naturwissenschaftler und Historiker einander zuhören und miteinander reden. Natürlich wird das primäre Erkenntnisinteresse oft verschieden sein: Historiker werden zumeist Wissen über die Natur als einen Kulturaspekt neben vielen anderen sehen, die man kennen muß, um eine vergangene Zeit aus sich selbst heraus zu verstehen; ebenso interessant ist aber das ganz andere Ziel, das unsere Darstellung verfolgt: in der Geschichte des theoretischen Denkens Gesichtspunkte und Anregungen für ein tieferes Verständnis der *modernen* Wissenschaft zu finden und ihre Erkenntnisse in einem weiteren Zusammenhang mit – zum Teil uralten – Deutungs-, Sinn- und Wertfragen zu sehen. Im Mittelpunkt werden dabei die beiden Merkmale stehen, die ich in diesem Einleitungskapitel als die beiden naturphilosophisch interessantesten Grundzüge moderner Naturwissenschaft herauszustellen suchte: die Einheit der Natur in den allgemeinen Grundgesetzen für Prozesse in Raum und Zeit und die Grenzen der Erkenntnis, die sich aus der Anwendung theoretischen Denkens auf seine eigenen Voraussetzungen ergeben.

# II. DIE ERFINDUNG DES THEORETISCHEN DENKENS ÜBER DIE NATUR

# 1. Jede Geschichte hat eine Vorgeschichte

## ...dazu einige Verse der Sappho von Lesbos

Die Entstehung der Welt, der Aufbau des Universums, der Wechsel der Tages- und Jahreszeiten, Regen und Sturm, Geburt, Leben und Tod der Menschen und Tiere sind Gegenstände mythischer Erklärungen von alters her. In der Mitte des ersten vorchristlichen Jahrtausends vollzog sich ein Umbruch des Denkens bei Persern, Juden, Griechen und anderen Völkern. Sah man zuvor die Weltentstehung als Ergebnis eines Götterkampfes, die Naturereignisse als Folge göttlicher Willkür, göttlichen Zorns und göttlichen Segens, in jedem Fall als Konsequenz unbegreiflicher Handlungen überirdischer personaler Mächte, so zeigt sich vor etwa 2500 Jahren ein neuer Zug zu begrifflichen Erklärungen, eine Tendenz zur Abstraktion, besonders ausgeprägt bei Juden und Griechen. Im Judentum erhält die Schöpfungsgeschichte diejenige Form, die am Anfang des biblischen Kanons steht: Gott schuf die Welt in sechs Tagen; er schuf sie durch das Wort. Es gibt nur einen Gott, allmächtig, unsichtbar, mit keinem Bilde darzustellen und mit nichts in der Natur gleichzusetzen. Die Welt ist nicht mehr voller unheimlicher Mächte. Sonne und Sterne sind keine Götter – es sind Lampen, die die Welt erhellen. Der Mensch ist geschaffen nach Gottes Ebenbild. Er kann einsichtig handeln, und die Erde ist ihm anvertraut. Diese Form der Schöpfungsgeschichte entstand im 6. Jahrhundert v. Chr., um die Zeit, als die Perser Babylon eroberten und den dort gefangen gehaltenen Juden die Heimkehr nach Jerusalem erlaubten.

Mit dem Glauben an den einen, unsichtbaren Gott zog eine weniger mythische, mehr an das abstrakte, begriffliche Denken appellierende Weltsicht ein. Die Ideen der Israeliten hatten ihren Ursprung in einem kleinen, stets gefährdeten, von starken Nachbarn bedrohten und über lange Zeiten unterjochten Land, in dem man von jedem Ort zum anderen in wenigen Tagesreisen zu Fuß gehen konnte. Das Wissen und die Weisheit in den umliegenden Reichen der Babylonier und der Ägypter, der Perser und der Phönizier waren ziemlich frei zugänglich; trotz der starken Einwirkungen der benachbarten Kulturen aber blieb das Beharren der Juden auf dem eigenen Glauben an den einen, unsichtbaren Gott; dies ist der Ursprung der monotheistischen Weltreligionen, die heute weite Bereiche der Erde umfassen. Für die Kulturgeschichte gilt in besonderem Maße, daß große Entwicklungen oft aus kleinen, unscheinbaren Anfängen erfolgen.

Tausend Kilometer nordwestlich, an der kleinasiatischen Küste, vollzog sich auf eine andere – aber doch in mancher Hinsicht verwandte – Art die Überwindung des überlieferten Glaubens an die Willkür der Götter und ihre den Menschen nachempfundenen Leidenschaften. Hier siedelten, etwa seit dem 11. Jahrhundert vor unserer Zeitrechnung, die griechischen Stämme der Ionier und der Äolier. Bald empfanden sie sich nicht mehr in erster Linie als Kolonien des griechischen Mutterlandes; gründeten sie doch selbst Kolonien in vielen Regionen des Mittelmeeres und des Schwarzen Meeres, allein mehr als achtzig von dem ionischen Milet aus. Darunter war Naukratis in Ägypten, eine Art Freihandelszone der Griechen im Pharaonenreich, ein besonders wichtiges Verbindungsglied zwischen ägyptischer und griechischer Kultur. Mit dem umfangreichen Handel kam wachsender Wohlstand in die griechischen Siedlungen. Der rege Verkehr brachte einen Fluß an Informationen mit sich. In Milet erfuhr man von Ideen anderer Kulturen über Götter und Menschen, den Himmel und die Erde, man hörte Berichte über die Geographie und die Bewohner ferner Länder. Man wußte um die ägyptische Medizin. Unternehmende Männer gingen auf die Reise, zumeist um Handel zu treiben, gelegentlich aber auch, um sich zu bilden. Der Vielgereiste galt etwas in seiner Heimatstadt.

Politisch waren die griechischen Städte an der Küste Kleinasiens eher durch die Lage an der von Gebirgen zerklüfteten Küste als durch gemeinsame militärische Macht geschützt. Zur See waren sie zwar gefürchtet, von der Landseite her aber war ihre Position gefährdet. Anfang des 6. Jahrhunderts vor unserer Zeitrechnung gerieten die ionischen Städte in mehr oder weniger große Abhängigkeit von den Lydern, einer mittleren Macht mit der Hauptstadt Sardes, die etwa hundert Kilometer von der Küste entfernt lag. Zum Glück für die Ionier begeisterten sich die lydischen Könige, zumal der sprichwörtlich reiche Krösus, für die griechische Kultur und gaben sich mit einer eher milden Abhängigkeit der griechischen Städte zufrieden. Gegen Mitte des 6. Jahrhunderts kamen die Perser, eroberten zunächst Sardes und machten sich dann die griechischen Städte hörig. Sie förderten die Herrschaft von Tyrannen und wirkten überhaupt viel stärker auf die Politik der unterworfenen griechischen Gebiete ein, als dies zuvor die Lyder getan hatten. Bald wurde der Einfluß der fernen Herrscher als unerträgliche Bedrückung empfunden. Im Jahre 500 v. Chr. entfachten die ionischen Städte einen Aufstand. Trotz anfänglicher Erfolge wurden die Griechen vernichtend geschlagen. Die siegreichen Perser zerstörten Milet. Zwar konnte sich die Region allmählich erholen, aber die alte kulturelle und wirtschaftliche Bedeutung war unwiederbringlich verloren; Zentrum politischer Macht und kulturellen Einflusses im Bereich der Griechen wurde von nun an Athen.

Somit blühte das geistige Leben in den griechischen Siedlungen der kleinasiatischen Küste und einiger vorgelagerter Inseln nur eine sehr begrenzte Zeit – kurz vor, während und kurz nach der Herrschaft der Lyder. Besonders bemerkenswert ist wiederum die Kleinräumigkeit des Gebietes, von dem ganz neue, für die spätere Kulturgeschichte der Menschheit entscheidende Gedanken ihren Ausgang nahmen: Von der Insel Samos – der Heimat des Pythagoras – sind es nur zwei Kilometer zum Festland, zur Halbinsel Mykale, auf der der Städtebund der ionischen Griechen sein Heiligtum und seinen Beratungsort hatte; etwas nördlich davon lagen Ephesus, Kolophon, Klazemonai, weiter südlich Milet. Jede Stadt war von jeder anderen in einer kurzen Seefahrt erreichbar. Diese überschaubare Landschaft war die Heimat der großen Begründer des theoretischen Denkens über die Natur: Thales, Anaximander, Pythagoras, Xenophanes, Heraklit, Anaxagoras.

Zum geistigen Umfeld, das die neuen Gedanken vorbereiten half, gehörte die wachsende Bereitschaft zu begrifflicher Abstraktion, ein neues Selbstbewußtsein der Menschen und ein intensives Naturgefühl. In die Welt der zornigen, grausamen, liebenden, hassenden Götter, denen man die furchtbarsten Untaten andichtete, fanden allmählich auch göttliche Gestalten des Gesetzes, der Zeugung, des Schicksals Aufnahme, die für abstrakte Begriffe und Werte standen – wie die Dike als Göttin der Gerechtigkeit. Selbstbewußtsein entwickelte sich in der Auseinandersetzung mit dem eigenen subjektiven Erleben; Naturgefühl zeigte sich im Sinn für Schönheit der Tier- und Pflanzenwelt, der Haine, des Meeres, des Himmels. Selbstbewußtsein und Naturgefühl aber sind wichtige motivierende Voraussetzungen für wissenschaftliches Denken über die Natur.

Wie so oft in der Geistesgeschichte zeigten sich Vorboten neuer Entwicklungen zuerst in der Poesie. Da besingt Alkman (zweite Hälfte des 7. Jahrhunderts v. Chr.), griechischer Poet aus der lydischen Hauptstadt Sardes, die nächtliche Natur:

»Nun schlafen der Berge Gipfel und Schluchten, Hänge und Klüfte, alles kriechende Getier, das die dunkle Erde nährt – Wildtiere des Bergwaldes, das Volk der Bienen und die Ungetüme in den Tiefen des purpurdunklen Meeres; nun schlafen auch der Vögel, der langbefiederten, Scharen.«[1]

Und Alkaios von Lesbos (um 600 v. Chr.) dichtet über die Winterstürme:

»Zeus kommt im Regen, mächtig vom Himmel braust
Der Wintersturm, schon stockt der Gewässer Lauf
Im scharfen Frost, und kaum im Wetter
Hält der bewipfelte Forst sich aufrecht.«[2]

Allzuwenig Verse, Sätze, Satzteile, haben sich aus dieser Frühzeit griechischer Dichtung erhalten – von der größten Dichterin des Altertums, Sappho von Lesbos (um 600 v. Chr.), nur ein einziges vollständiges Gedicht und wenige halbwegs geschlossene Verse, darunter diese:

»Wenn sie jetzt
Unter Lydiens Frauen erscheint
Ist's als steige der Vollmond
Rötlich am Abendhimmel empor
Da erlischt
Aller Sterne Schimmer. Es fliegt
Über die wogende Salzflut
Über den Anger im Blumenflor
Lichter Schein.
Lieblich ist gefallen der Tau.
Üppig stehen die Rosen
Zarte Gräser und buschiger Klee…«[3]

»Her zu mir aus Kreta, zu diesem Tempelheiligtum,
worin dich entzückt der Hain von Apfelbäumen
und die Altäre Weihrauchwolken verdampfen.

Drinnen Wasser, kühles Gerausch durch Apfelzweige,
und die Rosen sind allerorten schattenreich,
von zitternden Blättern kommt der Schlummer hernieder.

Drinnen Weidegründe der Pferde, blühend frühlingsbunte
Blumen, verweht in Winden lindenhonigsüße Düfte…«[4]

Der Eigenwert der Natur, das unmittelbare, nicht mythisch interpretierte Naturerlebnis kommt hier zum Ausdruck, ebenso das Interesse am Detail und der Sinn für die genaue Beobachtung. Diesem Naturgefühl verbindet sich ein neues Selbstbewußtsein, charakterisiert durch intensive Selbstbeobachtung und das Bekenntnis zum eigenen, individuellen Empfinden:

»Dieser sagt von Reitern und der vom Fußvolk,
manche auch von Schiffen: auf schwarzer
Erde seien sie das Schönste; doch ich nenn so
wonach einer sich sehnt.«[5]

Sappho verbindet subjektives Gefühl und das Erleben der Natur:

»... Eros zerwühlte mir das Gemüt, wie ein Wind vom Gebirg in die Eiche fällt.«[6]

Sie schildert die Eifersucht mit körperlicher *und* seelischer Intensität zugleich:

> »Blick ich dich ganz flüchtig nur an, die Stimme stirbt, eh sie laut ward,
> ja, die Zunge liegt wie gelähmt, auf einmal läuft Fieber mir unter der Haut entlang, und meine Augen weigern die Sicht, es überrauscht meine Ohren,
> mir bricht Schweiß aus, rinnt mir herab, es beben alle Glieder, fahler als trockne Gräser bin ich, einer Toten beinahe gleicht mein Aussehn...«[7]

Wissenschaft und Kunst sind verschiedene Weisen, die Wirklichkeit zu begreifen. Bei allen Unterschieden finden sich aber auch verbindende Züge zwischen dem theoretischen Denken in allgemeinen Begriffen und der freien Dichtung über die Natur. Gemeinsam ist die Suche nach verborgenen Zusammenhängen, gemeinsam ist die Idee, daß wir in uns selbst, in unseren eigenen Gedanken und Vorstellungen einen Zugang zu allgemeinen Wahrheiten finden.

## 2. Die »Meinungen der Physiker«

*…im ionischen Griechenland vor zweieinhalb Jahrtausenden. Thales und Anaximander, Pythagoras und Xenophanes, Anaxagoras und – vor allem – Heraklit*

»Die Meinungen der Physiker« – so heißt das wissenschaftshistorische Werk, das Theophrast, Schüler des Aristoteles, im vierten vorchristlichen Jahrhundert über die ersten Naturphilosophen im sechsten und fünften Jahrhundert vor unserer Zeitrechnung schrieb; ein großer Teil dessen, was wir über die alte griechische Naturphilosophie wissen – viel zu wenig, oft mehrdeutig und unklar –, stammt, zumeist indirekt, aus dieser Quelle.

Der erste dieser »Physiker« – »Physis« bedeutet im Griechischen etwa das, was wir mit »Natur« meinen – war Thales von Milet (620–550 v. Chr.). Vermutlich hatte er in seiner Jugend Ägypten und den vorderen Orient bereist und dabei viel von der Mathematik, Geographie und Astronomie anderer Kulturen erfahren. Im Altertum zählte er zu den »Sieben Weisen«. Viele Legenden rankten sich um ihn. Er habe das Jahr einer Sonnenfinsternis richtig vorhergesagt. Beim Betrachten der Sterne sei er einmal in den Brunnen gefallen und dafür von einer Magd ausgelacht worden. Daraufhin, so wurde berichtet, wollte er der Mitwelt seinen praktischen Sinn beweisen: Er sah voraus, daß eine reiche Olivenernte bevorstand, kaufte zeitig die Ölpressen auf und nutzte sein Monopol gründlich, um Geld zu verdienen. Auch als Militärberater soll er tätig gewesen sein: Er teilte einen Flußlauf so, daß dem Heer des Krösus der Übergang möglich wurde… In all diesen Erzählungen, ob wahr oder falsch, sind von Anfang an die Klischeevorstellungen erkennbar, die über Jahrtausende hinweg das Bild des Forschers mitgeprägt haben: der Gelehrte als der Weise, der auf geheimnisvolle Art die Zukunft berechnet; als der Raffinierte, der Wissen zum eigenen Vorteil ausbeutet; als der Zerstreute, der dem Leben unangepaßt bleibt und am Nächstliegenden scheitert...

So dürftig das gesicherte Wissen über Thales bleibt, so ist es doch unstreitig, daß er mathematische Gesetze entdeckt hat. Seine größte Leistung aber besteht in dem Grundgedanken, es gebe einen materiellen Urstoff, dessen Eigenschaften die Naturvorgänge bestimmen: Alles, so lehrte er, entsteht letzten Endes aus Wasser. Daß es mehrere »Elemente« gibt und nicht nur eines, haben dann andere »Physiker« nach ihm, besonders Empedokles, behauptet.

Was aber bestimmt die Dynamik, die aus Wasser die Vielfalt der Dinge entstehen läßt und die die ständigen Veränderungen in der Natur erklärt? Thales sagte: »Alles ist voller Götter.« Über die Bedeutung dieses Spruches wurde viel gestritten, und mindestens drei verschiedene Interpretationen stehen zur Wahl. Manche halten Thales für den ersten Materialisten: Die Erwähnung der Götter ist mehr ein Zugeständnis an den Zeitgeist; in Wirklichkeit bestimmt das Urelement Wasser alle Eigenschaften der Natur. Eine zweite Interpretation sieht in dem Spruch »Alles ist voller Götter« ein Bekenntnis zur göttlichen Ordnung der Welt; das vereinheitlichende Erklärungsprinzip »Wasser« soll diese Ordnung aufzeigen. Eine dritte Version besagt, Thales erkläre die Dynamik der Naturvorgänge durch die Wirkung göttlicher Seelenkräfte *in* der Materie (vielleicht auch *auf* die Materie), analog zur Vorstellung, daß die seelischen Kräfte des menschlichen Willens das Verhalten des Körpers steuern. Die letztgenannte Deutung trifft die Ansicht des Thales vermutlich am besten.

Thales' Schüler Anaximander war etwa 15 Jahre jünger als sein Lehrer. Er behauptete als erster einen abstrakten Urgrund (Archae) aller Dinge und alles Geschehens, der nicht mit einer bestimmten, bekannten Substanz zu identifizieren ist: das »apeiron«. Dieses Wort bedeutet »das Unbegrenzte«, ist aber auch mit »das Unendliche« bzw. »das Unbestimmte« übersetzbar. Jede der drei Übersetzungen entspricht selbst schon einer Deutung der Überlieferung über den Philosophen. »Unendlich« heißt: größer als jedes in Zahlen erfaßbare Maß. »Unbegrenzt« bedeutet: Es gibt nichts Konkretes, was größer ist; der Begriff des Unbegrenzten läßt sich im Altertum aber auch mit dem geschlossenen Kreis oder der Kugel verbinden, da es dabei auch keinen Anfang und kein Ende gibt. »Unbestimmt« könnte meinen: Der Entwicklung steht eine vielleicht unbegrenzte Zahl verschiedener Entwicklungsmöglichkeiten offen; was wirklich geschieht, liegt deswegen oft jenseits menschlicher Möglichkeiten des Verständnisses und der Prognose.

Im Rahmen moderner Naturwissenschaft treten zwar »das Unendliche«, »das Unbegrenzte« und »das Unbestimmte« nicht unmittelbar als Erklärungsprinzipien auf, doch stehen diese Begriffe in engem Zusammenhang mit erkenntniskritischen Problemen wissenschaftlichen Denkens. Jede Ursache kann man hinterfragen, und hinter der Ursache der Ursache vermutet man wieder eine Ursache; also führt die Frage nach dem Urgrund zu einer Gedankenkette, die kein Ende findet und damit auf das *Unendliche* jenseits menschlicher Erkenntnisfähigkeit verweist. Ob es unendlich viele Welten gibt oder eine begrenzte Zahl oder nur eine einzige, können wir nicht wissen. Die Astrophysik hat gezeigt, daß unser für den Menschen erfahrbares Weltall zeitlich und räumlich endlich ist. Dennoch ist es »unbegrenzt«, in dem Sinne, daß es nichts physikalisch Wirkliches geben kann, was das Universum von außen begrenzt. Übersetzt man »apeiron« mit »das Unbestimmte«, so kommt man dem Begriff des »Chaos« nahe, den die moderne Strukturtheorie aus dem altgriechischen Wortschatz übernommen hat. Bei der Entstehung des Weltalls, der Erde, des Lebens – aber auch bei alltäglichen Vorgängen wie der Bildung von Wolken am Himmel – entstehen aus strukturarmen Anfangszuständen strukturreiche Gebilde; derartige »Selbstorganisation« läßt sich in mancher Hinsicht als Entfaltung des zunächst Unbestimmten, nicht im Detail Prognostizierbaren in das Bestimmte beschreiben, sozusagen als Ordnung aus Chaos.

Wiewiet die Gedanken des Anaximander über das »apeiron« als Vorformen moderner Konzepte des »Unendlichen«, des »Unbegrenzten«, des »Unbestimmten« anzusehen sind, ist nur schwer aus der dürftigen Überlieferung herauszulesen. Anaximander lehrte, »das Apeiron sei ewig und altere überhaupt nicht; und es erfasse auch alle geordnete Welten«; er hat »das

Apeiron sowohl als Ursprung als auch als Element der seienden Dinge angewiesen«[8]. Solche Thesen legen es nahe, daß ihm das Urprinzip »apeiron« in erster Linie Verweis auf das Göttliche war. Sie unterstützen zugleich eine *erkenntniskritische* Deutung des »apeiron« als Ursprung und generativer Ordnung der Welt jenseits der Reichweite des endlichen menschlichen Verstandes. Anaximander scheint dabei aber auch im physikalischen Sinne viele – vielleicht unendlich viele – Welten ohne Anfang und Ende in der Zeit zu postulieren. Dies entspräche der Interpretation des »apeiron« als »Unendlichem« bzw. »Unbegrenztem«. Strukturtheoretische Gedanken, die auf das »Unbestimmte« verweisen, sind ebenfalls überliefert: Anaximander lehrte, die Entstehung der Dinge erfolge durch Ausscheidung der Gegensätze aufgrund ewiger Bewegung.

Es erscheint nicht unberechtigt, Anaximanders Urprinzip »apeiron« mit allen drei genannten Auffassungen in Beziehung zu setzen. Reiz und Sinn philosophischer Allgemeinbegriffe setzen Eindeutigkeit nicht voraus; auch ein Spektrum von Bedeutungen kann der Wahrheit nahekommen.

Der wohl interessanteste Beitrag des Anaximander zur Naturphilosophie ist der Gedanke einer naturgesetzlichen Dynamik, der gemäß Dinge aufgrund fester Regeln entstehen und vergehen, Regeln des Ausgleichs, der Kompensation, der Bewahrung abstrakter Werte – in Analogie zu Sühne und Buße für begangenes Unrecht; in Analogie aber auch zu Erhaltungsgesetzen der modernen Physik, zum Beispiel dem Gesetz der Erhaltung der Energie.

> »Anfang und Ursprung der seienden Dinge ist das ›apeiron‹. Woraus aber das Werden ist den seienden Dingen, in das hinein geschieht auch ihr Vergehen nach der Schuldigkeit; denn sie zahlen einander gerechte Strafe und Buße für ihre Ungerechtigkeit nach der Zeit Ordnung.«[9]

Anaximander ist der erste Naturphilosoph, bei dem wir ein geschlossenes theoretisches Weltbild vermuten können. Er suchte aber nicht nur nach den allgemeinsten Prinzipien und abstrakten Gesetzmäßigkeiten der Natur, er war auch an der Erkenntnis der realen Welt in ihren Einzelheiten interessiert. Er behauptete, die Erde sei ein Zylinder, dessen Höhe ein Drittel seiner Breite sei. Von ihm wird berichtet, daß er es »als erster wagte, die bewohnte Erde auf einer Karte darzustellen«. Auch habe er als erster einen (vermutlich halbkugelförmigen) Himmelsglobus konstruiert. Besonders bemerkenswert sind Überlieferungen, nach denen Anaximander eine Evolution der Lebewesen behauptet hat: Die ersten Lebewesen seien im Feuchten entstanden; im weiteren Verlauf seien sie dann auf das Trockene ausgewandert. Der Mensch sei ursprünglich aus andersartigen Lebewesen entstanden[10].

Ein weiteres, höchst bedeutsames Prinzip der Naturerklärung, nämlich die zentrale Rolle der Mathematik für das Verständnis der Wirklichkeit, führte Pythagoras von Samos in die Naturphilosophie ein. Anders als seine großen Vorgänger Thales und Anaximander war Pythagoras eine charismatische Persönlichkeit. Die Herrschaft des Tyrannen Polykrates von Samos war ihm unerträglich; so emigrierte er in jungen Jahren nach Süditalien und sammelte dort Schüler um sich, die ihn als ein fast gottähnliches Wesen verehrten. Seine Lehre war nur den Eingeweihten vorbehalten, die er auf einen eigenartigen Lebensstil verpflichtete. Pythagoras lehrte die Seelenwanderung und schrieb eine vegetarische Ernährungsweise vor. Wegen ihres esoterischen, geheimnisumwitterten Charakters läßt sich die ursprüngliche Philosophie des Meisters kaum rekonstruieren und nur schwer von der seiner Nachfolger unterscheiden. Unbestritten ist darin die *Zahl* von zentraler Bedeutung für das Verständnis der Welt. Pythagoras erkennt Harmonien in der Musik als verborgene Beziehungen zwischen Zahlen und behauptet solche Harmonien für den Aufbau des Kosmos und die Bewegung der Gestirne. Darin behielt er nur in engen Grenzen recht; dafür fand die Naturwissenschaft die von Pythagoras postulierte mathematische Einfachheit auf einer höheren Ebene der Abstraktion, in der Form der Grundgesetze der Physik. Statt Harmonien von Himmelssphären gibt es Symmetrien in mathematischen Naturgesetzen. Es ist Pythagoras' bleibendes Verdienst, als erster die Bedeutung der Mathematik in ihrer formalen Schönheit für das Verständnis der Natur hoch eingeschätzt zu haben.

Thales, Anaximander und Pythagoras sahen in ihren Erklärungsprinzipien Verweise auf das Göttliche, aber Theologie als solche war kaum ihr Thema. Xenophanes von Kolophon war der erste der »Physiker«, der den Begriff des Göttlichen ganz explizit zu einem Hauptthema seiner Philosophie machte: Das theoretische Denken, das der neuen Sicht der Natur zugrunde liegt, führt ihn zu einem neuen, abstrakten, vernunftgemäßen, erkenntniskritischen Gottesbegriff. Xenophanes war ursprünglich Sänger, der die Lieder Homers über Götter und Helden vortrug. Er emigrierte in jungen Jahren aus seiner Vaterstadt Kolophon, um der Herrschaft der Perser zu entgehen. Er ist sehr viel gewandert und gereist und ließ sich schließlich, ebenso wie vor ihm Pythagoras, in Süditalien nieder.

Als »Physiker« hat er mit seiner Theorie über die Natur oft das Falsche getroffen: So lehrte er, der Mond habe eigenes Licht; sein monatliches Verschwinden erfolge durch Verlöschen. Interessante Aussagen sind zur Meteorologie überliefert: Bewegende Ursache für die Vorgänge in der Atmosphäre sei die Sonnenwärme.

Am bedeutendsten sind seine theologischen und erkenntniskritischen Gedanken. Er entwickelte eine starke Abneigung gegen die tradierte Götterwelt und den größten Dichter, der sie besang: Homer. Als erster führte er eine durchaus rationale Auseinandersetzung mit der überlieferten Religion, die den Göttern menschliche Eigenschaften und menschliche Leidenschaften zuschrieb:

»Alles haben Homer und Hesiod den Göttern angehängt, was nur bei den Menschen Schimpf und Tadel ist: Stehlen und Ehebrechen und einander Betrügen.«[11]

»Die Äthioper behaupten, ihre Götter seien stumpfnasig und schwarz, die Thraker blauäugig und rothaarig.«[12]

»Wenn die Ochsen, Pferde und Löwen Hände hätten oder malen könnten mit ihren Händen und Werke bilden wie die Menschen, so würden die Pferde pferdeähnliche, die Ochsen ochsenähnliche Göttergestalten malen und solche Körper bilden, wie sie selber haben.«[13]

Es gibt, so lehrte Xenophanes, nur einen Gott, der selbst keine körperlichen Züge trägt und keinem menschlichen Lebewesen gleicht, »geistiger als der Geist«. Das All ist eins, und die Gottheit ist mit der Gesamtheit der Dinge verwoben:

»...ein einziger Gott, unter Göttern und Menschen am größten, weder an Gestalt den Sterblichen ähnlich noch an Gedanken. Er ist ganz Auge, ganz Geist, ganz Ohr. Doch ohne Mühe erschüttert er alles mit seines Geistes Denkkraft...«[14]

Dem Menschen wird nur begrenzte Erkenntnis zuteil:

»Das Genaue freilich erblickte kein Mensch, und es wird auch nie jemand sein, der es weiß in Bezug auf die Götter und alle Dinge...; denn selbst wenn es einem in höchstem Maße gelänge, *ein* Vollendetes auszusprechen, so hat er trotzdem kein Wissen davon...«[15]

Erkenntnis ist Ergebnis menschlicher Anstrengung und menschlicher Geduld; es gibt Fortschritte des Wissens:

»...Nicht von Anfang an haben die Götter den Sterblichen alles enthüllt, sondern allmählich finden sie suchend das Bessere.«[16]

Geistige Tätigkeit steht hoch über der Ausbildung der Körperkraft im Sport:

»...Besser als Männer- und Pferdekraft ist doch unser Wissen... Es ist nicht gerecht, die Stärke dem tüchtigen Wissen vorzuziehen. Denn wenn auch ein tüchtiger Faustkämpfer unter den Bürgern wäre,... so wäre doch um dessentwillen die Stadt nicht in besserer Ordnung...«[17]

Die Gottheit festlich preisen; beten um die Kraft, das Rechte zu tun; danach ein ausgiebiges Eß- und Trinkgelage – dies scheint dem Sänger und Theologen, Philosophen und »Physiker« die rechte Art zu leben:

»Der Mischkrug steht da, angefüllt mit Frohsinn
Auch noch anderer Wein ist bereit in den Krügen
Der nimmer zu versiegen verspricht,
Ein milder, blumenduftender.
In unserer Mitte sendet heiligen Duft der Weihrauch em-
    por…
Bereit liegen rötlich-blonde Brote, und der würdige Tisch
Biegt sich unter der Last des Käses und fetten Honigs.
Der Altar steht in der Mitte ganz mit Blumen geschmückt.
Gesang umfängt das Haus und Festesfreude.
Da ziemt es zuerst wohlgesinnten Männern dem Gott Lob zu
    singen
Mit frommen Geschichten und reinen Worten.
Nach der Spende aber und nach dem Gebet, uns Kraft zu
    leihen
Und das Rechte zu tun – denn dies ist ja das uns näher Ange-
    hende –
Ist es kein Übermut, soviel zu trinken, daß ungeleitet
    nach Hause finden kann, wer nicht ganz altersschwach ist.«

Selbst in dieser berühmten Elegie, die viel vom Lebensgefühl
seiner Zeit verrät, kommt Xenophanes schließlich wieder auf die
Kritik an überlieferten Geschichten zurück, in denen Götter
und Halbgötter vermenschlicht werden:

»Von den Männern aber ist der zu loben, der nach dem
    Trunk Edles ans Licht bringt,
So wie ihm das Gedächtnis und das Streben um die Tugend ist,
Wobei er nicht etwa Kämpfe der Titanen durchgeht oder der
Giganten oder auch der Kentauren – Erfindungen der Vorzeit
– oder tosenden Bürgerzwist, denn darin ist nichts Nütz-
liches;
Aber der Götter allzeit fürsorglich gedenken, das ist edel.«[18]

Die »Physiker« Thales, Anaximander und Pythagoras haben abstrakte Prinzipien der Naturerklärung postuliert, in denen wir
bei wohlwollender Interpretation Vorformen naturwissenschaftlichen Denkens finden. Das Grundmotiv allen theoreti-

schen Denkens über die Natur, die Erklärung einer Vielfalt des Geschehens durch eine zunächst verborgene, aber dem menschlichen Geist zugängliche *allgemeine* Gesetzmäßigkeit ist in ersten Ansätzen von Anaximander, in ausgeprägter Form aber erst von Heraklit erkannt und dargestellt worden.

Heraklit hat um 500 v. Chr. in seiner Vaterstadt Ephesus gewirkt, er lebte vermutlich von etwa 540 bis 470 v. Chr. Politisch war er Aristokrat: »Einer ist mir soviel wert wie Zehntausend, wenn er der Beste ist.« Er scheint seiner Stadt abgeraten zu haben, sich gegen die Perser zu erheben. Nach der Ablösung der Aristokratie zog er sich verbittert aus dem politischen Leben zurück. Viele seiner Aussprüche sind dunkel. Andererseits sind die Schwierigkeiten für das Verständnis seiner Lehre auch nicht viel größer als bei seinen Vorgängern und Zeitgenossen. Von denen, übrigens, hielt er wenig:

> »Vielwisserei lehrt nicht Verstand zu haben; sonst hätte sie den Hesiod klug gemacht und den Pythagoras, auch den Xenophanes und den Herakeitos.«[19]

Heraklit führt als oberstes Prinzip den Logos ein. »Logos« bedeutet ursprünglich »Wort«, der Begriff bezeichnet aber auch »Regel«, »Gesetz«, »Sinn«. Aus dem Zusammenhang der Philosophie Heraklits ist zu vermuten, daß er damit eine Art Weltgesetz meint, das dem gesamten, anscheinend so vielfältigen und widersprüchlichen Geschehen zugrunde liegt:

> »Haben sie nicht mich, sondern den ›Logos‹ vernommen, so ist es weise, dem ›Logos‹ gemäß zu sagen, alles sei eines.«[20]

> »Eins nur ist das Weise, sich auf den Gedanken zu verstehen, als welcher alles auf alle Weise zu steuern weiß [der alles durch alles lenkt].«[21]

> »Verbindungen: Ganzes und Nicht-Ganzes; Einträchtiges und Zwieträchtiges; Einklang und Zwieklang; und aus Allem Eines und aus Einem Alles.«[22]

Der Logos ist der menschlichen Einsicht zugänglich, wenn sie sich darum bemüht. Kriterium rechter Erkenntnis ist, daß sie im Prinzip allen zugänglich ist:

»Gemeinsam ist allen das Denken [der Verstand].«[23]

»Wenn man mit Verstand reden will, muß man sich stark machen mit dem allen Gemeinsamen.«[24]

»Darum ist es Pflicht, dem Gemeinsamen zu folgen. Aber obschon der ›Logos‹ gemeinsam ist, leben die Vielen, als hätten sie eine eigene Einsicht.«[25]

Das Weltgesetz ist – unter Vorbehalt – mit der Gottheit zu identifizieren:

»Eins, das allein Weise, will nicht und will doch mit dem Namen des Zeus benannt werden.«[26]

In Grenzen ist der Logos der menschlichen Seele eigen, also durch Selbsterforschung erschließbar:

»Ich durchforschte mich selbst.«[27]

»Den Menschen ist allen zuteil geworden, sich selbst zu erkennen und gesund zu denken.«[28]

»Der Seele ist der Logos eigen, der sich selbst mehrt.«[29]

Aber der Selbsterkenntnis der Seele sind Schranken gesetzt:

»Der Seele Grenzen kannst du im Gehen nicht ausfindig machen, und ob du jegliche Straße abschrittest; so tief ist ihr ›Logos‹.«[30]

Heraklit erkennt als grundlegend die Dynamik des Weltgeschehens, den Strom der Veränderungen in der Zeit:

»Man kann nicht zweimal in denselben Fluß steigen.«[31]

»Denen, die in dieselben Flüsse hineinsteigen, strömen andere und wieder andere Wasserfluten zu.«[32]

»In dieselben Flüsse steigen wir und steigen wir nicht. Wir sind (es) und wir sind (es) nicht.«[33]

Die Dynamik des Geschehens ist beherrscht durch Gegensätze:

»Das Kalte erwärmt sich, Warmes kühlt sich, Feuchtes trocknet sich, Dürres netzt sich.«[34]

Hinter den Gegensätzen steht eine übergeordnete Einheit:

»Das widereinander Strebende zusammengehend; aus dem Auseinandergehenden die schönste Harmonie.«[35]

Dabei ist »unsichtbare Harmonie stärker als sichtbare«.[36]

Dynamische Veränderungen befolgen Gesetze der Erhaltung; sie betreffen nicht die Materie, sondern das »Feuer«, ein Gedanke, der einem allgemeinen Gesetz der Erhaltung der Energie in modernem Sinne nicht fernsteht:

»Wechselweiser Umsatz: des Alls gegen das Feuer und des Feuers gegen das All, so wie der Waren gegen Gold und des Golds gegen Waren.«[37]

Das Feuer scheint für Heraklit eine physikalische Entsprechung des göttlichen Logos, das generative Prinzip des Geschehens zu sein. Der Kosmos hat keinen Anfang und kein Ende in der Zeit:

»Diesen Kosmos, denselbigen für alle Wesen, schuf weder einer der Götter noch der Menschen, sondern er war immer da und ist und wird sein ewiges lebendiges Feuer, erglimmend nach Maßen und erlöschend nach Maßen.«[38]

Den Ruf des »Dunklen« hat sich Heraklit wohl nicht zuletzt durch seine vieldeutige Lehre über Seele und Tod zugezogen:

> »Die Menschen erwartet, wenn sie gestorben sind, was sie nicht hoffen noch wähnen.«[39]

> »Der Mensch zündet sich in der Nacht ein Licht an, wenn sein Augenlicht erloschen ist. Lebend rührt er an den Toten im Schlaf; im Wachen rührt er an den Schlafenden.«[40]

Vielleicht meint er damit, daß sich der Zustand des Wachens zum Schlaf verhält wie der Schlaf zum Tod.

Er sieht das Todesproblem in einem Zusammenhang mit der Aufhebung der Gegensätze und der Einheit hinter den Gegensätzen:

> »Unsterbliche: Sterbliche, Sterbliche: Unsterbliche, denn das Leben dieser ist der Tod jener, und das Leben jener der Tod dieser.«[41]

Solche Sätze sind hintergründig und poetisch, sonderlich klar sind sie nicht. Andere Aussprüche sind physikalisch schlicht falsch – so die der ägyptischen Tradition nahestehende These, die wir schon im Eingangskapitel in Zusammenhang mit der Problematik »retrospektiver Wissenschaftsgeschichte« erwähnt hatten:

> »Die Sonne ist neu an jedem Tag.«[42]

Seine große Leistung aber bleibt das Postulat, es gebe eine im Grunde einfache, verborgene, aber dem suchenden menschlichen Geist wenigstens teilweise zugängliche Gesetzmäßigkeit der Welt. Dem entspricht ein Vertrauen in die Reichweite des theoretischen Denkens, das eine entscheidende Voraussetzung für das wissenschaftliche Begreifen der Natur war. Die Einsicht in die Gesetzmäßigkeit der Natur steht für Heraklit in enger Beziehung mit der rechten Art zu leben und zu handeln:

»Gesund denken ist die größte Vollkommenheit, und die Weisheit besteht darin, die Wahrheit zu sagen und zu handeln nach der Natur [›physis‹], auf sie hinhörend.«[43]

Der letzte der großen »Physiker« in der Frühgeschichte der Philosophie, der noch aus dem ionischen Kernland an der kleinasiatischen Küste stammt, ist Anaxagoras von Klazemonai, das ungefähr 30 km westlich des heutigen Izmir lag. Er lebte etwa von 490 bis 430 v. Chr. Wie vor ihm Pythagoras und Xenophanes emigrierte er bereits in jungen Jahren. Zu seiner Zeit hatte sich das politische und künstlerische Zentrum der Griechen schon nach Athen verlagert, und »Anaxagoras brachte die Philosophie nach Athen«. Hier wirkte er drei Jahrzehnte, befreundet mit bedeutenden Zeitgenossen wie Perikles und Euripides, bis ihn eine Anklage wegen Gottlosigkeit vertrieb. Anaxagoras hatte behauptet: »Die Sonne ist eine glühende Masse, größer als die Peloponnes.« Dies gefiel den Athener Altgläubigen nicht, die die Sonne und die Gestirne als göttlich ansahen, und so verbannten sie ihn aus ihrer Stadt.

Anaxagoras hat, wie die früheren »Physiker«, Behauptungen über die Natur aufgestellt, die nach heutiger Kenntnis teils richtig, teils falsch sind. Die Überlieferung schreibt ihm manche Thesen zu, die auf detaillierte Analyse hinweisen und in erstaunlichem Maße zutreffen:

»Der Mond verfinstert sich, wenn die Erde zwischen ihn und die Sonne tritt; die Sonne dagegen, wenn der Mond bei Neumond zwischen sie und die Erde tritt.«[44]

»Der Mond hat kein eigenes Licht, sondern hat dies von der Sonne.«[45]

»Anaxagoras behauptet, daß infolge der im Sommer erfolgenden Schneeschmelze in Äthiopien der Nil anschwelle.«[46]

Naturphilosophisch bedeutend ist die Lehre des Anaxagoras vom »Nous«, dem »Geist«. Der »Nous« ist »das feinste aller Dinge« – insofern wohl noch in Analogie zur Materie gedacht –, er ist aber mit keinen anderen Dingen vermischt. Er »besitzt von allem alle Kenntnis und hat die größte Kraft. Und über alles, was Seele hat, … über all dies hat der Geist Herrschaft. Und das, was sich da mischte und abschied und voneinander schied, alles erkannte der Geist. Und wie alles werden sollte und wie es war, was jetzt nicht mehr ist, und alles, was jetzt ist und wie es sein wird, alles ordnete der Geist an, auch diese Umdrehung, die jetzt die Sterne und Sonne und Mond vollführen… Und es scheidet sich vom Dünnen das Dichte, vom Kalten das Warme, vom Dunklen das Helle, vom Feuchten das Trockene. Dabei sind der Teile viele von vielen Stoffen vorhanden. Vollständig aber scheidet sich nichts ab oder auseinander, das eine vom anderen, nur der Geist.«[47]

Das Urprinzip »Geist« beherrscht also Geschehen *und* Erkennen. Selbst wenn er als feinste Materie gedacht ist, so ist Geist doch von allem anderen geschieden und steht am Anfang jeder Gedankenkette zur Erklärung der Natur. Das Konzept des Anaxagoras ist mit dem des »Logos« bei Heraklit durchaus verwandt. Allerdings ist der Gedankengang des Heraklit philosophisch hintergründiger und radikaler, denn der Logos hat nicht den Charakter eines superfeinen Stoffes, sondern einer zentralen Gesetzlichkeit der Natur; er besitzt keine materielle, sondern eine gedankliche – eben eine logische – Qualität.

Problematisch ist die Lehre des Anaxagoras von der Materie. Er behauptet, daß jeder Stoff aus zahlreichen verschiedenen Komponenten zusammengesetzt ist; daß es keine Verwandlung, sondern nur Mischung und Entmischung der Stoffe gebe; deswegen ist letztlich alles in allem enthalten, wenn auch in unterschiedlichem Ausmaß in verschiedenen Dingen. Nur der Geist, »Nous«, ist stets rein und unvermischt. Anaxagoras scheint angenommen zu haben, daß die stofflichen Komponenten unbegrenzt teilbar und unendlich an Zahl sind. Da jedenfalls kam sein Gegenspieler Demokrit der Wahrheit näher, der ein halbes Jahrhundert nach Anaxagoras die Atomlehre begründete: Grundbausteine der Materie seien die Atome, die, obwohl unsichtbar klein, doch endliche Größe besitzen. Es gibt, so lehrte Demokrit, nur Atome und leeren Raum. Verschiedene Arten von Atomen unterscheiden sich in Form und Größe, und dies wiederum bestimmt, in anschaulich mechanischer Weise, ihre Wechselwirkung. Die Eigenschaften der Materie beruhen nach Demokrit auf der Mischung und Entmischung der Atome.

Anaxagoras war der letzte der vorsokratischen Philosophen, der noch im Ursprungsgebiet des neuen Denkens über die Natur, dem ionischen Küstenstrich Kleinasiens, aufgewachsen war. Die Fortsetzung der frühen Naturphilosophie in Unteritalien und Sizilien wollen wir hier nicht im einzelnen verfolgen. So einflußreich die Gedanken des Parmenides, des Empedokles und anderer für die weitere Entwicklung der Philosophie auch waren, die Grundlagen abstrakter Naturerklärung, auf die es uns hier ankommt, zeigen sich in den wesentlichen Zügen bereits bei den frühesten Denkern des ionischen Griechenland: die Annahme einer naturgesetzlichen Ordnung, deren Basis in Grundsubstanzen und deren Form in der Mathematik zu vermuten ist. Diese Gedanken früher »Physiker« enthalten zugleich ein Programm: das Verständnis der Natur auch in ihren Einzelheiten anzustreben. Ihre zahlreichen, teils richtigen, teils falschen Hypothesen zeigen uns die Intensität dieser Bemühungen. Im Nachdenken über die Gesetzlichkeit der Natur, über den »Logos«, erweisen sich die Fähigkeiten des menschlichen Geistes, werden aber auch seine Grenzen offenbar: Der göttliche Ursprung der erfahrbaren Welt liegt jenseits der menschlichen Anschauung. Die ersten »Physiker« suchten die Natur zu erklären, um auf diesem Weg auch sich selbst zu erkennen: Ihre Originalität und Genialität liegt nicht zuletzt darin, daß sie diesen *Umweg über die Naturerkenntnis* zum *Selbstverständnis* begingen.

Vom 5. Jahrhundert vor Christus an verlegte sich das Zentrum der Philosophie mehr und mehr nach Athen. Ihr Interesse richtete sich in erster Linie *unmittelbar* auf den Menschen. Die Erkenntnis des Guten, das Nachdenken über den Staat wurden zu vorherrschenden Themen. Daneben gab es aber auch einige wesentliche, das Verständnis der Natur betreffende Aspekte, die nun erst voll in das Blickfeld der Philosophie gerieten: die Begriffe des Lebens und der Seele, die Beziehung von Geist und Natur. Zwar war dieser Themenkreis schon bei den ersten Naturphilosophen angeklungen: im Evolutionsgedanken des Anaximander – der Mensch hat sich aus tierischen Vorfahren entwikkelt –, in Spekulationen zur stofflichen oder nichtstofflichen Natur des Geistes, in der Verbindung von Seele und Logos (anders ausgedrückt: von Bewußtsein und Weltgesetz), nicht zuletzt aber in der Erkenntnis von Grenzen der Erkenntnis:

> »Der Seele Grenzen kannst du... nicht ausfindig machen... so tief ist ihr Logos.«[30]

So Heraklit; und Xenophanes:

> »Das Genaue freilich erblickte kein Mensch, und es wird auch nie jemand sein, der es weiß in Bezug auf die Götter und alle Dinge...«[15]

Eine systematische Erörterung dieser Thematik findet sich jedoch erst in der von Erkenntniskritik geleiteten griechischen Philosophie »nach Sokrates«. Im Zusammenhang mit der Theorie der Natur sind besonders zwei Problemkreise von Interesse: im Rahmen der Philosophie Platons (427–347 v. Chr.) die Frage, wie weit man durch Denken allein die Wahrheit erkennen kann; bei Aristoteles (384–322 v. Chr.) die begriffliche Grundlegung der wissenschaftlichen Biologie und Psychologie.

# 3. Das Leben und die Seele

*Wie Aristoteles die Biologie begründete*

Platon sieht in der äußeren, wahrnehmbaren Welt ein unvollkommenes Abbild der Ideen, die in ewiger und reiner Form in uns selbst, in unserer Seele zu finden sind. »Ideen« sind zum Beispiel »das Gute«, »das Schöne«, »das Wahre«; Ideen sind aber wohl auch enger begrenzte Abstraktionen, zum Beispiel »Kreis«, ja sogar Sammelbegriffe für konkrete Dinge wie »Baum« und »Haus«. Erfahrung ist anregend für die Entwicklung der Gedanken, aber im Grunde ist doch die Wahrheit über die Welt im Bewußtsein des philosophierenden Menschen enthalten. Platons Musterwissenschaft ist die Mathematik, und für sie ist sein Konzept ja auch weitgehend zutreffend. Wie weit gilt es aber für die Erkenntnis der Natur? Die Antwort auf diese uralte Frage der Philosophie läßt sich aus der Struktur der entwickelten Wissenschaft unserer eigenen Zeit ganz gut ablesen. Die moderne Physik zeigt eindrucksvolle Züge, die einer platonischen Auffassung durchaus nahekommen: Ihre Grundgesetze sind von mathematischer Einfachheit und abstrakter Schönheit. Ganze Zahlen als Exponenten, Symmetrien der Formeln (zum Beispiel in bezug auf Raum und Zeit) und Erhaltungssätze (zum Beispiel für die Energie) sprechen Verstand, Intuition und ästhetisches Empfinden an. Sie können keinesfalls als rein zufällige Beziehungen irgendwelcher empirischer Daten gedeutet werden; sie zeigen vielmehr eine wie auch immer zu begründende Entsprechung von menschlichem Geist und der »Physis«, der »Natur«. Andererseits ist es aber offensichtlich, daß man durch reines Denken allein nie die Gesetze der Physik hätte entdecken können: Vieles von dem, was sich Menschen an Ordnung in der Natur ausgedacht haben, hat die Forschung widerlegt. Von Pythagoras bis Kepler suchte man zum Beispiel nach harmonischen Beziehungen zwischen den Bahnen der Planeten – diese gibt es aber nicht. Auch die frühen Ideen über die Beziehung von Körpersäften und Krankheiten in der Heilkunst und über die Natur der Elemente in der Chemie waren falsch, von astrologischen Spekulationen über die Beziehung zwischen der Konstellation der Planeten und dem menschlichen Schicksal ganz zu schweigen. Auf diesem Hintergrund ist es notwendig, die entscheidende Rolle der Beobachtung und Erfahrung, insbesondere des quantitativen Experimentes, hervorzuheben. Die Erfolge der Naturwissenschaften wären undenkbar, hätten nicht neugierige Experimentatoren ganz kuriose, im normalen Alltag unbekannte elektrische Erscheinungen aufgegriffen und sie in unzähligen, teils sehr künstlichen Versuchsanordnungen – zum Beispiel mit geriebenem Bernstein und präparierten Froschmuskeln – studiert.

Der Rolle der Erfahrung für ein Verständnis der Natur wird die Philosophie des Aristoteles viel mehr gerecht als die seines Lehrers Platon. Aristoteles geht nicht vom Allgemeinen, sondern vom Einzelnen aus – und in den Eigenschaften des Einzelnen erkennt er die allgemeinen Prinzipien. Hierzu bedarf es der Erfahrung aufgrund sinnlicher Wahrnehmung:

»Da es… kein Ding… getrennt von den sinnlich wahrnehmbaren Größen gibt, so sind in den wahrnehmbaren Formen die denkbaren enthalten, sowohl die sogenannten abstrakten wie auch die Gestaltungen und Beschaffenheiten des Sinnlichen. Und deswegen kann niemand ohne Wahrnehmung etwas lernen oder verstehen…«[48]

In einem bemerkenswerten, wenn auch etwas verloren wirkenden Absatz seiner biologischen Schriften – es geht um Zeugung und Vermehrung bei Bienen – spricht Aristoteles sogar der Erfahrung den *Vorrang* vor der Theorie zu:

»…man soll sich auf die Beobachtung mehr verlassen als auf die Vernunftgründe, auf diese überhaupt nur, wenn sie mit den Erscheinungen in Einklang sind…«[49]

Aristoteles verbrachte nach einem langen Aufenthalt an der Platonischen Akademie in Athen und einem Zwischenspiel an der kleinasiatischen Küste auch einige Zeit auf der Insel Lesbos, der Heimat der Sappho. Vermutlich widmete er sich dort in besonderem Maße dem Studium der belebten Natur. Seine größte Wirksamkeit entfaltete er später in Athen, wo er schließlich eine eigene philosophische Schule gründete. Wie für Platon die Mathematik Modellwissenschaft war, so wurde es für Aristoteles die Biologie.

Seine Naturphilosophie ist von dem Gedanken beherrscht, Stoff und Form zu unterscheiden; er lehrte, es gebe ein formbildendes Prinzip, die »Energie«, die auf ein Ziel gerichtet sei, die »Entelechie«. Die Zielstrebigkeit natürlicher Vorgänge zieht sich durch die ganze Naturlehre des Aristoteles. Für die belebte Welt ist dies plausibel, denn die Zweckmäßigkeit von Strukturen und Verhaltensweisen der Lebewesen ist leicht erkennbar: Menschen verfolgen ihre Ziele mit Hilfe strategischen Denkens. Auch für Tiere trifft zu, daß sie sich zweckmäßig verhalten – indem sie nämlich auf Wahrnehmungen situationsgerecht reagieren, um sich und ihre Nachkommen zu sichern. Pflanzen sind zweckmäßig strukturiert, zweckmäßig im Sinne ihrer Erhaltung, ihres Wachstums und ihrer Vermehrung; so läßt sich zum Beispiel das Blatt als zweckmäßiges Werkzeug begreifen.

Aristoteles möchte nun zielstrebiges Verhalten auch als physikalisches Grundprinzip der unbelebten Natur ansehen. Das Fallgesetz besteht nach seiner Auffassung darin, daß die Dinge nach ihrer natürlichen Lage, nämlich nach unten streben.

Aus der Struktur der modernen Physik kann man – nachträglich – ablesen, daß und warum man mit einer solchen Einführung von Zielen und Zwecken in Gesetzmäßigkeiten der unbelebten Natur nicht weit kommt. Zwar lassen sich Grundgesetze der Physik in die Form von Extremalprinzipien bringen: Vorgänge laufen so ab, daß bestimmte mathematisch definierte abstrakte Größen ihren optimalen Wert erreichen. Dies erinnert etwas an die Zielorientierung, die »Entelechie« bei Aristoteles; und dennoch erscheint die aristotelische Denkweise im Bereich der unbelebten Natur sehr einseitig und gewollt. Optimierungsprinzipien sind nämlich nur eine von mehreren möglichen Formulierungen von Grundgesetzen der Physik, und die fruchtbarste Version ist die kausale: Bestandteile bewegen sich unter dem Einfluß von Kräften; in Gleichungen gefaßt, ermöglicht dies die Berechnung physikalischer Zustände der Zukunft aus Zuständen der Gegenwart. Formen entstehen durch die naturgesetzliche Bewegung und Veränderung von stofflichen Bestandteilen. Von einer kausalen Dynamik des Naturgeschehens aber ist die aristotelische Denkweise weit entfernt. Ganz besonders problematisch ist ein merkwürdiger Zug der aristotelischen Physik: Am Himmel sollen völlig andere Gesetze gelten als auf der Erde; am Himmel die ewige Kreisbewegung der Gestirne, auf der Erde das Streben nach der natürlichen Lage (Steine nach unten, Hitze nach oben), sofern diese Vorgänge nicht durch Eingriffe des Menschen beeinflußt werden. All dies ist so falsch, daß es nicht schrittweise im Gefolge neuer wissenschaftlicher Erkenntnisse und Ideen verbessert werden kann; die aristotelische Physik mit ihrer Fortschreibung biologischer Anschauung in den Bereich der unbelebten Natur führt in eine Sackgasse ohne wirkliche Entwicklungsmöglichkeiten.

Für die Einsicht in die belebte Natur hingegen ist die Denkweise des Aristoteles immer noch interessant. Wir verstehen die Erbsubstanz DNS, die die Entwicklung eines Organismus steuert, als Träger von Information, die sozusagen den Konstruktionsplan des Lebewesens zum Inhalt hat. In dieser Information ist das Ziel der Entwicklung des Embryos enthalten, die ausgeprägte räumliche Organisation des Organismus. Genetische Information als Entelechie? Nicht so ganz, denn Aristoteles' Lehre über Stoff und Form ist kaum mit moderner Physik vereinbar; aber sehr weit von der Intuition des Aristoteles liegt die moderne Auffassung der Erbsubstanz als Träger genetischer Information auch wieder nicht, und die Erklärungsprinzipien der Molekularbiologie hätten ihm vielleicht gefallen.

So fremd die aristotelische Physik der modernen Denkweise ist, seine Lehre von der Natur hat doch wichtige Beiträge besonders zum wissenschaftlichen Verständnis der belebten Natur erbracht. Vieles davon ist in der Schrift »Über die Seele« enthalten, einer Sammlung aristotelischer Lehren, die vielleicht erst von seinen Schülern zusammengestellt und redigiert wurde. Diese

Schrift – in der lateinischen Übersetzung »De anima« – hat in mehr als einer Hinsicht geistesgeschichtliche Bedeutung. Manchmal wird sie – in etwas pedantischer, aber auch irreführender Übernahme des Begriffs »Psyche« in modernem Sinne – als aristotelische »Psychologie« bezeichnet, aber »De anima« betrifft doch sehr viel weitere Bereiche der Erkenntnis. Zum einen enthält sie metaphysische Überlegungen zur Unsterblichkeit bzw. Vergänglichkeit von »Teilen« des Intellekts – der formgebende, tätige Intellekt sei ewig, der leidende und erinnernde hingegen vergänglich. Die wenigen, ziemlich dunklen Sätze des Aristoteles zu diesem Thema gehören zu den am häufigsten kommentierten Abschnitten in der Geschichte der Philosophie überhaupt. Sie haben besonders im Mittelalter zahlreiche Denker zu philosophisch-theologischen Spekulationen veranlaßt.

Zum anderen aber finden sich in »De anima« ganz wesentliche Erkenntnisse zur Begründung der Biologie, und es ist diese Gedankenlinie, die für die Geschichte des theoretischen Denkens über die Natur von besonderer Bedeutung ist: Aristoteles definiert charakteristische Merkmale, die die belebte von der unbelebten Natur unterscheiden, und zeigt qualitative Stufen im Bereich des Lebendigen auf. Vor seiner Zeit neigte man dazu, die eine oder andere Eigenschaft von Lebewesen – etwa die Eigenbewegung der freibeweglichen Tiere oder den Hauch des Atems – einer Charakterisierung des Lebens zugrunde zu legen. Aristoteles aber wollte diejenigen Merkmale definieren, die *alle* Lebewesen, auch die einfachsten, von der unbelebten Natur unterscheiden. Die einfachsten – das waren in seinem Erfahrungsbereich die Pflanzen. Für den modernen Biologen sind es die Bakterien. Das macht aber keinen großen Unterschied, wenn man nach Grundmerkmalen des Lebens sucht: Die freie Selbstbewegung und der Hauch des Atems eignen sich dafür jedenfalls nicht; gemeinsam sind aber allen Lebewesen Reproduktion und Stoffwechsel oder – in der Terminologie des Aristoteles – Zeugung sowie Ernährung bzw. Wachstum:

»Von den natürlichen Körpern haben die einen Leben, die anderen nicht. Leben nennen wir Ernährung, Wachstum und Verfall aus sich selbst.«[50]

»Die ernährende Seele... ist die erste und allgemeinste Fähigkeit der Seele und Grundlage des Lebens für alle: Ihre Leistungen sind Zeugen und die Nahrung Gebrauchen. Denn dies ist die naturgemäßeste Leistung für die Lebewesen...: nämlich ein anderes hervorzubringen wie sie selbst, das Tier ein Tier, die Pflanze eine Pflanze, damit sie, soweit sie es vermögen, am Ewigen und am Göttlichen teilhaben.«[51]

»Seele« ist für Aristoteles also das allgemeinste Prinzip organischen Lebens und schließt auch die niederen Formen ein; griechisch »psyche«, lateinisch »anima«, steht »Seele« für Leben schlechthin und nicht nur für den auf höhere Tiere und den Menschen beschränkten Begriff »Psyche« im modernen Sprachgebrauch. Aristoteles hat die Grundmerkmale »Reproduktion« und »Stoffwechsel« wohl zuerst als konstitutiv für alle Lebewesen erkannt. Will man nicht nur die Erhaltung und Fortpflanzung der Organismen verstehen, sondern auch ihre Evolution, so muß man als drittes Merkmal des Lebendigen – zufällige – Mutationen in Verbindung mit Selektion einführen. Diese Idee, die der modernen Evolutionslehre zugrunde liegt, findet sich bereits bei vorsokratischen Philosophen Altgriechenlands angedeutet. Anaximander und Heraklit scheinen die Entwicklung des Menschen aus Fischen angenommen zu haben, und Empedokles meinte, Körperteile hätten sich zufällig vereinigt, und nur das »Passende« habe überlebt – Entwicklung durch Zufall plus Selektion, wobei allerdings der Aspekt »Vererbung« offenbleibt. Aristoteles zitierte und diskutierte in seiner »Physik« solche Auffassungen des Empedokles:

»Wo nun alles zusammenkam, *wie wenn es zu einem bestimmten Zweck geschähe*, das blieb erhalten, da es zufällig passend zusammengetroffen war. Alles aber, was sich nicht so vereinigte, ging zugrunde.«[52]

Aristoteles selbst lehnte aber den Gedanken einer Evolution der Lebewesen ebenso ab wie eine Rolle des Zufalls bei der Ausbildung zweckmäßiger Strukturen. Im Rahmen seiner Philosophie ist der Zweck selbst ein organisierendes Prinzip; es gibt physikalisch wirksame Zweckursachen, und die Welt entwickelt sich nicht – schon gar nicht durch Zufall und Selektion –, sondern bleibt in wesentlichen Zügen ewig gleich; in dieser Hinsicht behielt er nicht recht.

Wesentlich für die Biologie bleibt aber seine Erkenntnis, daß Selbstvermehrung und Stoffwechsel Grundmerkmale darstellen, die allen Lebewesen gemeinsam sind. Darauf aufbauend charakterisiert Aristoteles die höheren Stufen des Lebens: Tiere mit der Fähigkeit der Wahrnehmung und den Menschen mit der Fähigkeit des Denkens. Die höheren Formen schließen jeweils die Eigenschaften der niederen in sich ein:

> »Von den... Fähigkeiten der Seele finden sich nun... bei einigen Wesen alle, bei anderen einige, bei wieder anderen nur eine. Fähigkeiten nennen wir: Ernährung, Begehren, Wahrnehmung, Ortsbewegung, Überlegung. Die Pflanzen besitzen nur die Ernährung, andere Wesen diese wie auch die Wahrnehmung...«[53]

> »Ohne das Ernährungsvermögen existiert das Wahrnehmungsvermögen nicht. Das Ernährungsvermögen ist aber bei den Pflanzen vom Wahrnehmungsvermögen getrennt.«[54]

Hinsichtlich der Wahrnehmung stellt Aristoteles fest, daß beim Sehvorgang nichts Materielles aufgenommen wird, nicht der Stoff selbst, sondern die *Form*. Dies ist »*Information*« im ursprünglichen Sinn des Wortes:

> »Nun müssen wir über die gesamte Sinneswahrnehmung im allgemeinen sagen, daß die Sinneswahrnehmung ein Aufnehmen der wahrnehmbaren Formen ist ohne die Materie, so wie das Wachs das Zeichen des Siegelrings aufnimmt ohne das Eisen und das Gold.«[55]

Denken, die charakteristische Fähigkeit des Menschen, ist mehr als Wahrnehmen, und eben deshalb ist es anfällig für Irrtümer:

»Daß nun Wahrnehmen und Überlegen nicht dasselbe sind, ist klar. Denn an dem einen haben alle Anteil, an dem anderen nur wenige von den Lebewesen. Aber auch das Denken… ist mit dem Wahrnehmen nicht identisch. Denn die Wahrnehmung des je Eigentümlichen ist immer wahr und kommt allen Lebewesen zu, das Nachdenken kann aber auch falsch sein und kommt nur denjenigen zu, die auch Verstand besitzen.«[56]

Abstraktes, allgemeines begriffliches Denken wird durch die Verbindung von Eindrücken mehrerer Sinne erleichtert:

»Man könnte fragen, wozu wir mehrere Sinnesorgane haben und nicht nur ein einziges. Vielleicht, damit wir die mitfolgenden und gemeinsamen Merkmale, wie Bewegung, Größe und Zahl, weniger übersehen.«[57]

Strategisches Denken erfordert die Bewertung von Situationen, die man sich gedanklich vorstellt:

»Der denkenden Seele sind die Vorstellungsbilder wie Wahrnehmungseindrücke gegeben. Wenn sie sie als gut oder schlecht bejaht oder verneint, so flieht oder erstrebt sie. Darum denkt die Seele niemals ohne ein Vorstellungsbild.«[58]

»Die Denkkraft denkt die Formen anhand von Vorstellungsbildern, und da ihr in diesen das zu Erstrebende und zu Meidende beschlossen ist, so wird sie auch ohne die Wahrnehmung… in Bewegung versetzt… Zuweilen… aber ist es so, daß man mittels der Vorstellungs- oder der Denkbilder in der Seele, gleichsam sie sehend, das Zukünftige gegen das Gegenwärtige abwägt und überlegt. Und wenn man sagt, daß dort und dort das Angenehme oder Unangenehme ist, so meidet man es oder begehrt es.«[59]

Eine Kernfrage des menschlichen Selbstverständnisses ist das Leib-Seele-Problem. Daß seelisches Erleben in enger Beziehung zu körperlichen Prozessen steht, wurde von Aristoteles klar erkannt:

»Ganz im allgemeinen gehört es zu den mühsamsten Dingen, irgendeine Gewißheit über die Seele zu erlangen… Eine Schwierigkeit enthält auch die Frage nach den Zuständen der Seele: Sind sie alle der Seele *und* ihrem Träger gemeinsam, oder gibt es solche, die der Seele *allein* eigentümlich sind? Dies zu entscheiden, ist notwendig, aber nicht leicht.

In den meisten Fällen scheint die Seele nichts ohne den Körper zu erleiden und zu tun, wie etwa Zorn, Mut, Begehren, Wahrnehmen überhaupt. Am meisten scheint ihr das Denken eigentümlich zu sein. Wenn aber auch dies eine Sinnesvorstellung ist oder doch nicht ohne eine solche sich vollzieht, dann könnte selbst das Denken nicht ohne den Körper sein…«[60]

Seelische Vorgänge werden nicht in jedem Fall von äußeren Ereignissen ausgelöst – dennoch sind sie mit körperlichen Vorgängen verbunden; wie, das bleibt allerdings offen:

»Es scheinen… die Zustände der Seele alle zusammen mit dem Körper zu bestehen. Zorn, Milde, Furcht, Mitleid, Mut, Freude, Liebe und Haß. Denn von ihnen wird der Körper in Mitleidenschaft gezogen. Ein Zeichen dafür ist, daß man zuweilen starke und deutliche Eindrücke erlebt, ohne dabei in Erregung oder Furcht zu geraten. Zuweilen aber wird man von winzigen und ganz unbestimmten Eindrücken in Bewegung versetzt, wenn der Körper sich erregt und sich verhält, wie wenn er zürnte. Noch evidenter ist das Folgende: Ohne daß etwas Furchterregendes vorliegt, geraten die Menschen in den Zustand dessen, der sich fürchtet. Wenn es sich so verhält, ist es klar, daß die Zustände der Seele materiegebundene Begriffe sind… Darum ist es auch Sache des Physikers [Naturforschers], nach der Seele zu fragen…

Allerdings würde wohl der Physiker und der Dialektiker alle diese Dinge auf verschiedene Weise definieren. Die Frage etwa, was der Zorn sei, wird der eine dahin beantworten, er sei ein Streben, erlittene Kränkung zu vergelten, der andere, er sei ein Sieden des Blutes…«[61]

Aristoteles hat als erster eine rationale, in wesentlichen Zügen treffende Definition des Lebendigen gegeben; er hat Selbstvermehrung und Gestaltbildung der Organismen in einer Weise interpretiert, die zwar nicht identisch, aber doch konsistent mit der Rolle der Erbinformation und dem Prinzip der Selbstorganisation ist, wie sie die Wissenschaft später aufgezeigt hat. Seele erscheint nicht als ein geistiges Prinzip, das auf an sich tote Materie einwirkt, um sie zu beleben. Er definiert sie vielmehr als ganzheitliche Eigenschaft der organischen Körper selbst, und diese Charakterisierung gilt für alle, auch die einfachsten Formen des Lebendigen. Damit kommt er modernen Auffassungen von »Leben« als Systemeigenschaft bestimmter Organisationsformen der Materie nahe.

Aristoteles hat erkannt, daß es Stufen des Lebens – in seiner Terminologie: der Seele – gibt. Die Wahrnehmung – ein Charakteristikum höherer Formen des Lebens – erkannte er als Aufnahme von Information. Er hat Denken und Fühlen als Körperfunktionen, zugleich aber auch die Seele als Ziel und Zweck des höheren organischen Lebens bezeichnet; die Erklärung der Zweckmäßigkeit biologischer Strukturen durch eine Evolution, in der der Zufall eine Rolle spielt, lag ihm allerdings fern. Die Beziehung zwischen geistigen Prinzipien und materiellen Strukturen wird durch seine Philosophie der Zweckursachen nicht wirklich geklärt. Trotz solcher Einschränkungen – Aristoteles' »De anima« ist in wesentlichen Zügen eine Begründung der Biologie als Naturwissenschaft. Die Faszination der Frage nach dem »Leben« kommt besonders eindrucksvoll in den einleitenden Sätzen dieses Werkes zum Ausdruck:

»Wir setzen voraus, daß das Wissen zu den schönen und wertvollen Dingen gehört, daß es aber Stufungen gibt entweder der Präzision des Wissens nach oder sofern es vorzügliche und erstaunliche Gegenstände betrifft. Aus diesen beiden Gründen zugleich werden wir mit Recht die Lehre von der Seele zu den ersten Wissenschaften zählen können.
Es scheint aber auch im Hinblick auf die gesamte Wirklichkeit die Erkenntnis der Seele ein Bedeutendes beizutragen, vor al-

lem im Hinblick auf die Natur; denn sie ist gewissermaßen Prinzip der belebten Wesen.«[62]

*Wissenschaftsphilosophisch* höchst bedeutsam ist die Lehre des Aristoteles, im Einzelnen das Allgemeine zu sehen. Seine Neigung zu detaillierter Beobachtung in Verbindung mit theoretischem hypothetischem Denken ist ein frühes Beispiel für Naturforschung, die über die rein spekulative Naturphilosophie weit hinausreicht: Das genaue Studium der Dinge, wie sie wirklich sind, ist für den Philosophen wichtig. Damit kommt man zu anderen und richtigeren Schlüssen als durch Denken allein. Im Rückblick auf die Geschichte kann man sagen, daß ohne eine solche Einstellung der Erfolg der Naturwissenschaften nicht denkbar gewesen wäre.

Daß die *Physik* des Aristoteles wenig befriedigend ist, wurde nicht erst in der Neuzeit erkannt, sondern schon im Altertum gesehen. So hat sich zum Beispiel bald nach Aristoteles ein Nachfolger in der Leitung der Akademie, Straton, deutlich gegen die begriffliche Trennung von Stoff und Form gewandt und statt dessen das formbildende Prinzip in den Natur*gesetzen* gesehen, denen der Stoff gehorcht. Für Straton wurde die Physik der Materie zur Leitwissenschaft.

Aus der Zeit nach Aristoteles sei ein Denker erwähnt, den man gewöhnlich weniger mit Naturwissenschaft als mit der »guten Art zu leben« in Verbindung bringt – der geniale Theoretiker des Glückes, Epikur. Geboren 341 v. Chr. in Samos, verbrachte er seine Jugend und Entwicklungszeit im ionischen Griechenland, begann auf Lesbos zu lehren und übersiedelte im Alter von 36 Jahren nach Athen. Dort begründete und führte er in der zweiten Hälfte seines Lebens eine der einflußreichsten, dauerhaftesten – und am heftigsten angefeindeten – Schulen in der Geschichte der Philosophie.

Was seine Gedanken für das Thema »Natur und Geist« interessant macht, ist die *Natürlichkeit* seiner Ethik. Epikur stand dem Götterglauben skeptisch gegenüber; er war Materialist im Sinne Demokrits, und er versuchte, den Tod zum Scheinproblem zu erklären: Was geht uns der Tod an? »Wenn er ist, sind wir nicht; und wenn wir sind, ist er nicht.« Glück war für ihn eine Verallgemeinerung der – kurzzeitig vorübergehenden – Lust auf ein dauerhaftes, zeitintegrierendes Wohlbefinden, zu dem auch Selbstbescheidung und gutes Handeln beiträgt. Mit der Bejahung eines ursprünglichen, wenn auch verallgemeinerten Lustprinzips widersprach er der stoischen Philosophie, die den Gegensatz zwischen Pflicht und Neigung stärker betonte. In letzter Konsequenz sind allerdings die stoische und die epikureische Auffassung durchaus ähnlich; denn in beiden Fällen wird die dauerhafte Übereinstimmung des Handelns mit eigenen Werten und denen der Gesellschaft als wesentlicher für die Glückseligkeit angesehen als das Erlebnis unmittelbarer, kurzfristiger Lust. Freundschaft, Gerechtigkeit und andere zeitintegrierende Werte werden höher angesetzt als, zum Beispiel, Essen und Trinken. Epikur läßt aber, im Gegensatz zu den stoischen Philosophen, der unmittelbar erlebten Lust ihr Eigenrecht. Der Lust erkennt er ursprüngliche Bedeutung für das Glück zu. Damit wird er den biologischen Grundlagen sozialen Verhaltens wohl viel eher gerecht als die Stoiker, wenngleich hier nicht behauptet werden soll, daß sich auf solche Weise die Ethik ganz widerspruchsfrei begründen ließe.

Unter den Aspekten der Biologie – zumal der modernen Evolutionstheorie – ist es durchaus plausibel, daß das Verhaltensziel »Glück« beim Menschen eine Verallgemeinerung des Strebens nach Lust ist. Sein reflektierendes und strategisches Denken ist zeitintegrierend: Es reicht weit in die eigene Vergangenheit und Zukunft. Entsprechend langfristig angelegt, also zeitintegrierend, ist das Streben nach einem positiven Lebensgefühl, Glückseligkeit genannt, die letztes Ziel des Handelns ist. Die Ethik Epikurs ist in ihren Konsequenzen keineswegs egozentrisch, und Epikur selbst war als gütiger Mensch bekannt; aber er wendet sich doch auch mit Recht gegen eine moralische Überforderung des Menschen, gegen die Verachtung seiner biologischen »Natur«.

# 4. Himmel und Erde, Mechanik und Technik

*Forschung und Entwicklung im Altertum von Aristarch, Eratosthenes und Archimedes bis Heron*

Für die – begrenzte – Fortentwicklung von Naturwissenschaft und Technik in der Zeit nach Aristoteles, im 3. Jahrhundert v. Chr., zeugen zum Beispiel Aristarch von Samos, Eratosthenes von Cyrene und Archimedes von Syrakus. Aristarch hat als erster behauptet, die Erde bilde nicht den Mittelpunkt des Kosmos, sie bewege sich vielmehr, wie auch die übrigen Planeten, um die Sonne. Diese Idee wurde in der Neuzeit von Kopernikus aufgegriffen und und bildete die Grundlage des modernen Weltbildes. Kopernikus scheint etwas eifersüchtig auf seinen großen Vorgänger gewesen zu sein; im Manuskript seines epochalen Werkes »De revolutionibus orbium coelestium« hatte er Aristarch noch zitiert, in der Druckfassung das Zitat wieder gestrichen. Wie später Galilei als Verfechter der Ideen des Kopernikus, so bekam auch schon Aristarch von Samos Schwierigkeiten mit den »Theologen« – der Vorsteher der stoischen Schule, Kleanthes, bezichtigte ihn der Gottlosigkeit. Durchsetzen konnte Aristarch sich mit seinem System nicht; es galt wohl im Altertum als eher unplausibel, und Archimedes hielt es für offensichtlich falsch. Die Kühnheit der Kosmologie Aristarchs bleibt beeindruckend. Die Gründe, die er dafür angab, sind nicht überliefert; sie mögen stärker gewesen sein, als es den Zeitgenossen erschien.

Mehr mit der Erde als mit dem Himmel beschäftigte sich Eratosthenes aus Cyrene. Im 3. Jahrhundert v. Chr. hatten die Ptolemäer in Alexandria die größte Bibliothek des Altertums gegründet, die systematisch die Schriften der klassischen griechischen Autoren, aber auch die außergriechischer Völker sammelte. Zu letzteren gehörte die Übersetzung des Alten Testamentes vom Hebräischen ins Griechische. Eratosthenes wurde Vorsteher dieser Bibliothek in Alexandria. Als Mann umfassender Bildung und Anhänger der stoischen Philosophie vertrat er die Gleichberechtigung und Gleichwertigkeit der Barbaren und der Hellenen. Er war einer der ersten ausgesprochenen Universalisten. Was das Wissen über die Natur angeht, so hat er, in guter Annäherung, den Umfang der kugelförmigen Erde bestimmt: Zur Zeit der Sommersonnenwende steht in der Gegend des heutigen Assuan die Sonne mittags senkrecht, erkennbar daran, daß sie sich in einem Tiefbrunnen spiegelt. In Alexandria wirft sie am Mittag des gleichen Tages einen Schatten von sieben Grad. Alexandria liegt etwa 800 km nördlich von Assuan. Aus diesen Daten läßt sich der Umfang der Erdkugel aufgrund relativ einfacher geometrischer Betrachtungen berechnen – und Eratosthenes traf den nach heutiger Erkenntnis richtigen Wert ziemlich gut.

Physik, Kultur, Geographie, Ethik gelten als verschiedene Bereiche der Erkenntnis; um so bemerkenswerter ist, daß derselbe Denker, der sich in der Geographie entfernter Länder auskannte, ja sogar eine physikalische Abschätzung der Größe der gesamten Erde lieferte, auch die Menschheit als eine Einheit ansah. Nach seiner Auffassung gibt es keine Überlegenheit der Griechen über andere Kulturen: »Denn selbst viele Hellenen taugen nichts, dagegen sind viele der Barbaren, wie die Inder und die Iraner, wohlgesittet.«

Archimedes von Syrakus fand die Gesetze des hydrostatischen Auftriebes und andere mathematische Beziehungen der Physik, die die Grundlage für technische Verfahren boten. Er war ein geschickter Konstrukteur von Kriegsmaschinen, die zur Verteidigung seiner Heimatstadt Syrakus gegen die Römer eingesetzt wurden.

Schließlich sei ein Techniker erwähnt, der noch einmal dreihundert Jahre später, im ersten nachchristlichen Jahrhundert, in Alexandria gewirkt hat: Heron. Er erfand neben vielen anderen Maschinen und Automaten auch eine Art Prototyp der Dampfturbine: Dampf strömte aus einem geheizten Kessel durch eine drehbar gelagerte Kugel und trat aus zwei gebogenen Röhrchen aus, die an der Kugel angebracht waren. Diese wurde nach dem »Jet«-Prinzip durch den Rückstoß des austretenden Dampfes in

Bewegung versetzt. Ein anderes seiner Geräte nutzte den Druck erhitzter Luft in einem geschlossenen Gefäß, um einen Kolben zu heben, dessen Bewegung seinerseits zur Öffnung eines Tores benutzt werden konnte. So genial diese Erfindungen waren, so bildeten sie doch nicht den Anfang einer technischen Entwicklung, wie siebzehn Jahrhunderte später in England die von James Watt erfundene Dampfmaschine. Die Idee, menschliche durch maschinelle Arbeitskraft zu ersetzen, war dem Altertum zwar theoretisch nicht fremd. Schon Aristoteles hatte gesagt: »Wenn jedes Gerät in der Lage wäre, auf Befehl selbständig eine Arbeit auszuführen, wenn… die Weberschiffchen aus eigenem Antrieb weben würden, so hätten die Werkmeister keine Arbeiter und die Herren keine Sklaven mehr nötig«, aber in Alexandria waren Sklaven billig. Die Maschinen dienten nicht zur Arbeitsleistung, sondern als Spielzeug. Erhitzte Luft trieb zum Beispiel eine Theatermaschine, die im Laufe eines Dramas Tore wie von Geisterhand öffnete und schloß.

Insgesamt erkennen wir im Altertum eine wissenschaftlich-technische Entwicklung über Jahrhunderte hinweg – aber die großen gedanklichen Entwürfe des Heraklit und anderer früher »Physiker« blieben unausgefüllt. Eine universelle Wissenschaft der Natur, im Sinne einer rationalen Erklärung der Vorgänge in Raum und Zeit, wurde als reale Möglichkeit in der Reichweite menschlicher Bemühungen kaum erkannt, jedenfalls praktisch nicht angestrebt. Hierzu fehlten einige entscheidende Voraussetzungen – spezifisches Interesse, Optimismus und Selbstbewußtsein, die Einsicht in das Ausmaß der nötigen mathematischen Formalisierung und empirischen Prüfung –, vielleicht auch die Geduld für einen oft mühsamen Fortschritt von Generation zu Generation, die durch Rückschläge und Enttäuschungen strapaziert wird – Voraussetzungen, die erst in der Neuzeit hinzukamen.

## 5. Zuviel an Wissen, zuwenig an Leben?

*Frühchristliche Wissenschaftskritik
und die Ermordung der Hypatia*

Die Frühgeschichte des Christentums war von Auseinandersetzungen mit der griechisch-römischen Gedankenwelt wesentlich mit geprägt. Dabei ging es nicht nur um die Frage, ob und wie wissenschaftliche Erkenntnisse und philosophische Entwürfe mit den Aussagen der Religion in Übereinstimmung zu bringen seien – darüber hinaus wurde das Streben nach Wissen als solches zum Problem. Dem klassischen griechischen Denken war Wissen ein Weg zur Weisheit im Blick auf das Göttliche – zunächst das Wissen über die Natur, über die Ordnung im Kosmos, zu der wir Menschen gehören, dann das Wissen um den Menschen selbst. In der Spätantike wird diese Auffassung grundlegend in Frage gestellt. Das Lebensgefühl wird mehr und mehr durch Zweifel am Wert des Wissens bestimmt, die in mythologischer Form schon in der Geschichte von der Vertreibung Adams und Evas aus dem Paradies enthalten sind: Eva gab Adam die verbotene Frucht vom Baum der Erkenntnis des Guten und Bösen. Nun weiß er zuviel, er strebt womöglich auch nach der Frucht vom Baum des Lebens, nach der Unsterblichkeit, die den Göttern vorbehalten ist; der Weg zu Unsterblichkeit und göttlichem Wissen aber ist dem Menschen verboten und verschlossen. Ägyptische Weise hatten den Widerspruch zwischen der Weite menschlichen Denkens und der Endlichkeit der Existenz beklagt: »Zuviel an Wissen, zuwenig an Leben«. Demgemäß kann das Heil nicht in mehr Wissen, sondern nur in mehr Leben liegen; deshalb das Streben nach Überwindung des Todes, nach Erlösung in einer anderen, neuen Welt.

Für die frühchristliche Theologie war die Auseinandersetzung mit dem vernunftgeleiteten theoretischen Denken der Antike eine ebenso zentrale wie schwierige Aufgabe. Manche strebten nach Einheit, andere nach Trennung. Augustin, der einflußreichste aller Kirchenväter, erkannte zwar an, daß auch das »Buch der Natur« göttliche Weisheit demonstriert, aber er forderte, Wissen dann – und nur dann – zu erstreben, wenn es dem Glauben diene. Die »curiositas«, das Streben nach Wissen um seiner selbst willen, hat er hingegen verachtet. Augustin hat die Unterordnung des wissenschaftlichen Denkens unter den Glauben für sich selbst anfänglich noch ziemlich großzügig interpretiert. Ein Beispiel ist seine hintergründige Philosophie der Zeit: »Die Zeit, die ich erlebe«, sagt Augustin in seinen »Bekenntnissen«, »ist nicht nur ein Augenblick im Fluß der Ereignisse; denn mir ist die Vergangenheit gegenwärtig im Gedächtnis und die Zukunft gegenwärtig in Hoffnungen, Erwartungen und Plänen.« Über »Zeit« dachte Augustin auch in Zusammenhang mit der »Ewigkeit« im Sinne christlicher Heilserwartung nach. Er sah die Zeit als verbunden mit Bewegung, ein sowohl erkenntniskritisch als auch physikalisch sehr interessanter Gedanke. Er sah keine Zeit vor der Schöpfung der Welt, faßte »ewig« nicht als unbegrenzt weitergehende Ereignisfolge in der Zeit, sondern als völlig beständigen und dadurch letztlich zeitlosen Zustand auf. Was die Natur angeht, so erlaubte Augustin sich – und anderen – Interpretationen der Bibel, die dem Wortsinn nicht entsprechen; die Autoren, so argumentierte er, hätten sich in der Vergangenheit dem Verständnis ihrer Zuhörer angepaßt, gerade weil es ihnen nicht auf Wissen, sondern auf Glauben ankam. Augustin bestand auf dem Vorrang des Glaubens über dem Wissen – die Natur war ihm keine von der Offenbarung unabhängige, ergänzende Form der Einsicht in das Göttliche. Diese gemäßigte Gegnerschaft gegenüber wissenschaftlichen Anstrengungen um der Erkenntnis willen radikalisierte sich immer mehr, schon in der Entwicklung seines eigenen Schaffens ist der ältere Augustin härter als der jüngere.

Wissenschaftsfeindlich wurde besonders das christliche Alexandria, die Stadt, die zuvor über Jahrhunderte hinweg mit ihrem »Museum« und ihrer berühmten Bibliothek dem alten Kulturzentrum Athen in vielen Wissensbereichen den Rang abgelaufen hatte. Nachdem schon die »große« Bibliothek einem Bürgerkrieg zum Opfer gefallen war, zündeten die Christen 391 den Serapis-Tempel an, in dessen Bereich die verbliebene »kleine« Bibliothek untergebracht war. Unersetzliche Sammlungen des Wissens, der Poesie und der Weisheit der Antike gingen dabei verloren. 25 Jahre danach ermordete der christliche Mob von Alexandria die Mathematikerin Hypatia, die letzte »heidnische« Direktorin der platonischen Philosophenschule, übrigens eine der ersten Frauen auf einem akademischen Lehrstuhl.

Während der folgenden 600 Jahre herrschte im Abendland ein eher tristes und armseliges geistiges Leben. Gewiß, es gab klösterliche Orte der Gelehrsamkeit, es gab Mönche mit unkonformistischen Gedanken, und man kennt einzelne sehr originelle philosophische Denkansätze aus dieser Zeit. Am Hofe Karls des Großen wirkten um das Jahr 800 Gelehrte verschiedener Fachrichtungen (wenn auch die Bezeichnung »Karolingische Renaissance« dafür eine ziemliche Übertreibung darstellt); am Hofe seines Enkels, Karls des Kahlen, lehrte der Ire Johannes Eriugena (ca. 810–877) die Menschen ein neues Selbstbewußtsein: Es gehört zur göttlichen Weisheit, den Menschen wirklich als Gottes Ebenbild und, eben deshalb, als Freien zu wollen. Eriugena betonte den bildlichen Charakter der biblischen Überlieferung. Das Feuer der Hölle, so lehrte er, besteht nur in der Abwesenheit ewiger Seligkeit; Ewigkeit heißt nicht Dauer in der Zeit, sondern Aufhebung von Raum und Zeit. In seinem Werk »De divisione naturae« versucht er sich an einer Philosophie der Natur. Dabei sieht er die tiefere Bedeutung der christlichen Lehre von der Dreieinigkeit in der verborgenen Einheit von drei Ursachen der Schöpfung, nämlich erstens der Existenz Gottes, zweitens der Weisheit bzw. dem Willen und drittens dem Leben bzw. der Tat. Der Mensch weiß, daß Gott ist, aber nicht, was Gott ist; ebenso weiß die menschliche Seele über sich selbst, daß sie ist, aber nicht, was sie ist. Der Mensch ist ein geschaffenes Wesen, in seinen Handlungen und Gedanken aber ist er selbst kreativ. Gott erzeugt, der Mensch bewirkt und erkennt. Er ist Mikrokosmos:

»Alle sichtbaren und unsichtbaren Geschöpfe sind allein im Menschen geschaffen... Alle Artenunterschiede, Eigenschaften, Merkmale, die sich in natürlichen Dingen finden, sind entweder im Menschen selbst, oder in seiner Erkenntnis enthalten... Die Dinge existieren wahrer in den Begriffen des Menschen als in sich selbst.«[63]

Gott schuf die Welt nicht unmittelbar, sondern mittels »ursprünglicher Beweggründe«, deren abstrakte Prinzipien dem menschlichen Geist in ihren Auswirkungen erkennbar sind. In der vernunftmäßigen Erfassung solcher Prinzipien kommt er der Wahrheit über die Welt näher als durch wörtliche Auslegung der biblischen Überlieferung. Eriugena lehrte ein unbiblisches Weltbild, das dem antiken System des griechischen Astronomen Herakleides nachempfunden war: Die Sonne kreist um die Erde, die meisten Planeten aber kreisen ihrerseits um die Sonne. Seine philosophisch-theologischen Spekulationen zeigen Vertrauen in die Fähigkeiten des menschlichen Denkens, und die theoretische Erklärung der Natur ist ein Zugang zu einem tieferen Verständnis religiöser Wahrheiten. Im einzelnen waren seine Lehren wenig originell, sie lassen sich auf verschiedene Vorläufer zurückführen; in ihrer Verbindung aber nehmen sie Züge der Renaissance vorweg, in einer Zeit und Umgebung, die dafür nicht empfänglich war. Er blieb ein einsamer, weitgehend unverstandener Denker. Seine selbstbewußten Thesen brachten ihn und sein Werk in Konflikt mit den kirchlichen Autoritäten. Schließlich – nach 1200 – erfolgte das Verbot seiner Schriften. Offiziell war von ihm im Mittelalter wenig die Rede, wenn auch seine Gedanken unter dem eigenen wie unter fremden Namen in der »Untergrundliteratur« fortwirkten und unkonventionelle Denker anregten, die gegen die dogmatische Starre ihrer Zeit angingen.

Insgesamt zeigt sich die Tiefe des Falles, den die Wissenschaft beim Übergang von der Antike in das christliche Zeitalter erlitten hat, am deutlichsten darin, daß nach tausend Jahren antiker Wissenschaft das babylonische Weltbild wieder Geltung hatte und lange Zeit beherrschend blieb, dieses Weltbild, das der wörtlichen Auslegung des Alten Testamentes entsprach: Die Erde galt als eine Scheibe auf dem Meer, überstülpt von der

Himmelshalbkugel wie von einer Käseglocke. Das erste christliche Jahrtausend zeugt von unglaublicher Opferbereitschaft der Märtyrer, aber auch von Intoleranz und von egozentrischer Verfolgung des eigenen Seelenheils zur Überwindung des »Zuwenig an Leben« – und es vernachlässigte die Erkenntnis, es verachtete ein »Zuviel an Wissen«. Erst nach der Jahrtausendwende, bei wachsendem wirtschaftlichen Wohlstand und beeinflußt durch die herausfordernde Begegnung mit überlegenen islamischen Kulturen, die zu der Wiederentdeckung antiker Traditionen führte, begann langsam, dann mit zunehmender Dynamik, ein neues Interesse an wissenschaftlicher Einsicht, schließlich auch an theoretischer Erkenntnis der Natur. Zuerst erkannte man die Natur als eine Form der Offenbarung Gottes, dann aber sah man im Verständnis der Natur auch immer mehr die schöpferische Leistung des Menschen.

# 6. Islamische Weltdeutung

*... beginnend mit Al Kindi in Bagdad, suchte unbefangenes wissenschaftliches Denken mit dem Glauben an den einen Gott zu versöhnen*

Für den Fortgang der Geschichte des europäischen Denkens spielt die Herausforderung durch die islamischen Wissenschaften im 12. Jahrhundert eine große Rolle. Es wäre aber zu eurozentrisch gedacht, würde man ausschließlich den Einfluß auf die Philosophie des Abendlandes bedenken und allenfalls noch darüber streiten, wieweit die islamische Tradition »nur« antikes Gedankengut transportierte und wieweit sie eigenständige Ideen vermittelte. Im Islam fand, zwischen dem 9. und 12. Jahrhundert, eine von der gleichzeitigen europäischen Entwicklung weitgehend unabhängige Auseinandersetzung mit der kulturgeschichtlich bedeutendsten Frage der Zeit statt, nämlich dem Verhältnis der Offenbarung der göttlichen Weltordnung und des göttlichen Willens in der Religion zum vernünftigen, wissenschaftlichen Denken des Menschen. Diese Auseinandersetzung erfolgte unter günstigeren Voraussetzungen als denen, die zur gleichen Zeit in Europa bestanden; die Ergebnisse waren wissenschaftsfreundlicher und intellektuell überzeugender, und sie haben deshalb den Fortgang der europäischen Geistesgeschichte am Ende des Mittelalters und zu Beginn der Renaissance nicht unwesentlich mitbestimmt. Sie berühren Fragen, die in das Wissenschaftsverständnis der Gegenwart hineinreichen, und verdienen damit auch unmittelbares, nicht nur ideengeschichtliches Interesse – weniger wegen des fachphilosophischen Gehaltes als wegen der Art und Weise, in der die Beziehung von Wissenschaft und Glaube angegangen wurde.

Der Islam lehrt: Es gibt keinen Gott außer Allah, und Mohammed ist sein Prophet. Der Koran ist unmittelbare göttliche

Eingebung des Propheten. Er verlangt die Unterwerfung unter Gottes Willen: vom Einzelnen das Glaubensbekenntnis, Gebet, Fasten, die Armensteuer und, wenn möglich, die Wallfahrt nach Mekka; von der Gemeinschaft die Befolgung von Verhaltensregeln und Gesetzen, wie sie die Gelehrten in den ersten Jahrhunderten islamischer Geschichte ausgelegt haben. Die Welt ist von Gott geschaffen, und am Ende der Zeiten ist den Gläubigen das Paradies verheißen. Der Islam soll im »Heiligen Krieg« verbreitet werden. Juden und Christen wird als »Besitzern der Schrift« eine Sonderstellung eingeräumt, bei freier Religionsausübung unter einem Status minderen Rechtes.

Seit dem 6. Jahrhundert breitete sich der Islam in wenigen Generationen über weite Bereiche Nordafrikas, Südeuropas und des Nahen Ostens aus. Nach zahlreichen dynastischen Wirren konsolidierte sich im 8. Jahrhundert das Reich der Abbasiden. 763 wurde Bagdad, kurz nach seiner Gründung, Hauptstadt des Reiches. Die Zeit um 800 markiert die Regierung des legendären Harun al Raschid. Luxus, Poesie, aristokratische Kultur, Fernhandel und Fernreisen, nicht zuletzt auch ein steigendes Interesse an Wissenschaft und Weisheit, haben die Erinnerung an diese Epoche verzaubert. Es ist das Bagdad der Geschichten von Tausendundeiner Nacht. Von hier aus reichten Handelsverbindungen nach Indien. Mit Konstantinopel bestand eine gepflegte Feindschaft: Griechische Wissenschaft und Philosophie genossen Achtung trotz politischer und militärischer Konflikte; griechische Bücher wurden systematisch zum Zweck der Übersetzung erworben. Innerhalb des weiten Machtbereichs des Islam selbst gab es intensive Kulturbeziehungen, besonders mit den persischen und syrischen Provinzen. Indische Mathematik, persische Medizin und Astronomie, syrische praktische Wissenschaften wie die Chemie, griechische Philosophie aus byzantinischen und syrischen Quellen waren die Grundlage islamischer Gelehrsamkeit. Sie entwickelte sich neben, nicht in den theologischen Schulen. Es war eine weltliche Wissenschaft, »falsafia«, die zumeist von Ärzten und nicht von Theologen getragen wurde. Ihr Zentrum war zunächst Basra, die Schnittstelle zwischen persischer und arabischer Welt bis in die Gegenwart.

Besonders folgenreich war die Übernahme antiken griechischen Gedankengutes – darunter vor allem das des Aristoteles in spätantiker, sogenannter neuplatonischer Interpretation. Eine wesentliche Übermittlerrolle spielten dabei die nestorianischen Christen. Nestor war Bischof von Konstantinopel im 5. Jahrhundert. In den dogmatischen Auseinandersetzungen des frühen Christentums trat er gegen die vollständige Vergöttlichung der Person Jesu ein. Seine theologische Richtung verlor auf dem Konzil von Ephesus gegen die Mehrheit, die in den nestorianischen Lehren den christlichen Erlösungsglauben gefährdet sah. Nestor zog sich mit seinen Anhängern nach Syrien zurück. Als Feinde der Römer waren die Nestorianer dann auch in Persien wohlgelitten. Die ziemlich vernunftfreundliche, mit antikem Gedankengut relativ gut verträgliche Denkweise der Nestorianer brachte eine ausgebildete christliche Gelehrsamkeit hervor. Davon machten die Muslime nach der islamischen Eroberung ausgiebig Gebrauch. Die Nestorianer missionierten im Laufe der Jahrhunderte bis nach Indien, China und die Mongolei. Im Fernen Osten ging ihr Einfluß nach einiger Zeit verloren, und im Nahen Osten wurde ihre Zahl und ihr Einfluß immer geringer; und doch hinterließen sie dadurch, daß sie antikes Denken in die islamische Welt einbrachten, eine bleibende Spur in der Kulturgeschichte der Menschheit.

Basra also wurde Zentrum islamischer Wissenschaft. Ursprünglich war es deren vorrangiges Ziel, Vernunftargumente der Heiden gegen den Koran abzuweisen und die Vereinbarkeit des Islam mit der Weisheit der Antike zu demonstrieren. Bald überlagerte sich diesem Ziel aber ein innerislamisches Motiv: Man erkannte, daß die islamische Kultur reicher wurde, wenn sie die heidnischen Denkformen des griechischen Kulturkreises weiterentwickelte und der menschlichen Vernunft zutraute, aus sich selbst heraus zur Wahrheit zu finden. Dies setzte allerdings voraus, daß der Koran einigermaßen liberal interpretiert wurde. Um theologische Bedenken zu überwinden, formierte sich die Schule der Mutaziliten in Basra und lehrte, der Koran sei nicht selbst göttlicher Natur, sondern von Gott geschaffen; er sei zwar letztlich wahr, aber doch deutungsfähig. Die Gelehrtenschule von Basra ließ wenig Zweifel, wer dabei zur Deutung berufen war.

Diese geistige Bewegung gewann politische Dimensionen, als der Nachfolger des Nachfolgers von Harun al Raschid – der große Kalif Mamun – 822 in Bagdad an die Macht kam. Er förderte die Mutaziliten und setzte die Lehre der Geschaffenheit des Korans durch, und zwar mit politischem Druck: Die Imame mußten sich dazu bekennen oder ihre Position aufgeben. Dies hatte 22 Jahre Bestand, danach siegte die orthodoxe theologische Richtung und schaffte die mutazilitische Reform wieder ab.

Die Zeit Mamuns war, trotz ihrer Intoleranz gegenüber den theologischen Gegnern, eine Blütezeit islamischen Geisteslebens. Dessen Zentrum verlagerte sich von Basra nach Bagdad, und in dieser Stadt lebte auch der größte islamische Philosoph der Frühzeit, der Araber Al Kindi (ca. 801–ca. 873 n. Chr.). Ob er selbst den Mutaziliten angehörte, ist nicht geklärt; in vielen Gedankengängen stand er ihnen jedenfalls nahe. Al Kindi war kein einseitiger Gelehrter. Unter seinen Schriften finden sich Traktate über die Kochkunst und die Herstellung von Schwertern, über Alchemie und Astronomie, über Medizin und Meteorologie. In der Philosophie stützt er sich besonders auf Aristoteles, genauer gesagt, auf die Überlieferung, die man zu seiner Zeit für aristotelisch hielt, wozu auch viel neuplatonisches Gedankengut gehörte. Was sein Denken so sympathisch macht – was wohl auch zu seiner Wertschätzung mehr beitrug als das eine odere andere Traktat zu philosophischen Problemen –, ist sein frischer, offener Zugang zu wissenschaftlichem Fragen, geprägt von Selbstbewußtsein, ist die Bewunderung heidnischer Vorgänger, die Suche nach Wahrheit um der Wahrheit willen und die Neugier auf die Wirklichkeit, eingebunden in eine tiefe religiöse Gläubigkeit, wo immer es in seinem Verständnis um den Kern des Islam geht.

»Wir schulden allen jenen großen Dank, die uns ein wenn auch noch so kleines Stück Wahrheit zukommen ließen; erst recht denen, die uns mehr gelehrt haben, die uns teilnehmen ließen an den Ergebnissen ihres Denkens und die die schwierigen Fragen zur Natur der Wirklichkeit vereinfacht haben. Hätten sie für uns nicht die Voraussetzungen dafür bereitgestellt, den Weg zur Wahrheit zu öffnen, so könnten wir trotz lebenslanger gründlicher Untersuchung nie die Grundprinzipien herausfinden, die ans Licht kamen, weil Generation nach Generation daran gearbeitet hat...«[64]

Al Kindi lehrte, wer auch immer die Frage nach der Wahrheit als ketzerisch zurückweise, sei selbst ein Ketzer; denn die Kenntnis der Wahrheit umfasse die Kenntnis des Göttlichen, der Einheit Gottes.

>Nichts soll dem Erforscher der Wahrheit mehr wert sein, als die Wahrheit selbst.«[65]

Al Kindi folgt in vielen Bereichen den Ideen des Aristoteles mit mehr oder weniger ausgeprägten Modifikationen. Dies gilt für die problematische aristotelische Physik mit ihrer Unterscheidung irdischer und himmlischer Mechanik. Seine Psychologie unterscheidet verschiedene Stufen der Erkenntnis – sinnliche Wahrnehmung, Abstraktion, Repräsentation im Gedächtnis und die begriffliche Verallgemeinerung, in enger Anlehnung an Aristoteles' »De anima«. Die Seele ist für Al Kindi unkörperlich, sie kontrolliert die Leidenschaften des Körpers und verläßt ihn nach dem endlichen Leben, um in der »wirklichen Welt« im Licht des Schöpfers an aller Erkenntnis teilzuhaben – eine Lehre mit offensichtlichen Anleihen bei Platon. Die Himmelskörper sieht er als beseelt an.

Al Kindis Traktat über die Vernunft, das die Thesen des Aristoteles in »De anima« über den »tätigen« und den »leidenden« Intellekt reflektiert und erweitert, hatte großen Einfluß auf die nachfolgenden philosophischen Diskussionen dieses Themas; wir wollen die feinsinnigen Argumente und Unterscheidungen hier aber nicht verfolgen. Wenden wir uns statt dessen dem Grundmotiv seiner Philosophie zu, der Beziehung von rational begründeter Philosophie zum Schöpferglauben des Islam: Al Kindi lehrte, daß richtiges philosophisches Denken die menschliche Vernunft auf die erste Ursache und die geistige Ordnung aller Wirklichkeit verweist, auf den Schöpfer der Welt, auf Gott. Die Psychologie, die Al Kindi in Anlehnung an Aristoteles entwickelt, läßt Prophetie – also auch die göttliche Inspiration Mohammeds – philosophisch als zumindest plausibel erscheinen. Wissenschaft – Naturwissenschaft – ist deshalb möglich, weil Gott zwar die letzte Ursache der Naturvorgänge ist, »der universellen Disposition der Dinge durch die Verordnung seiner Weisheit«, aber diese letzte Ursache, zumindest zum Teil, vermittels zwischengeschalteter, sekundärer »Agenzien« wirkt. Dies bedeutet letztlich Offenheit gegenüber allgemeinen wissenschaftlichen Erklärungen, in denen Gott nicht unmittelbar vorkommt, solange man nicht nach dem Urheber der Naturgesetze selbst fragt. In der Fähigkeit des Menschen, die Natur vernünftig zu verstehen, erlebt er sich als eine Art Mikrokosmos, als Vollendung der Schöpfung im Universum.

In einem entscheidenden Punkt allerdings bricht Al Kindi mit der Weltsicht des Aristoteles radikal. Er behauptet die Endlichkeit der Welt. Dies ist eine zentrale Aussage des Koran: Denn Gott schafft die Welt aus dem Nichts und gibt ihr eine von ihm allein bestimmte Frist. Al Kindi beruft sich in diesem Zusammenhang nicht auf den Vorrang des Koran gegenüber rationalem Denken, sondern er bringt die in seinen Augen besseren Vernunftargumente für die Endlichkeit der Welt: Kein wirklich existierender Körper kann unendlich sein, denn dann wäre er, würde man etwas davon wegnehmen, immer noch unendlich, also gleich groß wie vorher, und das ist absurd. Diese Argumente gelten für Zeit und Raum; sie gelten für den »Körper des Universums« als Ganzes, der daher nicht unendlich sein kann. Ist er aber endlich, so ist auch seine Bewegung endlich; da Zeit und Bewegung korreliert sind, so muß auch die Zeit des Universums endlich sein.

Al Kindi hat mit solchen und ähnlichen philosophischen Argumenten sehr eindringlich für die Annahme einer endlichen Welt argumentiert. Einen modernen Mathematiker oder Logiker werden sie nicht sonderlich beeindrucken; aber so gut wie die Argumente aristotelischer Philosophen für ein ewiges, in wesentlichen Zügen unveränderliches Universum, ohne Anfang und Ende in der Zeit, waren Al Kindis Argumente allemal. Auch in der griechischen Tradition gab es vor und neben den Vorstellungen des Aristoteles vom ewigen Kosmos schon die Idee der Erschaffung der Welt durch einen göttlichen »Demiurgen«, nämlich bei Platon. Die moderne Kosmologie demonstriert mit naturwissenschaftlichen Argumenten die Endlichkeit der Welt. Für Al Kindi galt der Koran: Allah schuf die Welt und führt sie zu ihrem Ziel; aber seine Argumentation ist ein Versuch, die Einheit – zumindest die Vereinbarkeit – von Vernunft und Offenbarung aufzuzeigen.

Die Wahrheit, die durch wissenschaftliche Vernunft allein – ohne religiöse Offenbarung – zu finden ist, so Al Kindi, steht nicht im Widerspruch zur Wahrheit des Islam, wenn beides recht verstanden und gedeutet wird. Zwar kann prophetische Vision über wissenschaftliche Einsicht hinausgehen, aber dabei entsteht kein Widerspruch zwischen Wissenschaft und Glauben, und die Wissenschaft ergibt einen eigenen Beitrag zur Erkenntnis der Wahrheit. Bemerkenswert ist eine Passage aus »Die Zahl der Werke des Aristoteles«, in der sich Al Kindi zunächst ungewöhnlich explizit für die Überlegenheit göttlicher Offenbarung ausspricht, um sich dann doch wieder zu wissenschaftlichen Bemühungen der menschlichen Vernunft zu bekennen: Die göttliche Eingebung der Propheten vollziehe sich, so Al Kindi, ohne wissenschaftliche Studien, Anstrengungen und Aufwand an Zeit, und ihre Wahrheit ist der begrenzten wissenschaftlichen Einsicht überlegen. Aber Prophetie ist die große Ausnahme, und Menschen, die keine Propheten sind, ist dieser direkte Zugang zur Wahrheit verwehrt. Als intelligente Menschen sind sie auf Logik, Mathematik, wissenschaftliche Untersuchung, fleißige Bemühung und Aufwand an Zeit angewiesen, wenn sie die Welt in wesentlichen Aspekten verstehen wollen, über die die Propheten nicht oder nicht eindeutig oder nicht vollständig ausgesagt haben. Darin liegt die Aufgabe der Philosophie. Der Durchschnittsmensch hingegen begnügt sich mit dem schlichten Glauben an die Botschaft der Propheten.[66]

Die von Al Kindi als möglich erkannte – und als Annäherung an die Wahrheit erstrebte – Vereinbarung von Wissenschaft und Glauben setzt voraus, daß der Philosoph die religiöse Überlieferung nicht wörtlich zu nehmen hat, daß er also den Sinn hinter den Bildern und Worten der heiligen Schrift interpretieren darf und muß. Wo sind dabei die Grenzen zu setzen? Diese Frage wurde von nachfolgenden islamischen Philosophen sehr verschieden beantwortet. Manche, wie Al Razi (865–925 n. Chr.), gingen so weit, der Vernunft den absoluten Vorrang einzuräumen, Religion als Ganzes unter Vernunftaspekten zu betrachten und sie damit als Institution der Herrschaft von Menschen über Menschen anzusehen. Dieser radikale Rationalismus war aber untypisch.

Repräsentativ für die islamische Philosophie ist vielmehr der Perser Ibn Sina (980–1037), im europäischen Bereich als Avicenna bekannt. Er ging in schulphilosophischer Manier systematisch vor. Er war über die griechische Philosophie viel genauer informiert als vor ihm der Pionierdenker Al Kindi. Anders als sein Vorgänger bekannte er sich zur aristotelischen Lehre, die Welt sei ewig, und versuchte, auch diesen Gedanken antiker Philosophie mit dem Islam zu vereinbaren. Im Gegensatz zu Ibn Sina entwickelten sich zugleich einflußreiche mystische und orthodox-theologische Denkschulen, die die Berufung auf die antike griechische Philosophie ablehnten.

Dreihundert Jahre nach Al Kindi hatte sich das Zentrum islamischen Geisteslebens weitgehend nach Südspanien verlagert. Hier, in Córdoba, wirkte der bedeutendste islamische Philosoph seiner Zeit, Ibn Ruschd (1126–1198), lateinisch Averroes genannt. Sein vielseitiges Werk schließt eine umfassend kommentierte Ausgabe der Werke des Aristoteles ein, die in ihrer lateinischen Übersetzung die europäische Geistesgeschichte des Spätmittelalters entscheidend beeinflußt hat. Seine philosophisch-theologischen Gedanken spielten eine wesentliche Rolle in den Auseinandersetzungen des christlichen Europa zum Verhältnis von Wissen und Glauben. Dort behaupteten »lateinische Averroisten«, es gebe zwei miteinander unvereinbare Wahrheiten. Damit haben sie Ibn Ruschd aber mißverstanden, denn ihm ging es um die Übereinstimmung der Lehren des Islam mit philosophischer Einsicht. Andererseits ist aber auch nicht zu übersehen, daß manche seiner Gedanken entweder überhaupt nicht oder nur durch komplizierte und mehrdeutige Auslegungskünste mit der religiösen Tradition in Übereinstimmung zu bringen sind. Ibn Ruschds Philosophie läßt zumindest Zweifel an der Lehre von der Unsterblichkeit der individuellen menschlichen Seele aufkommen. Die Welt ist für ihn, den Aristoteliker, ewig – jedenfalls in ihren Komponenten Stoff und

Form –, obwohl der Koran, wörtlich genommen, etwas anderes aussagt: Am Anfang schuf Gott Erde und Himmel.

Im Denken Ibn Ruschds spielt die Beziehung von Religion und Recht eine hervorragende Rolle. Dabei nimmt er relativ wenig Interpretationsspielraum in Anspruch. Immerhin urteilt er in einem Kommentar zu Platons »Staat« positiv über die von dem griechischen Philosophen befürwortete Gleichberechtigung und Gleichwertigkeit der Geschlechter. Ibn Ruschd bezeichnet die Beschränkung der Frauenrolle auf das Aufziehen der Kinder, wie sie »in anderen Staaten« (gemeint ist wohl: in anderen als dem Idealstaat Platons) üblich ist, als ökonomisch schädlich und Hauptursache gesellschaftlicher Armut – mehr denn erstaunliche Gedanken im 12. Jahrhundert! Kein Zweifel, daß er damit auch die untergeordnete Stellung der Frau in seiner eigenen, islamisch geprägten Gesellschaft kritisieren wollte.

Den klaren Vorrang der Philosophen vor den Theologen forderte Ibn Ruschd, noch energischer als zuvor schon Al Kindi und Ibn Sina, in bezug auf metaphysische Fragen und die Erklärung der natürlichen Dinge. Er widersprach der fundamentalistischen Polemik des einflußreichen Gelehrten Al Ghazali (1058–1111), der es der Philosophie nicht erlauben wollte, Schlüsse in bezug auf das Göttliche zu ziehen. Ibn Ruschd lehrte, daß es Grundaussagen des Korans gebe, die keiner Interpretation bedürfen; daß aber darüber hinaus viele Aussagen deutungsfähig seien, ja, daß im Koran selbst zur Auslegung aufgefordert werde. Es gelte, sowohl die eindeutigen Grundwahrheiten des Korans zu bestimmen, als auch die deutungsbedürftigen Aussagen recht zu deuten. Beides sei Sache des Philosophen. Dabei geriet Ibn Ruschd der Katalog der Grundwahrheiten ziemlich kurz, und bei der Deutung des Deutungsfähigen erlaubte er sich erhebliche Freiheiten.

Allerdings bestand er auch darauf, daß die Einsichten der Philosophen nur für eine geistige Elite bestimmt sind, während der Masse der Gläubigen die Wahrheit ihres Glaubens unmittelbar durch den Koran in bildhafter, anschaulicher Form vermittelt wird. Den Theologen warf Ibn Ruschd vor, nichts zur wahren Erkenntnis der Philosophie beizutragen und trotzdem mit ihren spitzfindigen Aussagen die einfachen Gläubigen zu verwirren.

Christliche Denker des Mittelalters sahen in Ibn Ruschd den Vertreter zweier Wahrheiten, einer weltlich vernünftigen und einer geistlich religiösen. Darin lag aber nicht seine Absicht. Ibn Ruschd lehrte, wie schon vor ihm Al Kindi, die Übereinstimmung zwischen beiden Zugängen zur Wahrheit bei rechter Interpretation – rechte Interpretation allerdings durch intellektuelle Anstrengungen einer von theologischen Orthodoxien unbehinderten Philosophie.

Mit Ibn Ruschd aus Córdoba, der 1198 in Marrakesch starb, bricht die Reihe großer islamischer Philosophen ab, die Jahrhunderte zuvor mit Al Kindi in Bagdad begonnen hatte. Zentrum der Entwicklung rationaler Wissenschaften und rationaler Philosophie wird nun das christliche Europa, nicht zuletzt als Folge der Übermittlung und Kommentierung großer Denker des Altertums durch islamische Gelehrte und deren eigenständiger Anregungen.

Warum ging die Blüte der Wissenschaft im islamischen Bereich abrupt zu Ende, wie konnte sie sich in weiten Bereichen Europas voll entfalten? Zu dieser vieldiskutierten und vielschichtigen Frage eine Vermutung: Die Lehre von Allah, dem allmächtigen Gott, und seinem Propheten Mohammed, der ganz Mensch ist, steht der Vernunft näher als das christliche Dogma von der heiligen Dreieinigkeit. Die islamische Gesellschaft erkennt in den Gesetzen des Korans, daß Allah das irdische Glück der Gemeinschaft der Muslime will, während das frühmittelalterliche Christentum das Glück des irdischen Lebens gering einschätzte. Der Koran enthält im Vergleich zur Bibel vermutlich mehr Argumente, die sich als Aufforderung verstehen lassen, nach Erkenntnis zu streben. Damit verfügte der Islam über geistige Voraussetzungen, wissenschaftliches Denken zu akzeptieren, zu pflegen und zu entwickeln, zumal dort, wo antike Quellen gut zugänglich waren und einzelne Herrscher einzelne Gelehrte mit unorthodoxen Auffassungen protegierten. So konnten die Ideen Al Kindis zum Verhältnis von Wissen und Glauben, konzipiert im Bagdad des 9. Jahrhunderts, innerhalb des islamischen Kulturkreises eine fruchtbare philosophische Entwicklung einleiten, während sich die in mehr als einer Hinsicht ähnlichen Gedanken des Iren Eriugena, des großen Zeitgenossen Al Kindis, im christlichen Europa nicht entfalten durften. Im islamischen Bereich war der Rahmen geistiger Entwicklung relativ weit gesteckt – aber eben doch nicht unbegrenzt weit. Schließlich erwiesen sich die durch die Orthodoxie gesetzten Grenzen als sehr hart, zumal unter den defensiven Bedingungen während der Rückeroberung Spaniens durch die katholischen Könige. Islamische Fundamentalisten sind mit der Bezichtigung der Ketzerei schnell zur Hand. Ibn Ruschd verbrachte einen Teil seines Lebens als Emigrant; seine Bücher wurden verboten und verbrannt. Seine Freiheit, vielleicht auch sein Leben, verdankte er in erster Linie der persönlichen Gunst des Herrschers.

Das Christentum hat nicht den zwar weiten, aber relativ starren Rahmen, wie er durch die Lehre von der göttlichen Inspiration und der absoluten Gültigkeit des Koran gegeben ist. Es ist zunächst geistig enger angelegt, was die potentielle Wertschätzung der Wissenschaft angeht. Auf Dauer steht dem aber ein Vorteil gegenüber: Die Rückbesinnung auf den *Ursprung* der christlichen Lehre in den Evangelien ergibt in der Regel keine geistige Verengung, sondern im Gegenteil eine Befreiung von dogmatischen Zwängen und damit eine formal kaum begrenzte Aufgeschlossenheit, die langfristig dem wissenschaftlichen Denken sehr große Entwicklungsmöglichkeiten öffnet. Daß dies nicht gleichmäßig und schon gar nicht konfliktfrei erfolgte, ist kaum verwunderlich.

Eine günstige Voraussetzung für die Entwicklung des wissenschaftlichen Denkens in Europa war auch die gegen Ende des 11. Jahrhunderts einsetzende Dynamisierung des wirtschaftlichen und kulturellen Lebens. Man fand neue Methoden der Bodenbearbeitung, die landwirtschaftliche Produktion nahm zu, Rodungen erbrachten erweiterte Siedlungsgebiete, und das Bevölkerungswachstum war beträchtlich. Neue Städte wurden gegründet, und zahlreiche Dörfer leisteten sich ihr erstes Bauwerk aus Stein: die Kirche. Die Dynamik, die Unruhe und der Unternehmungsgeist dieser Epoche richteten sich bald auch nach außen und führten zu kriegerischen wie friedlichen Kontakten mit Kulturen außerhalb des – in vieler Hinsicht rückständigen – römisch-christlichen Europa.

Die Reise in die Fremde und zurück ist seit jeher Wirklichkeit und Metapher zugleich für Grunderfahrungen des Lebens. Sie ist Abenteuer und Ausbruch, sie ist Begegnung mit ungewohnten Gedanken und Gebräuchen, Werten und Wünschen; sie ist ein Symbol des Lebens, und Dichter deuteten das Leben selbst als Reise mit Anfang und Ziel.

Für die Menschen im Mittelalter war die Reise fast immer die Pilgerfahrt. Arme und Reiche brachen aus dem oft tristen Alltag aus und machten sich auf zur Wallfahrt zu den Gebeinen ihrer Heiligen – die Unternehmungsfreudigeren nach Padua zum heiligen Antonius oder gar zum heiligen Jakob auf der alten Pilgerstraße nach Santiago de Compostela. Das höchste Ziel der Christen aber blieb die Stadt Jerusalem – Ursprung und Zentrum ihres Glaubens. Dorthin hatte schon im vierten Jahrhundert die Mutter des Kaisers Konstantin, Helena, als Achtzigjährige ihre erste Pilgerreise gemacht und dabei die Stätten des Neuen Testaments bestimmen – oder definieren – lassen. Seither kam ein nicht abreißender Strom von mehr oder weniger frommen »Touristen« in diese Stadt. Im 7. Jahrhundert wechselte die Oberhoheit über Jerusalem und seine Umgebung von den christlichen Byzantinern auf islamische Herrscher über. Obwohl der Islam christliche Gemeinden tolerierte, wurden die Bedingungen für die Pilger schwieriger; man vermutet, daß Kaiser Karl der Große in Aachen mit dem Kalifen Harun al Raschid in Bagdad über diese Frage korrespondierte. Um die Jahrtausendwende zerstörte dann ein fanatischer muslimischer Herrscher die Konstantinische Grabeskirche in Jerusalem. Die Empörung über die Tat war der äußere Anlaß für den Aufruf zum Kreuzzug im Jahre 1091. Als erstes brach eine wilde, in der Kriegskunst aber ganz unerfahrene Horde von Männern samt Frauen und Kindern aus West- und Mitteleuropa auf nach Südosten. Unterwegs brannten sie Synagogen nieder, plünderten im anfangs gastfreundlichen Ungarn und waren sehr ungern gesehene Gäste in der christlichen Metropole Konstantinopel. Als sie von dort nach Asien übersetzten, wurden sie binnen kurzem von den Türken gestellt und getötet. Die folgenden Ritterheere waren da wesentlich professioneller und etwas disziplinierter. Ihnen gelang es, das Heilige Land mit Jerusalem zu erobern, wobei sie ein entsetzliches Blutbad anrichteten. Nach weniger als einem Jahrhundert christlicher Herrschaft erstand der Sache der Muslime im Sultan Saladin ein besonders fähiger Führer, und sie konnten schließlich Palästina erneut für den Islam in Besitz nehmen. Zu etwa der gleichen Zeit verloren Muslime südwesteuropäische Gebiete. Weite Teile Spaniens wurden von den christlichen Herrschern zurückerobert.

Zwei Jahrhunderte zunächst kriegerischer, dann aber auch friedlicher Kontakte zwischen christlichem Abend- und islamischem Morgenland haben Europa in seinen geistigen Grundlagen entscheidend verändert. Es begegnete in Spanien und Süditalien mehr noch als im Vorderen Orient einer überlegenen Kultur mit raffinierter Zivilisation, ausgeprägter Lebenskunst und einem hochentwickelten Geistesleben, das in Poesie und Philosophie, Medizin und Naturwissenschaften zum Ausdruck kam. Dem Staunen folgte das Lernen. Auch die Kontakte zum christlich-byzantinischen Reich, das sozusagen auf dem Wege ins Heilige Land lag, brachten unbekannte griechische und römische Schriften nach Mittel- und Westeuropa. Besonders folgenreich war die Wiederbesinnung auf die Philosophie des Aristoteles, wie sie von byzantinischen und arabischen Gelehrten überliefert wurde.

# 7. Europas Theologen entdecken das »Buch der Natur«

*…als gleichberechtigten Zugang zur göttlichen Wahrheit neben der Bibel als »Buch der Offenbarung«*

Im 12. Jahrhundert erklärte der französische Theologe Thierry von Chartres die Weltschöpfung so: Am Anfang schuf Gott die vier Elemente Feuer, Wasser, Luft und Erde. Danach vollzogen sich die Ereignisse der sechs Schöpfungstage naturgesetzlich, und zwar als Folge der Dynamik der Elemente entsprechend den Lehren des Aristoteles. Die Erklärungen, die Thierry dafür anführt, sind alle falsch, hinsichtlich der Entstehung der Lebewesen sogar extrem dürftig. Interessant jedoch ist der Grundgedanke, daß das Naturgeschehen auch ohne die Annahme göttlicher Einzelhandlungen wissenschaftlich zu verstehen ist. Eine ähnliche Idee fanden wir schon in Al Kindis Philosophie der »vermittelnden Agenzien« angedeutet, und Thierry wendet sie in bemerkenswerter Weise auf die biblische Schöpfungsgeschichte an. Diese Geschichte bleibt – nach Thierry – in wesentlichen Zügen richtig, aber das, was in der Bibel in allgemeinverständlichen Bildern durch unmittelbares, physisches Eingreifen Gottes erläutert wird, kann abstrakt, aber auch besser und genauer als Konsequenz der gottgegebenen natürlichen Eigenschaften der Elemente erklärt werden.

Hundert Jahre später verfügte der Gelehrte Albert »der Große« (ca. 1200–1280) in Köln und Paris über das ganze, durch die islamischen Philosophen bekanntgewordene Werk des Aristoteles. Albert erkannte in Beobachtungen der Natur einen Zugang zum Verständnis der göttlichen Weltordnung; das »Buch der Natur« – für Albert die beobachtete, erforschte, erlebte Natur, gedeutet im Rahmen der aristotelischen Philosophie – ergänzt das »Buch der Offenbarung«, die Bibel. »Wenn ich Naturforschung betreibe, interessieren mich keine Wunder.« Die Physik des Aristoteles sei, so behauptete Albert, mit dem christlichen Glauben vereinbar, indem man scheinbar widersprechende Aussagen der Bibel über die Natur bildhaft deute. Dies sei theologisch erlaubt, sogar geboten.

Albert der Große, ein universeller Geist, interessierte sich für viele Details der Natur, zum Beispiel der Pflanzen- und Tierwelt. Dabei suchte er – auch darin in Übereinstimmung mit Aristoteles – im Einzelnen das Allgemeine. Erkenntnis galt Albert als ein Weg zum Glück. Er trug wesentlich dazu bei, daß das babylonische Weltbild der biblischen Schöpfungsgeschichte von dem Weltbild des Aristoteles abgelöst wurde: die ruhende Erdkugel im Zentrum der Welt; auf der Erde und in den angrenzenden unteren »sublunaren« Sphären ungleichmäßige Bewegung und Vergänglichkeit; in den höheren Sphären der Planeten und Sterne gleichmäßige, kreisförmige, ewige Bewegung – darüber die ewig unbewegte Sphäre Gottes. Dieses Weltbild war mit dem Stand der Erkenntnis besser zu vereinbaren als das babylonische. Es war schön und poetisch; wenngleich es der biblischen Schöpfungsgeschichte nicht entspricht, konnte man es doch christlich deuten. Während des 13. Jahrhunderts gab es eine Serie dramatischer Auseinandersetzungen über die Frage, ob dieses Weltbild nun ketzerisch sei oder nicht. Lehren des Aristoteles wurden verboten, erlaubt, wieder verboten; schließlich aber setzte sich seine Philosophie weitgehend durch.

Nach der Wende zum 13. Jahrhundert konstituierten sich in Europa die ersten Universitäten – Bologna, Paris, Oxford, Padua, Cambridge, Salamanca. In ihnen vereinigten sich Theologie, Medizin, Rechtswissenschaft sowie die »freien Künste«, darunter Geometrie, Arithmetik und Astronomie. Zwar galt Theologie nach wie vor als Krone der Wissenschaften, aber eben darum begann das Studium in der Regel mit den »freien Künsten«. Die Folgen der Institutionalisierung von Wissenschaft in Universitäten sind kaum zu überschätzen. Zahlreiche Scholaren begaben sich auf die Wanderschaft, um jahre-, oft jahrzehntelang an verschiedenen Schulen zu studieren. Die Lehrämter boten Möglichkeiten gesellschaftlichen Aufstieges, auch ohne Adelstitel und große Güter. Zwar waren Universitäten abhängig von Inhabern politischer Macht, aber die große Beweglichkeit der Gelehrten in ganz Europa und deren wachsendes Prestige erzeugten auch ein erhebliches Maß an Freiheit für die Wissenschaft.

So suchte man das »Buch der Natur« zu lesen. Grundlage blieb in erster Linie die Philosophie des Aristoteles. Manche erkannten aber auch, wie wichtig die Mathematik für das Verständnis der Wirklichkeit ist. Der englische Theologe Robert Grosseteste (ca. 1168–1253) sah in der Mathematik den Schlüssel zur Erkenntnis. Er und sein jüngerer Landsmann Roger Bacon (ca. 1219–1292) forderten das Experiment zum Verständnis der Natur, welches allein durch Denken und das Lesen alter Schriften nicht zu gewinnen sei. Bacon wollte naturwissenschaftliche Erkenntnis und technischen Fortschritt zur Erleichterung des Lebens, auch zur Bekehrung und – sofern das nicht nützt – zur Bekämpfung der Heiden. Er dachte an Fahrzeuge, die sich selbst bewegen; und er fragte sich, warum so viele Menschen in seiner Zeit jung sterben müssen, während die Patriarchen, von denen das erste Buch Mose erzählt, so alt geworden seien: eine Herausforderung, der sich die medizinische Wissenschaft in einer christlichen Gesellschaft zu stellen habe. Zwar sind Bacons eigene Rezepte in seiner Schrift zur »Verzögerung des Alterns« medizinisch nichts wert, und auch seine Ausführungen zur experimentellen Wissenschaft waren meist ziemlich phantastisch und sehr theoretisch; dennoch – für Anspruch, Tendenz und Motivation der Wissenschaft waren dies damals neue Töne, Aufforderungen zur Erweiterung des Wissens mit neuen Mitteln, gerichtet auf neue Ziele.

So schienen im 13. Jahrhundert gute Voraussetzungen für eine kontinuierliche Entwicklung der Wissenschaften gegeben. In Wirklichkeit stieß aber auch dieser Ansatz bald wieder an schwer überwindliche Grenzen. Als sich das »schöne«, mittlerweile von der Theologie vereinnahmte Weltbild des Aristoteles gegen die wörtlich genommene biblische Schöpfungsgeschichte durchgesetzt hatte, wurde es selbst zu einer Art Dogma und damit zu einem Hemmnis für die weitere Entwicklung des menschlichen Wissens. Das Denken war erweitert, aber die weitergesteckten Grenzen wurden eine Zeitlang wieder ziemlich starr. Der Blütezeit des geistigen Lebens im späten Mittelalter folgte zunächst ein Jahrhundert tiefer Krisen. Die Verkrustung des Wissenschaftsbetriebes in scholastischen Diskussionen, oft mit spitzfindigen Erörterungen ziemlich künstlicher Probleme, zeigt nur eine von mehreren Dimensionen der Stagnation gegen Ende des 13. Jahrhunderts.

Nun kam das Bevölkerungswachstum in Europa zu einem Ende; neue schwere Hungersnöte und Seuchen grassierten. Den Westen plagte der Hundertjährige Krieg zwischen England und Frankreich, im Südosten drangen die Türken auf dem Balkan vor; drei Päpste stritten gleichzeitig um das Amt. Als späte Folge des intensiven Kulturkontaktes mit dem Nahen und ferneren Osten forderte seit 1349 die Pest viele Millionen Opfer, mehr als alle Kriege zusammen. Am Ende dieser Epoche schließlich erscheinen die Ansätze dessen, was man später im Rückblick die Renaissance genannt hat – die Besinnung des Menschen auf sich selbst und seine kreativen Fähigkeiten.

# 8. Die Renaissance besinnt sich auf die schöpferischen Kräfte des Menschen

*...und führt in die Eigendynamik moderner Wissenschaftsentwicklung*

Die Gedankenwelt der Renaissance, ausgehend von Italien im späten 14. Jahrhundert, verbreitete sich schnell in weiten Teilen Europas. Das Zeitalter blieb eingebunden in die Überzeugungen des christlichen Glaubens, entdeckte aber zugleich mehr und mehr den Eigenwert und die Schöpferkraft des Menschen. Weltliches Wissen, weltliche Macht, weltliches Glück, das Selbstwertgefühl und nicht zuletzt die Ruhmsucht des einzelnen gewannen an Bedeutung.

Wie so oft, finden sich die ersten Signale des neuen Empfindens und Denkens in der Kunst. Die Natur und die einzelne menschliche Persönlichkeit wurden Gegenstände von Malerei und Plastik. Die humanistischen Gelehrten entdeckten zahlreiche Manuskripte der Antike, zumal aus dem oströmisch-griechischen Restreich um Konstantinopel, das nach dem Vordringen der Türken verblieben war. Sie deuteten die Schriften der griechischen und römischen Dichter und Philosophen als Versuche, den Menschen aus sich selbst heraus zu verstehen und seinen Wert in sich selbst zu suchen. Bald denken sie nicht nur Gedanken alter Autoren nach, sondern suchen neue Antworten auf Fragen ihrer Gegenwart. Die verschiedenen Interpretationen dieses Zeitalters können Bibliotheken füllen. So wichtig die Charakterisierungen und Definitionen von »Renaissance«, Ansichten über ihre Ursachen, ihr Anfang und Ende auch im einzelnen sind, eine hinreichende Erklärung der Epoche, die wir als Beginn der Neuzeit verstehen, geben sie nicht, und es wird sie für einen singulären historischen Vorgang dieser Tragweite wohl auch nie geben. Weitgehende Einigkeit besteht darin, daß in der

Renaissance der Mensch seine eigene kreative Fähigkeit in den verschiedensten Aspekten entdeckt und entfaltet, in der Kunst ebenso wie in der Politik und in der Gelehrsamkeit. Was die Wissenschaft von der Natur angeht, so sind Anstrengungen und Leistungen zu Beginn der Renaissance eher bescheiden, vergleicht man sie mit der großen Bedeutung, die die natürliche Wirklichkeit zum Beispiel in der Malerei gewinnt. Gewiß, man sammelte Pflanzen und legte Tiergärten an, aber die großen Neuerungen der Naturwissenschaft, die Leistungen des Kopernikus, Galilei und Newton ließen noch lange auf sich warten. Und doch liegt der Keim dieser Entwicklung schon in dem neuen Verhältnis des Menschen zu sich selbst und zur Natur begründet, wie es die frühe Renaissance ausbildet. Selbstbewußtsein und Vertrauen in die eigene vernünftige Einsicht überwindet die Abhängigkeit von Autoritäten wie Aristoteles. Die Lehren der antiken Philosophen, zumal die von Platon, ermutigen den kreativen und nicht nur rezeptiven Gebrauch des Verstandes: Mit der Vernunft habe der Mensch Teil an der Ewigkeit, sie sei göttlicher Natur.

Obwohl das neue Denken auch skeptische Fragen an die Religion begünstigte, verstanden sich die Zeitgenossen in der Regel als Christen. Eigentlich war nun eine Theologie gefordert, die das neue Selbstbewußtsein aufnahm. Einige Päpste der Frührenaissance waren selbst bedeutende Humanisten. Ihre Gesinnung zeigte sich aber vornehmlich im Sammeln alter Bücher und der Errichtung neuer Bauten, während sie die Entwicklung wissenschaftlicher Ideen wenig gefördert haben. Dann aber war es doch ein Mann der Kirche, der die Beziehung zwischen Glauben und Vernunft philosophisch neu überdachte, um eine Theologie aus dem Geist der Renaissance zu entwickeln: Nikolaus von Kues (1401–1464) – Rechtsgelehrter, Theologe, Philosoph, Naturforscher, Kirchenpolitiker, Bischof, Kardinal. Ein Ergebnis – aus seiner Sicht vielleicht eher ein Nebenprodukt – ist in unserem Zusammenhang besonders wichtig: eine neue Perspektive für das Wissen von der Natur. Wie Gott die reale Welt schafft, so schafft der Mensch die Welt in seinem Geist – so deutet der Theologe und Philosoph die biblische Aussage, der Mensch sei Gottes Ebenbild. Die theoretische Erfassung der Einheit der erfahrbaren Welt erscheint als möglich; hierzu ist Mathematik notwendig, genaue Beobachtung erforderlich und das Experiment nützlich.

Menschliches Wissen stößt aber auch auf unüberwindbare Grenzen. Sie zeigen sich im Nachdenken über die Grundlagen des Denkens und verweisen auf Gott als den Ursprung allen Denkens und aller Wirklichkeit. Die Erkenntnis der Grenzen der Erkenntnis mit den Mitteln der Erkenntnis, die »gelehrte Unwissenheit«, wie Nikolaus von Kues dies nannte, ist kein Anlaß zur Resignation, sondern selbst eine positiv zu bewertende Einsicht, weil sie die religiöse »Schau« auf die Voraussetzung allen Wissens ermöglicht.

So finden wir in der Gedankenwelt des Nikolaus von Kues wesentliche Ansätze und Züge der beiden grundsätzlichen Erkenntnisse, die wir im einleitenden Kapitel als naturphilosophische Quintessenz moderner Wissenschaft bezeichnet haben: eine gedankliche Einheit der Natur, wie sie sich in der Gültigkeit physikalischer Grundgesetze für alle Ereignisse in Raum und Zeit zeigt, und die Einsicht in Grenzen der Erkenntnis, die sich aus der wissenschaftlichen Analyse der Voraussetzungen von Wissenschaft ergibt. Es sind die theoretisch einsehbaren, aber prinzipiell unüberwindlichen Grenzen inhaltlichen Wissens, die die Welt auf der metatheoretischen, philosophischen Ebene deutungsfähig und deutungsbedürftig machen. Mit der Idee der theoretisch erfaßbaren Einheit nimmt Nikolaus von Kues die Gedanken früher Philosophen auf. Besonders nahe steht ihm die Logoslehre des Heraklit, wenngleich er selbst sich mehr auf Anaxagoras beruft. Die Thesen von den Grenzen der Erkenntnis beruhen auf der »negativen« Theologie des Dionysius Areopagita. Die radikale Umdeutung ins Positive jedoch, als Erkenntnis über die Erkenntnis, die selbst die höchste Form der Erkenntnis ist, ist eine eigene Leistung des Nikolaus von Kues. In manchen Zügen nimmt sie die Erkenntniskritik Kants vorweg; vor allem aber kann sie als Vorform der erkenntnistheoretischen Selbstbegrenzung wissenschaftlichen Denkens gedeutet werden, die die Naturwissenschaft unseres Jahrhunderts kennzeichnet.

In der Geschichte entwickeln sich große Veränderungen nicht

selten aus kleinen, verborgenen Anfängen. Da aber jede Geschichte ihre Vorgeschichte hat, verlieren sich diese Anfänge schließlich im Unbestimmten. Um dennoch entscheidende Ursprungsphasen neuer Entwicklungen aufzuspüren, kann der Begriff der »Eigendynamik« hilfreich sein. Gemeint ist damit der Beginn einer *sich selbst* verstärkenden Entwicklung. Dieses Konzept stammt aus der Theorie dynamischer Systeme und ist ganz allgemein für das Verständnis der Bildung von Strukturen wichtig, wie zum Beispiel der Entstehung von Kristallen aus kleinen Kristallkeimen oder einer Lawine aus einem Schneeball. Auch das *Wissen* von der Natur folgt einer Eigendynamik: Ideen führen zu Ergebnissen, und Ergebnisse wiederum regen zu neuen Ideen an. Zum Erfolg gehört zunächst der Glaube an den möglichen Erfolg. Die Eigendynamik der Wissenschaft setzt mit der Zuversicht ein, daß ein umfassendes Verständnis der Natur tatsächlich erreichbar ist. Diese optimistische Vision beruht auf dem Vertrauen, das die Epoche der Renaissance in die gedankliche Kreativität des Menschen setzt; und dafür wiederum gibt es kaum ein besseres Beispiel als die Philosophie des Nikolaus von Kues.

Nun läßt sich eine Verbindung qualitativ neuer Entwicklungen des Denkens mit einzelnen Persönlichkeiten immer relativieren – wenn man will; denn in der Detailbetrachtung, aus der »Nahsicht«, hat jede Entwicklung ihre Vorläufer, alles ist mit vielem vernetzt, und jede Stufe erweist sich bei hinreichend genauer Ansicht als eher gradueller Übergang. Die mit solcher Nahsicht verbundene Überinformation hat aber auch ihren Preis; sie ist wenig geeignet, größere Entwicklungen der Vergangenheit zu erkennen und zu verstehen. Dafür ist eher die akzentuierte Charakterisierung hilfreich. Der Bezug zu einzelnen Persönlichkeiten, auch wenn ihre Auswahl von subjektiven Urteilen mit abhängt, macht dabei qualitative Entwicklungen anschaulich – in der Erzählung sprechen Geschichten und Geschichte für sich selbst.

Was Nikolaus von Kues angeht, so wird hier keineswegs behauptet, seine persönliche Philosophie hätte unmittelbar die weitere historische Entwicklung entscheidend beeinflußt. Er war eher ein Einzelgänger; er selbst bildete keine akademische

Schule, wenn auch seine Gedanken in der platonischen Akademie von Florenz weiterlebten und uns in veränderter Form immer wieder begegnen – zum Beispiel im Ausspruch Leonardo da Vincis: »Die Wissenschaft ist eine zweite Schöpfung mittels des Verstandes, gleichwie die Malerei eine zweite Schöpfung mittels der Phantasie ist.« Solche Auffassungen entsprachen dem Zeitgeist, und die weitere Entwicklung wäre wohl auch ohne Nikolaus von Kues nicht sehr anders verlaufen. Trotzdem möchte ich ihn in die Mitte meiner Betrachtungen stellen. Er vereinigte das Wissen seiner Epoche, hat sehr viel gelesen, Originelles an eigenen Gedanken hinzugefügt und zu einem Konzept gebündelt, das unter anderem wesentliche Strukturelemente einer Wissenschaft von der Natur enthielt, die sehr weit in die Zukunft weisen. Kopernikus, Giordano Bruno und Kepler zitierten ihn, zumeist mit Verehrung; die Pioniere der Naturwissenschaft ließen sich von ihm inspirieren und ermutigen, und seine Deutungsmuster sind anregend bis in die Gegenwart.

Wollte man weitergehende Ansprüche historischer Wissenschaft erfüllen, müßte man eigentlich sehr viele Aspekte der Renaissance in die Darstellung einbeziehen. Dies läge außerhalb meiner Möglichkeiten; statt dessen erzähle ich etwas mehr vom *Leben* des Nikolaus von Kues, als es für eine rein wissenschaftsgeschichtliche Überlegung nötig wäre; dieses bewegte, aktive Leben zeigt uns nahezu exemplarisch viel vom geistigen Umfeld in der frühen Renaissance.

# III. ZUM BEISPIEL NIKOLAUS VON KUES: DAS WISSEN VOM NICHTWISSEN

# 1. Vom Studium in Padua bis zur Reise nach Konstantinopel

*Inspiration zu einer neuen Philosophie im Geiste der Renaissance*

Nikolaus Cryfftz – später »Nikolaus von Kues« oder einfach »Cusanus« genannt – wurde im Jahr 1401 in Kues an der Mosel geboren. Sein Vater war ein recht erfolgreicher Kaufmann, der sich mit Weinbau und Schiffahrt befaßte. Nikolaus hatte zwei Schwestern und einen Bruder. Über seine Kindheit und frühe Jugend wissen wir nichts. Mit 15 Jahren zog er nach Heidelberg zum Grundstudium der »freien Künste«; auch aus dieser Zeit ist kaum etwas über sein Leben bekannt. Danach studierte er sechs Jahre Kirchenrecht an der oberitalienischen Universität Padua und erhielt den Grad eines »Doktors der Dekrete«, der ihm im kanonischen Recht die Berufs- wie auch die Lehrerlaubnis gab.

Padua beherbergte eine der ältesten Universitäten Europas. Gegründet wurde sie 1222, als Professoren und Studenten der Universität Bologna aus Protest gegen Beeinträchtigung ihrer akademischen Freiheit sich einen neuen Ort suchten. Padua wurde und blieb eine besonders unabhängige, ehrgeizige, erfolgreiche Universität, auch nachdem Venedig sich die Stadt 1405 einverleibt hatte, wonach das »studio« von Padua eine Art Staatsuniversität der Republik Venedig wurde. Universitäten waren von Anbeginn international. Dies galt ganz besonders für Padua, die italienische Ausländeruniversität par excellence, mit Studenten aus ganz Europa, die sich in »Nationen« organisierten.

So fand der junge Nikolaus von Kues in Padua die bestmöglichen Bedingungen für seine intellektuelle und berufliche Entwicklung. Die Humanisten, die die »heidnischen« Schriften der antiken Philosophen und Schriftsteller wiederentdeckten, beeinflußten das geistige Leben der Zeit. Besondere Bedeutung gewann dabei, daß über Konstantinopel authentische Werke Platons in immer größerem Umfang bekannt wurden. Was das Kirchenrecht angeht, so vermittelten die Professoren eine solide und prestigeträchtige Ausbildung. Zumindest einer von ihnen stand in der Tradition des Marsilius von Padua, der etwa hundert Jahre zuvor an der Universität Paris gewirkt hatte. Marsilius war studierter »Physiker« (im Sinne des Aristoteles) und Mediziner, seine Lebensarbeit aber galt der Theorie des Staates und der Politik. Er forderte, die Kirche solle nicht herrschen, sondern lehren. Wichtigste Staatsaufgabe sei die Gesetzgebung. Sinn der Gesetze sei das Glück und Wohlbehagen der Bürger; Kriterium der Güte von Gesetzen sei der Friede in einer arbeitsteiligen Gesellschaft. Gesetzgeber sollen vom Willen des Volkes abhängig sein; was alle angeht, damit sollen alle übereinstimmen. Wegen dieser rationalen, sozialkritischen Thesen seines Werkes »Verteidigung des Friedens« mußte er Paris verlassen. Er schloß sich Kaiser Ludwig an; um 1342 starb er in München. Die Gedankenwelt des Marsilius hat Nikolaus von Kues nachhaltig beeinflußt.

Besonders anregend waren für ihn einige Mitstudenten an der Universität Padua. Mit Paolo Toscanelli, der dort Medizin studierte, später aber der berühmteste Mathematiker seiner Zeit wurde, schloß er eine lebenslange Freundschaft. Andere Freunde waren Giuliano Cesarini und Domenico Capranica, die schnell in der Kirchenhierarchie aufstiegen – beide wurden 1426 Kardinäle – und ihrerseits die Karriere des Nikolaus von Kues gefördert haben.

Als Doktor des Kirchenrechts kehrte er 1423 nach Deutschland zurück. Mit viel Geschick und einigem Erfolg bewarb er sich um eine Reihe von Pfründen, die seine wirtschaftliche Existenz sicherten. Er verfolgte humanistische Studien und suchte sehr intensiv nach alten Handschriften und Texten antiker Autoren. In der Dombibliothek von Köln und an anderen Stellen wurde er fündig. Die Entdeckung bisher unbekannter Komödien des römischen Autors Plautus verhalf ihm zu Ansehen unter Humanisten. Die Manuskripte, die mit seiner Hilfe auf nicht immer geraden Wegen nach Italien gelangten, machten ihn bei bibliophilen Würdenträgern der Kirche beliebt.

In Köln begann Nikolaus von Kues das Studium der Theologie; philosophische Grundfragen des Denkens und Glaubens rückten in den Mittelpunkt seines Interesses. Er wird mit der Philosophie des Albertus Magnus vertraut, der das »Buch der Natur« als Weg zu Gott sieht, ebenso mit der Ideenwelt der Mystiker, die Gott im menschlichen Bewußtsein suchen. Er interessiert sich intensiv für Dionysius Areopagita; hinter diesem Namen (einer Randfigur der biblischen Apostelgeschichte) verbirgt sich ein unbekannter, aber einflußreicher Autor aus der Zeit um 500 n. Chr., der eine »negative Theologie« entworfen hatte: Über Gott kann man nur sagen, was er alles *nicht* ist. Besonders hat Cusanus die Gedankenwelt des Raimundus Lullus beschäftigt, eines spätmittelalterlichen Denkers, der um 1300 gewirkt hatte. Dieser hat in philosophische Überlegungen mathematische, besonders geometrische Argumente eingeführt, eine Art Kalkül, das der Ermittlung der Wahrheit dienen sollte. In der Ausführung zwar wenig überzeugend, war die Idee, philosophische Schlüsse formal-mathematisch abzusichern, doch sehr originell. Nikolaus von Kues erwarb sich schließlich selbst einen Ruf als Gelehrter und erhielt zweimal Angebote eines Lehrstuhls an der Universität Löwen. Er lehnte ab; Professor wollte er nicht werden.

Wohl aber betätigte er sich als Rechtsgelehrter. Er führte eine ganze Reihe von Prozessen – es gibt ein Bild von ihm, das ihn bei der Abfassung eines Gutachtens über den Weinzoll in Bacharach zeigt. 1432 geriet er dann an einen »großen Fall«. In Trier war der Bischofssitz neu zu besetzen, und wie so oft in dieser Zeit, gab es darum handfesten Streit. Die Familie Cryfftz war mit der Familie Manderscheid bekannt, und Ulrich von Manderscheid stellte neben zwei weiteren Konkurrenten Anspruch auf das Amt, mit ziemlich windigen Argumenten. Nachdem der Papst ihn abgewiesen hatte, appellierte er an das Konzil von Basel, und Nikolaus von Kues war sein Anwalt in diesem Verfahren. Zwar verlor Cusanus den Prozeß; aber das Konzil selbst wurde das Forum, das ihn zum Teilnehmer und Akteur an den großen Auseinandersetzungen seiner Zeit machte.

Dem Konzil von Basel war das von Konstanz vorangegangen, auf dem es gelungen war, die Spaltung der Christenheit – es gab zwei, zeitweise drei Päpste gleichzeitig – zu beenden. In einem langwierigen, gelegentlich dramatischen, oft chaotischen, manchmal gewaltsamen Prozeß gelangte man schließlich zu einer Einigung. Dabei wurden alte Probleme gelöst, zugleich aber neue erzeugt: Der böhmische Reformator Hus war unter Zusicherung freien Geleites nach Konstanz eingeladen worden, wurde dann aber eingekerkert, verurteilt und verbrannt; blutige Kriege waren die Folge. Nun sollte das neue Konzil in Basel diesen Konflikt beenden, sodann die Kirche reformieren und die Beziehung von Konzil und Papst neu regeln. Außerdem führte die wachsende Bedrohung des griechisch-christlichen Konstantinopels durch die Türken zu Bestrebungen, die Einheit der griechischen mit der römisch-katholischen Kirche wiederherzustellen, um gemeinsam die Türkengefahr abzuwehren. Beauftragter des Papstes und Vorsitzender der Konzilsverhandlungen war Cesarini, Nikolaus von Kues' Mitstudent und Lehrer während seiner Studentenzeit in Padua. Zwei jüngere Teilnehmer am Konzil sollten im weiteren Leben des Nikolaus von Kues eine besondere Rolle spielen: Der eine, Enea Silvio Piccolomini, wurde ein Freund fürs Leben; zu dem anderen, Gregor Heimburg, entwickelte sich später eine erbitterte Feindschaft.

Enea Silvio errang auf dem Konzil von Basel bald eine Schlüsselstellung in wichtigen Ausschüssen. Er war ein sehr geschickter Verhandlungspartner und Organisator. Als sich das Konzil später mit dem Papst zerstritt und einen Gegenpapst wählte, wurde Enea Silvio dessen Sekretär. Dann ging er als Privatsekretär an den Hof des Kaisers nach Wien. In dieser Zeit wechselte er die Seiten und bekannte sich nun zum römischen Papst Eugen. Sein großes diplomatisches Geschick, bei dem auch das Mittel der Bestechung keine geringe Rolle spielte, trug wesentlich dazu bei, in der Folgezeit die deutschen Fürsten auf die Seite des Papstes zu bringen. Nachdem er lange gezögert hatte, ließ sich Enea Silvio 1446 zum Priester weihen. In einer steilen Karriere wurde er Bischof, Kardinal und schließlich, 1458, Papst – als Pius II.

Enea Silvio war eine herausragende, in vieler Hinsicht aber auch besonders charakteristische Persönlichkeit der frühen Renaissance. Diese Feststellung gilt zunächst für die enge Verbindung geistiger Interessen im Sinne des Humanismus mit politischer Macht. Er interessierte sich für Bücher und Bauten. Er liebte die Frauen. Am Kaiserhof schrieb er einen erotischen Roman und später, als Papst, eine Selbstbiographie – nach Ansicht von Literaturhistorikern die erste echte Autobiographie der Literaturgeschichte. Seine Beziehung zur Kirchenpolitik war von skeptischen, opportunistischen, auch von sarkastischen Gedankengängen mitgeprägt – die Bestechungsaffären, an denen er selbst aktiv beteiligt war, schilderte er später mit distanzierter Offenheit und Verachtung für die Bestochenen –, aber er vertrat auch kirchliche Lehren und kirchliche Ämter mit Autorität und Überzeugung. Er liebte den ausschweifenden Luxus nicht, wohl aber gehobene Annehmlichkeiten. Gern verbrachte er den Sommer in seinem Palast in den Bergen und beschrieb in hellen Farben die Schönheit der italienischen Landschaft wie das Leben in der freien Natur. Skeptischer Opportunismus war nur eine Seite dieser vielschichtigen Persönlichkeit. Die andere Seite zeigt sein Eintreten für die Rettung der Christenheit vor der Bedrohung durch die Türken. Damit war es ihm sehr ernst. Bis zu seinem letzten Lebenstag wirkte er für »seinen« Kreuzzug, wenngleich ihm der Erfolg dabei gänzlich versagt blieb.

Gregor Heimburg war ebenfalls ein hervorragender Rechtsgelehrter und gebildeter Humanist, aber im Charakter ganz anders angelegt als Enea Silvio. Er wurde Mitorganisator und Anwalt des deutschen Fürstenbundes gegen die Ansprüche des Papsttums. Er wollte die Teilnahme der europäischen Nationen an der kirchlichen Macht. Sein besonderer Kampf galt dem Ablaß: Wenn man Geld für die römische Kurie spendete, so behaupteten die Ablaßprediger, werde der eigenen Seele nach dem Tode eine bestimmte Anzahl von qualvollen Tagen im Fegefeuer erlassen. Heimburg fand, wie im folgenden Jahrhundert Martin Luther, die schärfsten Worte gegen diese Praxis. Später wandte er sich gegen die Sondersteuern zur Finanzierung des Kreuzzuges, von denen er zu Recht vermutete, daß sie nicht für den vorgegebenen Zweck verwendet würden, sondern in andere Kanäle flössen. In all dem sah Heimburg nichts als eine Ausbeutung der Deutschen durch die römische Kirche. Der kraftvolle, überlegene Gebrauch der Sprache, die Energie und der Mut, mit dem er seine Überzeugungen vertrat, machten ihn zu einer bedeutenden, wohl zu Unrecht vergessenen Persönlichkeit seiner Zeit. Als der Kurfürstenbund zerbrach, wurde er Rechtsberater in Nürnberg, später unter anderem Berater des Herzoges von Tirol. Schon sein Eintreten für den Kurfürstenbund, erst recht die Aufgabe in Tirol, erzeugte eine bittere Feindschaft zu Nikolaus von Kues und Enea Silvio, auf die wir noch zurückkommen werden.

Nikolaus von Kues kam im zweiten Jahr des Konzils nach Basel. Das erste Problem, mit dem sich die Versammlung zu beschäftigen hatte, war die Versöhnung mit den Hussiten. Nikolaus von Kues half nicht unwesentlich dabei, akzeptable Kompromißlösungen zu finden, die dann zum Frieden führten. Nun wird er mehr und mehr zum führenden Theologen des Konzils. Höhepunkt seines Wirkens ist die »Concordantia catholica«, ein auf der Ideenwelt Platons und der Philosophie des Mittelalters aufbauender, großangelegter Versuch einer Kirchen-, Staats- und Gesellschaftslehre. An entscheidenden Stellen erkennt man Thesen des genialen Marsilius von Padua. »Was alle angeht, damit sollen alle übereinstimmen« – nach diesem Grundsatz wollte er Laien, Kirchenmänner und den Papst in die Entscheidungsfindung der Kirche eingebunden sehen; nicht gleichberechtigt in einem demokratischen Sinn, sondern aufgrund mittelalterlich-ständischer Gliederung der Gesellschaft. Dem Konzil selbst, wen wundert es, stand eine besondere Autorität zu; sie stand noch über der des Papstes. Die Kirchenreform sollte eine Reichsreform begleiten, mit mehr Zentralgewalt zur Wahrung äußerer und innerer Sicherheit in einer Zeit, in der das Faustrecht überhandnahm.

Eine dramatische Zuspitzung im Verhältnis des Konzils zum Papst ergab sich im Vorfeld der Bemühungen um eine Einigung zwischen der römisch-katholischen und der griechischen Kirche. Konstantinopel war durch die Türken außerordentlich bedroht. Geblieben war nur noch ein begrenztes Umfeld um die Stadt, aber der Symbolwert der alten Hauptstadt des oströmischen Reiches, des Zentrums der christlich-orthodoxen Kirche Osteuropas, der Heimstätte griechischer Kultur, war kaum zu überschätzen. Die dogmatischen Glaubensunterschiede zwischen römischer und byzantinischer Christenheit waren zwar gering; um so größer war das Mißtrauen, das die schlechtesten politischen Erfahrungen – Erstürmung, Plünderung, Besetzung – hinterlassen hatten, die die Griechen mit den Lateinern gemacht hatten. Nun endlich sollte die Kirchenvereinigung kommen, und zwar als Preis für den militärischen Beistand gegen die Türken. Wo aber sollte das Unionskonzil stattfinden? Während das Konzil Basel oder Avignon bevorzugte, bestand Papst Eugen auf einem Ort, der näher an Rom liegt, und ordnete die Verlegung des Konzils von Basel nach Ferrara an. Über diese Streitfrage kam es zur unumkehrbaren Spaltung des Konzils. Nur eine Minderheit folgte dem Papst, und zu dieser Minderheit gehörte Nikolaus von Kues.

Kein Wunder, daß dieser radikale Seitenwechsel sein Bild in der Geschichte beeinflußt und beeinträchtigt hat. Karriereehrgeiz wäre allein wohl eine zu einfache Erklärung. Umdenken aus reiner Sorge um die Einheit der Kirche kann aber auch nicht der ausschließliche Grund gewesen sein. In seiner »Concordantia catholica« gibt er dem Konzil eine eindeutige Vorrangstellung vor dem Papst. Allerdings läßt schon dieses Werk einen Grundzug seiner späteren Philosophie ahnen; Vielheit, so lehrte er, sei immer unter dem Aspekt einer übergeordneten Einheit zu betrachten. Zweifellos sah er in den Machtkämpfen um das Konzilsgeschehen mehr und mehr die Einheit der Kirche in Gefahr. So fand er sich in einem Zielkonflikt, was seine theologisch-philosophische Einstellung angeht; aber daß er derartig schnell und so radikal auf die Linie des Papstes einschwenkte, lag wohl eher daran, daß ihn in Italien auch die Aussicht auf eine große Karriere lockte.

Diese Hoffnung wurde nicht enttäuscht; Nikolaus von Kues fand sich in der Delegation, die sich auf die Reise nach Konstantinopel machte, um den Kaiser von Byzanz, Johannes VIII. Palaiologos, den Patriarchen und die Erzbischöfe der Ostkirche zum Unionskonzil nach Ferrara einzuladen. Kurz nach ihrer Ankunft segelte eine zweite Delegation in den Hafen von Konstantinopel – die Gesandten der Konzilsmehrheit, die Kaiser und Patriarch nach Basel bringen sollten. Beinahe hätte es ein Seegefecht in sehr fremden Gewässern gegeben, hätte nicht der Kaiser eingegriffen. Die Verhandlungen der päpstlichen Delegation führten zum Erfolg; der Kaiser entschied sich für das Nächstliegende, für Ferrara. Neben diesen Verhandlungen in Konstantinopel fand Nikolaus von Kues auch Zeit, sich mit dem heiligen Buch des Islam zu befassen. Erst nach Monaten, im Spätherbst 1437, brachen Kaiser, Patriarch, Bischöfe und die Gesandtschaft des Papstes zur Seereise nach Venedig auf. Sie war sehr stürmisch, voll von Zwischenfällen und dauerte über zwei Monate. Von dort führte der Weg über Land nach Ferrara – das Konzil konnte beginnen.

Diese Reise mit dem Aufenthalt in der fremden Welt von Konstantinopel und der stürmischen Rückfahrt wurde für Nikolaus von Kues *die* inspirierende Phase seines Lebens. Der Erzbischof von Nicaea, Bessarion, ein führendes Mitglied der oströmischen Delegation, war einer der gelehrtesten Köpfe seiner Zeit und der beste Kenner Platons. Die erzwungene Muße, die rege, ungewohnte Intellektualität der illustren Reisegesellschaft inspirierten Nikolaus von Kues zu seinem eigenen, großangelegten philosophischen Entwurf; Wissen über Grenzen des Wissens, Vielheit in Einheit, Zusammenschau von Gegensätzen.

In Ferrara verbrachte er nur kurze Zeit. Bald übernahm er Missionen in Deutschland, um die deutschen Fürsten für die Papstpartei und gegen das Konzil einzunehmen. Diese Aufträge ließen ihm etwas Zeit, seine philosophischen Gedanken auszuarbeiten. Am 12. Februar 1440 vollendete er die »Docta ignorantia«, die Lehre vom Nichtwissen, in seiner Heimatstadt Kues. Irgendwann innerhalb der anschließenden vier Jahre schloß er »De conjecturis«, das Buch über die Mutmaßungen, ab, das er in engem Zusammenhang mit der »Docta ignorantia« konzipiert hatte.

Nikolaus von Kues wurde Gesandter der Kirche mit immer weiteren Vollmachten in Deutschland. In endlosen Redeschlachten und zähen Verhandlungen half er dem Papsttum, die alten Positionen in wesentlichen Zügen zurückzugewinnen. Er widmete sich der inneren Reform der Kirche, besonders der Klöster. Auch trat er als Ablaßprediger auf und vermittelte in einer Reihe diplomatischer Konflikte. 1448 wurde er Kardinal und drei Jahre später Bischof von Brixen.

Zu seiner Einführung als Kardinal reiste er nach Rom; in der

Umgebung der Stadt fand er Zeit und Inspiration für die schöne Reihe der »Idiota«-Schriften. Idiota, der Idiot, ist der Laie, der Nichtfachmann, der als besonders weiser Gesprächspartner die Zusammenhänge soviel besser zu erklären vermag als jeder Experte. Bald darauf folgte eine eher mystische Schrift, die »Gottesschau«. Diese und die folgenden Werke bauen alle auf dem ersten großen Entwurf seiner Philosophie auf, der in der »Docta ignorantia« und den »Mutmaßungen« niedergelegt ist.

Das Nachwort der »Docta ignorantia«, gewidmet dem Studienfreund und Kardinal Cesarini, erinnert an die Reise nach Konstantinopel; es weist auch auf das Erleben von Natur hin, auf das bewegte Meer und den Sternenhimmel über der offenen See: »Empfange nun, was ich längst ... intensiv zu finden versucht habe, jedoch nicht eher finden konnte, als bis ich bei meiner Rückkehr aus Griechenland auf dem Meerweg dahingelangte – meiner Meinung nach ein Geschenk des Himmels vom Vater der Lichter, von dem alle gute Gabe kommt: Das Unbegreifliche in belehrter Unwissenheit zu erfassen.«[1]

## 2. Wissenschaft als kreative Leistung des menschlichen Denkens

*Wie Gott die Welt in Wirklichkeit, so schafft der Mensch die Welt in Gedanken*

Die Renaissance besann sich auf die schöpferischen Fähigkeiten des Menschen, und Nikolaus von Kues entwarf eine Theologie, die dem Denken der Renaissance entsprach: Gott schuf die Welt und die Menschen; die Menschen als Gottes Ebenbild. Der Mensch kann die Welt nicht machen, aber er kann sie denken und gestalten. »Der Mensch ist Abbild Gottes« heißt, daß seine geistigen Fähigkeiten Abbild der schöpferischen Kraft Gottes sind.

Was Gott als Wirklichkeit erzeugt, schafft der Mensch in seinem Kopf, durch Nachdenken über sich und die Welt. Da diese Fähigkeit gottgewollt ist, kommt der Mensch in seinem Denken zur Wahrheit. Weil der Mensch nicht Gott ist, bleibt sein Denken unvollkommen. Es führt nicht zu absoluter Erkenntnis, sondern ist »Mutmaßung«. Mit diesem Wort ist allerdings nicht nur die bloße Vermutung im Sinne unseres Sprachgebrauches gemeint; es bezeichnet, in einem eher positiven Sinne, weitgehende Annäherung an ein Verständnis der Wirklichkeit:

> »Wie die wirkliche Welt aus dem unendlichen göttlichen Verstand, so gehen entsprechend die Mutmaßungen aus unserem Geist hervor. Indem nämlich der menschliche Geist, das hohe Abbild Gottes, an der Fruchtbarkeit der Schöpferin Natur, soweit er vermag, teilhat, faltet er aus sich, als dem Gleichnis der allmächtigen Form, als Abbild der realen Dinge die des Verstandes aus... Wir streben mit naturhaftem Verlangen nach Wissen, das uns vervollkommnet.«[2]

»Das wirkliche Sein unserer Intelligenz besteht in der Teilhabe an der göttlichen Vernunft.«[3]

»So wie Gott der Schöpfer des wirklich Seienden und der natürlichen Formen ist, ist der Mensch der Schöpfer der Verstandesdinge und der künstlichen Formen... Demgemäß hat also der Mensch sein Vernunft-Denken, das eine Ähnlichkeit des Göttlichen ist, im schöpferischen Tun.«[4]

Es bleibt der große Unterschied zwischen dem schöpferischen Denken des Menschen und der wirklichen, materiellen Schöpfung, die Gott vorbehalten ist:

»Zwischen dem Göttlichen Geist und unserem Geist ist derselbe Unterschied wie zwischen Machen und Sehen. Der göttliche Geist schafft, wenn er Begriffe faßt; unser Geist verähnlicht, wenn er Begriffe faßt bzw. vernunfthafte Anschauung bildet. Der göttliche Geist ist die Kraft, die Sein verleiht; unser Geist ist die Kraft, die ähnlich macht.«[5]

»Unser Geist begreift Gott gewissermaßen der Kunst der Architektur entsprechend, der noch eine andere ausführende Kunst zu Diensten ist, auf daß der göttliche Entwurf ins Sein übergeht.«[6]

Trotz der Bedeutung kreativen Denkens reicht der »Blick nach innen« für sich allein nicht aus, um die Wirklichkeit zu erfassen. Hierzu bedarf es der sinnlichen Erfahrung:

»Unser bißchen Vernunft ist gleichsam nur der Funke eines Feuers, der unter grünem Holz verborgen ist und bedarf daher eines Anreizens durch die Sinne.«[7]

»Das Sinnliche steigt durch die körperlichen Organe bis zum Verstand selbst auf, der am feinsten und geistigsten Geist des Gehirns hängt.«[8]

Wahrnehmung erfordert selektive Aufmerksamkeit, die dem Willen unterliegt:

>Oft gehen Leute an uns vorbei und wir nehmen sie weder mit dem Sehen noch Hören wahr, weil wir nicht darauf achten. Wenn wir aber aufmerksam sind, nehmen wir sie wahr. Wir besitzen in unserer Seele den Wesensgrund und das *Wissen des Wißbaren* der Kraft nach. Dennoch nehmen wir dessen Wahrheit als Wirklichkeit nur wahr, wenn wir aufmerksam darauf hingerichtet waren, dieses zu sehen. Obgleich ich das Wissen von der Musik besitze, fühle ich mich dennoch nicht als Musiker, wenn ich mich der Geometrie widme... Es wird nur wahrgenommen, wenn in aufmerksamer Besinnung jene Kraft angelegt und entfaltet wird.<[9]

In seiner Theorie des Erkenntnisprozesses erklärt Nikolaus von Kues, wie Erkenntnis im Wechselspiel von Theorie und Erfahrung gewonnen wird und daß dieser Vorgang über Stufen der Abstraktion verläuft: Wissenschaftliche Erkenntnis erlangen wir, indem wir durch die Sinne körperlich wahrnehmen, das Wahrgenommene in die Vorstellung aufnehmen und durch Tätigkeit des Verstandes, der >ratio<, abstrahieren und begrifflich erfassen. Die Vernunft, >intellectus<, ihrerseits erkennt durch vereinheitlichendes Denken, sozusagen durch Abstraktion von Abstraktion, die allgemeinen Zusammenhänge; sie erfaßt die Wahrheit, soweit sie überhaupt dem menschlichen Geist zugänglich ist. Die Vernunft wendet sich nun wiederum an den Verstand und dieser an die Wirklichkeit, die durch sinnliche Wahrnehmung zugänglich ist. Erkenntnis wird somit in einem zyklischen Prozeß erzeugt und vermehrt, von der Vernunft zur befragten Wirklichkeit und von dieser zu weiterer vernünftiger Einsicht. Letztere ist das Ziel, aber Erfahrung spielt eine ganz wesentliche Rolle in dem Prozeß:

>Dadurch, daß die Vernunft im Sinn in der Wirklichkeit ist [also: mittels der Sinneswahrnehmung an der Wirklichkeit teilhat], wird durch die Verwunderung der schlafende Verstand aufgeweckt, daß er zum Wahrscheinlichen hinlaufe. Darauf

wird die Intelligenz [Fähigkeit der Vernunft] angestoßen, daß sie..., zur Erkenntnis des Wahren, wachend sich erhebe. Denn sie zeichnet das sinnlich Wahrgenommene in das Vorstellungsvermögen ein und, indem sie seinen [verstandesgemäßen] Wesensgehalt sucht, kommt sie zur Wirklichkeit des [vernünftigen] Erkennens und zur Kenntnis des Wahren. Sie eint nämlich die Unterscheidungen [wörtlich: Andersheiten] des sinnlich Wahrgenommenen im Vorstellungsvermögen, sie eint dann die Mannigfaltigkeit der Unterscheidungen der Vorstellungsbilder im Verstand, sie eint schließlich die mannigfaltige Unterscheidung der [verstandesgemäßen] Begriffe in ihrer einfachen Vernunfteinheit. Die Einheit der Vernunft steigt in die Unterscheidungen des Verstandes, die Einheit des Verstandes in die Unterscheidungen des Vorstellungsvermögens, die Einheit des Vorstellungsvermögens in die Unterscheidungen der Sinne hinab. Falte also den Aufstieg mit dem Abstieg nach Art der Vernunft zusammen, damit Du es richtig erfaßt... So kehrt also die Vernunft [durch einen zyklischen Verlauf] zu sich selbst zurück.«[10]

In der Vorstellung ist anschauliche, im Verstand formale Erkenntnis, während die Vernunft als eine Art Meta-Einsicht auch intuitive Züge trägt, die Anschauung und formales Denken übersteigen. Am Beispiel der Kugel erläutert Cusanus die Stufen der Abstraktion und beginnt dabei mit der höchsten Stufe, der Vernunft:

»Die Vernunft ist von so feiner Natur, daß sie gleichsam im unteilbaren Mittelpunkt die ganze Kugel schaut. Sobald sie im Verstand eingeschränkt ist, schaut sie die Kugel in jenem Verstandesbegriff, der besagt, daß alle Radien gleich lang sind. Wenn sie die Kugel in der Vorstellung schaut, dann stellt sie sich die Kugel rund und körperlich vor. Der Gesichtssinn kann aber nicht die ganze Kugel, sondern nur einen Teil von ihr sehen; nur mittels des Verstandes wird die Zusammensetzung der Teile erreicht.«[11]

Der Begriff Vernunft – »intellectus« – als höchste Stufe des Erkennens hat Philosophen ständig beschäftigt, seit Aristoteles in einer kurzen, nicht sonderlich klaren Passage in »De anima« die »tätige« Vernunft, die allein er als ewig ansah, von der körpergebundenen, zeitlichen, »passiven« Vernunft unterschied. Dies führte zu einer langen Tradition von Kommentaren und Ausarbeitungen. Auch Al Kindi schrieb hierzu einen vielbeachteten Traktat. Theologisch interessant ist die Frage, ob und in welchem Sinne der Mensch in seiner Vernunft teil an der Ewigkeit hat. Nikolaus von Kues bekennt sich zur Zeitlosigkeit der Vernunft:

> »Das unauflösliche Leben ist das Leben der Vernunft, das auflösliche das der Sinne.«[12]

> »Die Vernunft... ist weder der Zeit, die aus dem Verstand hervorgeht, noch der Vergänglichkeit unterworfen...«[13]

Die Lehre des Nikolaus von Kues über die Seele steht im Zusammenhang mit seiner Philosophie der Vernunft. Sie baut weitgehend auf Aristoteles' »De anima« auf. Er sieht die Seele als vereinheitlichendes Prinzip des individuellen lebendigen Körpers; die Vernunft als überindividuelles Prinzip der Seele. In diesem Zusammenhang wendet Cusanus sein Begriffspaar »Einfaltung« (des Vielen in der Einheit) und »Ausfaltung« (der Einheit in die differenzierte Vielheit) an: In der Seele ist die Vernunft, im Körper die Seele entfaltet.

> »Weil... in der Seele die Einheit der Intelligenz [gemeint ist die Vernunfterkenntnis, die Fähigkeit zur Vernunft als höchste Form der Erkenntnis] ausgefaltet wird, spiegelt sich diese in der Seele wie in ihrem eigenen Gleichnis... Gott ist das Licht der Intelligenz, da er ihre Einheit ist... So ist auch die Intelligenz das Licht der Seele, da sie deren Einheit ist... So sehen wir auch das Vermögen oder die Einheit der Seele nicht an sich, sondern sinnenfällig in ihrer körperlichen Ausfaltung.«[14]

»Was Du im Körper körperlich und ausgefaltet siehst, das ist, so begreife, in der Seele auf seelische Weise wie in einer einfaltenden Kraft, einer Kraft, die die ausgefaltete Einheit der körperlichen Natur einfaltet.«[15]

Wie für die Theorie der Erkenntnis, so ist auch für die Philosophie der Seele eine Abgrenzung sinnlicher Wahrnehmung vom begrifflichen Denken wesentlich:

»Die Sinnenseele nimmt das Sinnliche wahr und es gäbe nichts sinnlich Wahrnehmbares ohne die Sinneneinheit. Diese sinnliche Wahrnehmung aber ist undeutlich und grob von aller Unterscheidung entfernt; denn der Sinn nimmt wahr und unterscheidet nicht. Jede Unterscheidung stammt aus dem Verstand.«[16]

Cusanus differenziert wie Aristoteles Stufen des Seelischen. Dessen oberste Stufe ist im Menschen verwirklicht; ihr Charakteristikum ist der Geist. Dieser Begriff steht im Mittelpunkt der Schrift von Nikolaus von Kues »Idiota de mente« – »Der Laie über den Geist«:

»Der Geist ist das, aus dem Grenze und Maß aller Dinge stammen.«[17]

Zwar ist Geist nicht notwendig im Körper; im Menschen aber, und nur in ihm, sind Geist und Seele dasselbe,

»der Geist durch sich selbst, die Seele durch ihre Tätigkeit«.[18]

»Der Geist ist die grundbestandliche Gestalt oder Kraft, die in sich alles auf ihre Weise einfaltet, sowohl die beseelende Kraft, durch die er den Körper beseelt, indem jene diesen mit vegetativem und sinnlichem Leben belebt; wie die verständige, die vernunfthafte und schauende Kraft.«[19]

»Allein der Geist ist Abbild Gottes.« Der Geist ist »Abbild der unendlichen, alles einfaltenden Einfachheit«, denn:

137

»...alles, was nach dem Geist steht, ist nur insoweit Gottes Abbild, als in ihm der Geist selbst widerstrahlt. Stärker in den vollkommenen Tieren als in den unvollkommenen, stärker in den sinnlich empfindenden Lebewesen als in den Pflanzen und mehr in den Pflanzen als in den Mineralien... Die Kraft des Geistes, eine Kraft, welche die Dinge begrifflich erfaßt, vermag in ihren Tätigkeiten nichts, wenn sie nicht von sinnlichen Dingen angeregt wird... Sie bedarf des organischen Körpers, das heißt eines solchen, ohne den es keine Anregung geben könnte... Da die Seele aber nicht weiterkommen kann, wenn ihr jedes Urteil fehlt,... darum hat unser Geist ein ihm miterschaffenes Urteil... Dieses Urteil ist dem Geist von Natur aus miterschaffen; mit ihm urteilt er aus sich selbst über Verstandesgründe, ob sie schwach, stark oder schlüssig sind.«[20]

Geistige Fähigkeiten des Menschen haben ihren Sitz im Gehirn:

»Im vordersten Teil des Kopfes... ist ein Geist... wenn die Seele sich seiner als Werkzeug bedient, wird sie feinsinniger, so daß sie selbst, wenn ein Ding nicht anwesend ist, seine Form in der Materie erfaßt. Diese Fähigkeit wird Einbildungskraft genannt.«[21]

»Die Kraft des Geistes ... vermag in ihren Tätigkeiten nichts, wenn sie nicht von sinnlichen Dingen angeregt wird... Sie bedarf des organischen Körpers ... ohne den es keine Anregung geben könnte« – dies besagt, daß geistige Vorgänge mit körperlichen eng verknüpft sind. Wiederum ist zu erkennen, daß Nikolaus von Kues alles andere war als ein puristischer »neuplatonischer« Philosoph, der dem Denken die absolute Priorität zusprach. Zwar erbringt die sinnliche Erfahrung »nur« Anregungen, aber das Wort »Anregung« wird doch so extensiv gedeutet, daß es ohne Anregung überhaupt keine richtige Erkenntnis geben kann.

Die Seelenlehre des Nikolaus von Kues ist nicht sehr originell, lehnt sie sich doch weitgehend an Aristoteles an; für beide ist die Seele eine Art ganzheitliches Prinzip (Cusanus nennt es »Einfaltung«) des lebendigen Körpers. Nikolaus von Kues lehrt, daß das Seelische mit dem Körperlichen eng verbunden ist, legt sich aber hinsichtlich der genauen Beziehung nicht allzusehr fest. Diese Unentschiedenheit ist nicht unbedingt ein Makel. Ob Geist in philosophischem Sinne von Materie abhängt, ist bis heute umstritten und vermutlich eher zu verneinen; die Gesetze der Mathematik gelten wohl unabhängig von materiellen Gegebenheiten. Über die starke Abhängigkeit seelischer von körperlichen, insbesondere Gehirnvorgängen besteht andererseits kein Zweifel mehr. Wie im einleitenden Kapitel erläutert, gibt es aber erkenntnistheoretische Gründe für die Vermutung, daß eine *vollständige* Theorie der Leib-Seele-Beziehung prinzipiell unmöglich sein könnte; dann aber ist auch keine vollständige »objektive« Definition von »Seele« beziehungsweise »Bewußtsein« zu erwarten. Einzelne wesentliche Merkmale, die allerdings für sich allein keine Definition darstellen, lassen sich dennoch angeben. Dazu gehört als wichtigstes die Selbstreflexion. So sieht es Cusanus:

»Wenn ich nach der Bestimmung der Seele frage, was die Seele sei, besinne ich mich und überlege ich dann nicht?… Wenn ich mich über die Besinnung besinne, ist die Bewegung kreisförmig und sich selbst bewegend. Und daher ist die Bewegung der Seele, die Leben ist, dauernd, weil sie kreisförmig über sich selbst zurückgewendet ist.«[22]

Der tiefste Sinn unserer Bemühung um Wissen liegt in der höchsterreichbaren »Meta-Ebene« der Erkenntnis. Indem der Mensch über das Denken nachdenkt, kommt er zur Erkenntnis über sich selbst:

»Ziel der Schöpferkraft der menschlichen Natur ist wieder die menschliche Natur selbst. Indem sie erschafft, gelangt sie nicht aus sich heraus, sondern indem sie ihre Kraft entfaltet, gelangt sie zu sich selbst.«[23]

»Der Mensch ist nämlich Gott, allerdings nicht schlechthin, da er ja Mensch ist; er ist also ein menschlicher Gott. Der

Mensch ist auch die Welt, allerdings nicht auf eingeschränkte Weise Alles, da er eben Mensch ist; der Mensch ist also Mikrokosmos oder eine menschliche Welt.«[24]

Die Selbsterfahrung geistiger Fähigkeiten ist ein Weg zu innerer Ruhe, zum Glück:

»Wenn ich beabsichtige, etwas sinnlich wahrzunehmen, bewege ich die Sinne... Wenn ich mich dem Unkörperlichen zuwenden will, wende ich mich vom Körperlichen ab... und ich mache die Seele zum Werkzeug, das Unkörperliche zu sehen. Wenn ich die Wissenschaften zu begreifen beabsichtige, wende ich mich zur vernünftigen Kraft der Seele... In all diesem beabsichtigt sie nur das eine: Nämlich durch ihre verständige Kraft und Fähigkeit den Grund aller Dinge und ihrer selbst zu sehen und zu begreifen, auf daß sie sich, wenn sie spürt, daß der Grund- und Wesenssinn aller Dinge und ihrer selbst in ihrem eigenen lebendigen Wesenssinn ist, des höchsten Gutes, dauerhaften Friedens und *Wohlbefindens* erfreue. Denn was sucht der sinnbestimmte Geist, *der von Natur zu wissen begehrt*, anderes als den Grund- und Wesenssinn von allem? Und die Seele kommt nur dann zur Ruhe, wenn sie sich selbst kennt, was nur möglich ist, wenn sie ihr Verlangen nach Wissen beziehungsweise den ewigen Grund ihres Wesenssinnes in sich selbst, das heißt in ihrer verständigen Kraft und Fähigkeit, sieht und wahrnimmt.«[25]

## 3. Quantität und Erkenntnis

*Reflexionen über Mathematik und
Experiment, die gestaltende Kraft des Feuers
und das fast unendliche Universum*

Einige faszinierende Themen der Philosophie des Nikolaus von Kues sind von ganz spezifischem, naturwissenschaftlichem Interesse: so die mathematische Strukturierung der Wirklichkeit; Prinzipien der Strukturbildung; das quantitative Experiment; der Abschied vom übersichtlichen Weltbild des Aristoteles zugunsten eines riesigen Kosmos jenseits des räumlichen Anschauungsvermögens des Menschen.

Die verborgene Ordnung der Welt ist nicht in den schwankenden Eindrücken der Sinne, sondern in den ewigen Formen der Mathematik zu suchen:

>»Gott hat bei der Erschaffung der Welt sich der Arithmetik, der Geometrie, der Musik und der Astronomie bedient, Künste, die auch wir anwenden, wenn wir nach proportionalen Verhältnissen der Dinge, der Elemente und der Bewegungen forschen.«[26]

Wirklichkeit verstehen heißt, den erzeugenden Vorgang begreifen, der aus der Einheit die Vielheit, Unterscheidung bzw. Differenzierung (Nikolaus von Kues sagt wörtlich: Andersheit) entstehen läßt. So begründet, zum Beispiel, die Einheit der Zeit (etwa der Tag) die Dimension der Zeit und damit die Vielheit der Zeiten. Ähnliches gilt für jede Strukturierung, die sich mathematisch durch die Einführung einer Dimension erfassen läßt.

>»So ist die Ruhe die die Bewegung einfaltende Einheit. Bewegung ist, genau betrachtet, nacheinander geordnete Ruhe. Sie

ist also die Entfaltung der Ruhe. In gleicher Weise ist das Jetzt, das heißt die Gegenwart, die Einfaltung der Zeit. Die Vergangenheit war ja Gegenwart, die Zukunft wird Gegenwart sein. In der Zeit findet sich also nur geordnete Gegenwart. *Die Vergangenheit und die Zukunft sind die Entfaltung der Gegenwart.* Die Gegenwart ist die Einfaltung aller Gegenwarten und die gegenwärtigen Zeitmomente sind ihre reihenweise Entfaltung. Es findet sich in ihnen nichts als Gegenwart. Die eine Gegenwart ist also die Einfaltung aller Zeiten, und diese Gegenwart ist die Einheit selbst. Ebenso ist die Identität die Einfaltung der Verschiedenheit, die Gleichheit die der Ungleichheit und die Einfachheit die der Teilungen oder Unterscheidungen.

Wir wollen unsere Auffassung an den Zahlen erläutern: Die Zahl ist die Entfaltung der Einheit. Zahl aber bedeutet Verstandesbegriff. Der Begriff aber kommt aus dem Geist. Deshalb können die Tiere, die keinen Geist haben, nicht zählen. Wie also aus unserem Geist dadurch, daß wir durch einen Allgemeinbegriff vieles in seiner Vereinzelung erkennen, die Zahl entspringt, so entspringt die Vielheit der Dinge aus dem göttlichen Geist, in welchem sie viele ohne Vielheit sind, da sie ja in der einfaltenden Einheit sind.«[27]

An dieser Stelle möchte ich mich bei meiner Interpretation auf etwas dünnes Eis begeben: Ich sehe im Konzept der »Entfaltung der Einheit« wichtige Strukturmerkmale »moderner« Auffassung von Naturgesetzen, allerdings in noch unausgeführter, zudem mehrdeutiger Form. Die Grundgesetze der modernen Physik sind generativ: Sie betreffen die Entwicklung zukünftiger aus gegenwärtigen Zuständen. Die Physik führt quantitativ variable Größen in gesetzmäßige Zusammenhänge ein. So ergeben zum Beispiel die Gesetze der Bewegung die Veränderungen von Positionen in Abhängigkeit von der Zeit. Dabei erfordert die Einführung jeder Dimension, wie Zeit, Position, Geschwindigkeit, Druck, Volumen, Temperatur, eine Maßeinheit. Dynamische Gesetze der Physik erfassen aber nicht nur Bewegungen von Körpern im Raum, sie erklären auch die Ausbildung von Strukturen aus einförmigen Anfangszuständen, sozusagen von Vielheit aus Einheit. Beispiele solcher »Selbstorganisation« sind die Kondensation von Wasser und die Bildung von Wolken am anfangs blauen Himmel.

Die Beispiele lassen sich mit Begriffen des Cusanus so interpretieren: In den physikalischen Grundgesetzen ist der Ablauf von Bewegungen in Raum und Zeit (zum Beispiel die Schwingungen eines Pendels) bzw. die Erzeugung differenzierter Teilstrukturen aus einförmigen Anfangsbedingungen (zum Beispiel die Bildung von Wolken am anfangs blauen Himmel) »eingefaltet«; das zeitlose Naturgesetz, das immer und überall gilt, betrifft die zukünftige Entwicklung: die »Ausfaltung« der Ereignisse in der Dimension »Zeit«, die sich – in Grenzen – durch mathematische Berechnungen erschließen läßt.

Nun läßt sich einwenden, die Begriffswelt des Nikolaus von Kues sei so stark mit der mittelalterlichen Philosophie verwoben, daß sie mit den Gesetzmäßigkeiten moderner Naturwissenschaften kaum etwas zu tun haben könne. Dem ist aber zu widersprechen: Verbindungen seiner Ideen zur Struktur der empirisch bewährten mathematischen Naturgesetze gibt es sehr wohl. Nicht, daß Nikolaus von Kues die Physik vorhergesagt hätte; aber umgekehrt enthält die moderne Physik manche Merkmale, die auf uralte Ideen der Philosophie zurückverweisen, und Nikolaus von Kues hat solche Merkmale für die Struktur einer aus seiner Sicht zukünftigen, noch zu schaffenden Wissenschaft postuliert: Die Wirklichkeit wird durch mathematische Konstruktionen des menschlichen Geistes wiedergegeben. Diese Konstruktionen enthalten generative, »erzeugende« Prinzipien. Darin ist die zeitliche Entwicklung »eingefaltet«, auch die Erzeugung struktureller Vielfalt aus einförmigen Anfängen.

Erkenntnisse über die Natur gewinnt man, so Nikolaus von Kues, durch Erfahrung, durch Abstraktion der erfahrenen Wirklichkeit im Verstand und durch Abstraktion der Abstraktion in der Vernunft. Die Vernunft erzeugt begriffliche Strukturen, die ihrerseits wiederum mögliche Erfahrung neu strukturieren – in diesem Sinne führt die Abstraktion von Wirklichkeit in der Vernunft wieder zu Rückfragen an die Natur, um weitere Erkenntnis zu gewinnen. Wie aber gelangt man zu Beobachtungen und Messungen, die sich für eine begriffliche Erfassung der Wirklichkeit eignen? Nikolaus von Kues entwirft Experimente mit der Waage. Sein Werk »Idiota de staticis experimentes« gehört mit den Dialogen über die Weisheit und denen über den Geist zu den drei Büchern, in denen sich der Erzähler von einem besonders weisen Laien, auf lateinisch einem »Idioten«, aufklären läßt. In dem Dialog über die Experimente mit der Waage schlägt der Laie eine Fülle von Versuchen vor. Manche davon sind wenig überzeugend, andere hingegen weisen in eine interessante Richtung. So werden Messungen angeregt, die den Stoffumsatz bei Pflanzen und den Stoffaustausch fester Stoffe mit der Luft betreffen:

> »Vergleicht man das Gewicht eines Holzstückchens mit dem Gewicht der Asche, die bleibt, wenn es verbrannt worden ist, dann weiß man, wieviel Wasser im Holz gewesen ist, denn nur Wasser und Erde haben Schwere.«[28]

Nein, man weiß dann immer noch nicht, wieviel Wasser im Holz war, da die zugrunde liegende Lehre der Elemente Wasser, Luft, Erde und Feuer nicht stimmt. Wenn man aber wirklich so experimentieren würde, dann würde man zunächst vermuten und schließlich beweisen können, *daß* sie nicht stimmt, und hätte Aussicht auf ein besseres Verständnis chemischer Vorgänge.

Realistischer wäre folgendes Experiment:

> »Würde man auf die eine Schale einer sehr großen Waage viele wirklich trockene Wolle legen und auf der anderen das Gleichgewicht mit Steinen herstellen, dann könnte man... die Erfahrung machen, daß das Gewicht der Wolle zunimmt, wenn Luft zur Feuchtigkeit hinneigt und daß es abnimmt, wenn sie zur Trockenheit strebt. Mit Hilfe dieses Unterschiedes könnte man die Luft wiegen und der Wahrheit nahekommende Mutmaßungen über Witterungsänderungen anstellen.«[29]

Das stimmt zwar auch wieder nicht – man mißt allenfalls den Anteil von Wasserdampf in der Luft. Der Wahrheit näher kommen aber schon die zitierten Mutmaßungen hinsichtlich der

Witterungsänderungen, auf die man durch eine Messung der Luftfeuchtigkeit schließen könnte.

Ein anderes interessantes Beispiel vorgeschlagener Experimente mit der Waage ist die Messung magnetischer Kräfte:

>»Ich meine, daß man die Kraft eines Magneten messen könnte, wenn man auf die eine Seite der Waage ein Stück Eisen und auf die andere einen Magneten gibt, so daß Gleichgewicht herrscht. Daraufhin ersetzt man den Magneten mit einem anderen Gegenstand von gleichem Gewicht und hält ihn über das Eisen, so daß das Eisen, das bisher im Gleichgewicht war, sich zum Magneten hin bewegt... Dann meine ich, kann man mittels des Gewichtes, das die Wirkung des Magneten aufhebt, diese als dem Verhältnis nach gemessene betrachten.«[30]

Eine ganze Reihe der vorgeschlagenen Experimente mit der Waage hätten, wären sie systematisch ausgeführt worden, zwar Prämissen widerlegt, an die die Teilnehmer des Dialoges geglaubt haben, aber dann doch mit einiger Wahrscheinlichkeit die Forscher auf die richtige Fährte gelockt. Und der Laie, der »Idiot« im Gespräch mit dem Rhetor, hält es für möglich, daß man schließlich mittels quantitativer Gewichtsmessungen »zu der Kunst gelangt,... wie alle guten Pläne von Schiffen und Maschinen entworfen werden müssen«. Der Rhetor war es zufrieden. Selbst im Laboratorium arbeiten wollte er nicht, aber er versprach, Forschung anzuregen und zu unterstützen: Man sollte bedeutenden Männern empfehlen, die Meßergebnisse aufzuzeichnen und in einem Buch zusammenzutragen, »... damit wir leichter zu vielen Dingen gelangen, die jetzt noch verborgen sind«; er selbst werde nicht nachlassen, allenthalben zu fördern, daß das geschieht.

Von den naturphilosophischen Spekulationen des Cusanus sind seine Gedanken über das *Feuer* interessant, seine Ideen über den *Kosmos* revolutionär. Hinsichtlich des *Feuers* ist man an die Lehre des Heraklit erinnert:

»Zum Feuer verhält sich die Erde gleichsam so wie das Weltall zu Gott. In seinem Verhältnis zur Erde hat das Feuer nämlich viel Ähnlichkeit mit Gott. Es gibt keine Grenze seiner Macht, es wirkt, durchdringt, erleuchtet alles auf der Erde, es unterscheidet und formt alles vermittels der Luft und des Wassers, so daß gewissermaßen in allem, was aus Erde wird, nichts sich findet als immer verschiedene Wirksamkeit des Feuers. Das Feuer ist mit den Dingen vermischt, ohne die es selbst nicht ist, während ohne es die irdischen Dinge nicht sind...«[31]

Wie das Feuer des Heraklit, das im Wandel der Erscheinungen und im Fluß der Ereignisse konstant bleibt, so ist auch das Feuer im Sinne des Nikolaus von Kues ein abstrakter Begriff der Naturerklärung, das dynamische, gestaltende Prinzip, das sich in allem findet, was aus »materiellen« Elementen entsteht. Wie Heraklit sieht Cusanus im Feuer ein göttliches Prinzip, wie für Heraklit ist es für ihn aber zugleich Erklärungsgrundlage der natürlichen Prozesse und zeigt im letzteren Zusammenhang durchaus eine Verwandtschaft mit dem ganz innerweltlichen, untheologischen Begriff »Energie« moderner Naturwissenschaft.

Die Lehre des Nikolaus von Kues vom *Kosmos* setzt ein mit einer theologischen Spekulation: Das Universum ist das vollkommenste, das größtmögliche Abbild des unendlichen Gottes. Deswegen ist es nicht »negativ« unendlich, sondern »privativ« unendlich. Dabei ist mit »negativ« unendlich gemeint: unendlich im mathematischen Sinne, in jeder Hinsicht jede denkbare Zahl übersteigend; diese Eigenschaft kommt nur Gott selbst zu, nicht aber seiner Schöpfung. »Privativ unendlich« heißt hingegen: endlich, aber unbegrenzt. Wenn das Universum alles umfaßt, was es gibt, kann es nichts geben, was das Universum sozusagen von außen begrenzt. Es gibt, so lehrt er, für uns kein Maß außerhalb der kosmischen Maße.

»Nur das absolut Größte ist in negativer Weise unendlich, darum ist es allein das, was es nach all seinen Möglichkeiten sein kann. Das Universum dagegen kann, obwohl es alles umfaßt, was nicht Gott ist, nicht negativ unendlich sein, obwohl es ohne Grenze ist und somit privativ unendlich. In dieser

Hinsicht ist es weder endlich noch unendlich... Obgleich demnach mit Rücksicht auf die unendliche göttliche Macht, die ohne Grenze ist, das All größer sein könnte, so kann es doch nicht größer sein, da sich die Möglichkeit des Seins oder die Materie dem widersetzt, denn diese läßt sich in Wirklichkeit nicht ins Unendliche erweitern. Und somit ist das All ohne Grenze, da sich ein tatsächlich Größeres nicht geben läßt, gegen das es abgegrenzt würde. Und somit ist es privativ unendlich. Das Universum ist nur in eingeschränkter Weise wirklich, um dadurch auf die beste Weise zu sein, welche die Bedingung seiner Natur zuläßt...«[32]

Der Kosmos im Ganzen als größtmögliches Abbild Gottes hat weder Mittelpunkt noch Umfang; er entzieht sich der geometrischen Anschauung des Menschen:

»Der Bau der Welt ist so, als hätte sie überhaupt überall ihren Mittelpunkt und nirgends ihre Peripherie, da ihre Peripherie und ihr Mittelpunkt Gott ist, der überall und nirgends ist.«[33]

Moderne Kosmologen haben ebenfalls einen endlichen Kosmos ohne Mitte und Umfang postuliert und gezeigt, daß ein solcher unserer »räumlichen« Anschauung widersprechender, »gekrümmter« Raum vom mathematisch-logischen Standpunkt aus durchaus möglich ist; in zwei statt drei Dimensionen kann man sich das Prinzip sogar anschaulich erklären – nämlich an der Oberfläche einer Kugel, die ja offensichtlich auch keine Mitte und keine Grenze hat und trotzdem endlich ist. Diese mathematische Form hatte Nikolaus von Kues nicht im Sinn, aber in seiner Theorie des endlichen und dennoch unbegrenzten Kosmos steckt doch ein bemerkenswerter, im späteren Verlauf der Wissenschaftsgeschichte bewährter Mut zu Unanschaulichkeit und Abstraktion.

Wenn der Kosmos keinen definierten Mittelpunkt hat, so muß es eine Illusion sein, daß die Erde im Mittelpunkt des Universums ruht. Ist sie aber nicht im Mittelpunkt, so ist anzunehmen, daß sie sich bewegt.

»Die Erde, die nicht Mittelpunkt sein kann, kann also nicht ohne jede Bewegung sein.«[34]

Bewegung ist relativ:

»Uns ist bereits klar, daß diese Erde in Wirklichkeit sich bewegt, wenn uns das auch nicht in der Erscheinung sich aufdrängt. Wir erkennen ja eine Bewegung nur durch einen Vergleich mit etwas Feststehendem. Wüßte jemand nicht um das Fließen des Wassers und sähe die Ufer nicht, während er sich auf einem Schiff inmitten des Wassers befindet, wie sollte der erkennen, daß das Schiff sich bewegt?«[35]

Daß die Erde nach kosmischen Maßstäben sehr klein ist und nicht die Mitte des Universums bildet, nimmt ihr keineswegs ihre Würde; im Gegenteil:

»Da es das Größte und Kleinste in den Vollkommenheiten, Bewegungen und Gestalten in der Welt nicht gibt... so stimmt es auch nicht, daß diese Erde das Schlechteste und Unterste ist.«[36]

So wird das ganze schöne Gedankengebäude des Aristoteles – die ruhende Erde im Mittelpunkt des Kosmos, um sie die wohlgeordneten Bewegungen der Himmelskörper –, das Weltbild, das die christliche Philosophie mit so großen Anstrengungen integriert und gedeutet hat, radikal in Frage gestellt zugunsten einer ganz anderen, viel umfassenderen, aber auch viel abstrakteren Vorstellung vom Kosmos. Ein Selbstbewußtsein des Menschen kann sich nicht mehr auf eine zentrale Position im Weltall berufen – darin findet er sich irgendwo und erlebt sich als verschwindend klein –, sondern auf die Fähigkeit seines Geistes, die Welt gerade in ihrer Unermeßlichkeit noch in wesentlichen Zügen zu verstehen. Eineinhalb Jahrhunderte später behauptete Giordano Bruno, ein großer Kenner und Verehrer des Cusanus, der viele seiner Gedanken aufgriff, die Unendlichkeit des Universums; zudem lehrte er, der Kosmos sei göttlicher Natur. Dies brachte ihm den Vorwurf der Ketzerei ein, und er wurde verbrannt. Etwa 200 Jahre nach Cusanus bekam Galilei die größten Schwierigkeiten mit der Inquisition, weil er sich für das Weltbild des Kopernikus einsetzte und für die Auffassung eintrat, daß sich die Erde bewege. Nikolaus von Kues behauptete das fast unendliche Universum, er lehrte, die Erde bewege sich und sei nicht im Mittelpunkt des Alls, und er vertrat die These, die Mathematik sei göttlicher Natur – zumindest wurde seine Philosophie oft in diesem Sinne verstanden; er wurde der Ketzerei bezichtigt, sowohl von den Franziskaner-Mönchen als auch von dem Heidelberger Professor Wenck; aber ihm passierte nichts, und es ist schwer vorstellbar, wie ihm etwas hätte passieren können. Das erste Jahrhundert der Renaissance war eine Zwischenperiode, die relativ viel an geistiger Freiheit bot. In dieser Phase war es sogar erlaubt, den gottlosen Epikur, den großen Theoretiker des Glücks, gut und interessant zu finden; das war vorher nicht möglich und auch sehr kurz danach schon nicht mehr opportun. Cusanus konnte es sich in seiner Zeit noch leisten, die Überlegenheit der menschlichen Vernunft über eine wörtliche Auslegung biblischer Aussagen zur Natur zu vertreten und dabei das Wort »absurd« zu verwenden:

»Ich schätze die Schriften des Moses sehr hoch und weiß, daß sie durchaus wahr sind, sofern ich auf die Absicht des Schriftstellers [!] hinsehe… indes hat Moses hinsichtlich der Art, wie die Welt geschaffen wurde, sich durchaus menschlich ausgedrückt, um die Wahrheit in menschlich erfaßbarer Form darzustellen. Wenn er sagt, Gott sei nichts von alledem, was gesehen oder abgebildet werden kann, er sei nur auf den Fußstapfen, die hinter ihm sind, sichtbar, so hat er damit hinlänglich ausgedrückt, er habe die Art und Weise der *nicht* zu schildernden Schöpfung *menschlich* dargestellt. Wenn daher die Weisen sagen, der unsichtbare Gott habe alles nach seinem Willen auf einmal erschaffen, so stehen sie mit der Intention Moses' in keinem Widerspruch… Sie stoßen sich daher auch nicht an dem Abweichenden der Erzählung der Zeit, der Benennung der Menschen, dem entgegengesetzten Laufe der nach der Erzählung mitten aus dem Paradies ausströmenden Flüsse noch anderem, das *vielleicht noch absurder* sein mag, sondern erbeuten aus dieser Absurdität einen geheimen Sinn voll tiefer Bedeutung.«[37]

So weit unsere Streifzüge durch Gedanken des Nikolaus von Kues, die im weiteren Sinne Möglichkeit und Struktur einer umfassenden Wissenschaft von der Natur ahnen lassen. Ich habe dabei aus dem Gesamtzusammenhang seiner Hauptwerke, besonders der »Belehrten Unwissenheit«, der »Mutmaßungen« und des »Laien über den Geist«, die vom Standpunkt des Naturwissenschaftlers aus wesentlichen Gesichtspunkte darzustellen versucht und dabei möglichst Nikolaus von Kues in seinen eigenen Texten selbst zu Wort kommen lassen, und zwar in ausgewählten, manchmal zusammengezogenen und aus verschiedenen Büchern zusammengestellten Beispielen. Weder die vielen Beziehungen seiner Ideen zu ihren Vorbildern und Vorläufern von der ionisch-griechischen bis zur spätmittelalterlichen Philosophie noch die Fortentwicklung seines eigenen Entwurfs in den Alterswerken kamen dabei zur Sprache.

Man muß kein Fachphilosoph sein, um zu erkennen, daß damit die Philosophie des Nikolaus von Kues in ihrem Gesamtzusammenhang nicht zur Geltung kommt – das war auch nicht die Absicht und läge angesichts ganzer Bibliotheken von Sekundärliteratur auch völlig außerhalb der Möglichkeiten meiner Darstellung und Erzählung. Wer sich einen Eindruck vom geistigen »Flair« seiner Philosophie machen möchte, liest ohnehin am besten nicht ein Buch über ihn, sondern eines von ihm, zum Beispiel den ziemlich kurzen Text der »Mutmaßungen« oder die »Belehrte Unwissenheit«. Dort findet man, für Nikolaus von Kues sehr charakteristisch, mathematische, besonders auch zahlenmystische Analogien für philosophische Schlüsse, komplizierte begriffliche Auseinandersetzungen nach schulphilosophischer Manier und noch mehr theologische Argumente. Aber auch in schwierigen Teilen seines Werkes sind immer wieder Grundzüge seiner Philosophie erkennbar, die in den bereits zitierten, umgangssprachlich einsichtigen Passagen zum Ausdruck kommen: Das Universum erscheint als das größtmögliche Abbild der göttlichen Einheit – der Mensch als gottähnlichstes konkretes Wesen, als »menschlicher Gott«. In der geistigen Fähigkeit des Menschen zur begrifflichen Erfassung der Welt zeigt sich die enge Verbindung des Menschen mit dem Kosmos und seinem Schöpfer:

> »Es ist aber die menschliche Natur, die über alle Werke Gottes erhoben ist… Sie umschließt ja die ganze vernunfthafte und sinnenhafte Natur und faßt alles in sich zusammen, so daß sie mit gutem Grund von den Alten als Mikrokosmos oder kleine Welt bezeichnet wurde.«[38]

Wie groß die damit postulierte Reichweite des menschlichen Denkens tatsächlich ist, zeigte sich schließlich in der Entwicklung der modernen Naturwissenschaft mehr als in jeder anderen kulturellen Leistung. Diese wissenschaftliche Entwicklung nahm Nikolaus von Kues zwar nicht vorweg, aber seine Philosophie schließt doch von ihrer Logik her die »Möglichkeit Naturwissenschaft« ein, sie zeigt die Perspektive eines umfassenden Verständnisses der Wirklichkeit auf und ermutigt damit – halb bewußt und halb unbewußt – im Sinne des Lebensgefühls und der Aufbruchstimmung der frühen Renaissance dazu, ein solches Verständnis zu erarbeiten und zu realisieren. Schließlich muß die Suche nach gesichertem Wissen aber auf Grenzen stoßen, die auch durch beliebig große Anstrengungen nicht zu überwinden sind. Diese für den menschlichen Geist konstitutive Unwissenheit wird für Cusanus zu einem Hauptthema der Philosophie.

# 4. Die belehrte Unwissenheit

*… ist eine positive Erkenntnis über Grenzen*
*des theoretischen Wissens, die den Weg zur*
*intuitiven Schau freigibt*

Der Titel des ersten philosophischen Werkes des Nikolaus von Kues, die »Docta ignorantia«, die »Belehrte Unwissenheit«, auch übersetzbar mit »Wissen vom Nichtwissen«, bezeichnet eine geniale Idee: Das Denken selbst ist geeignet, die Grenzen der Wissenschaft auszuloten. In seinen späteren Werken, besonders im »Laien über den Geist« (»Idiota de mente«), kam er immer wieder darauf zurück. Cusanus unternahm den großangelegten Versuch einer Erkenntniskritik, in dem er die Selbstbegrenzung der Wissenschaft und ihre philosophische Interpretation in einer Weise thematisierte, die seine Gedanken für die Deutungsprobleme der modernen Wissenschaft und ihrer Grenzen sehr aktuell, interessant und anregend macht.

Diese hohe Einschätzung des philosophischen Ansatzes von Nikolaus von Kues läßt sich nach zwei Seiten hin kritisieren; zum einen durch den Hinweis, Grenzen menschlicher Erkenntnis seien doch ein viel älteres Thema der Philosophie, zusammengefaßt in dem Spruch des Sokrates: »Ich weiß, daß ich nichts weiß.« Das aber ist eine zu allgemeine Aussage, zudem ein ziemlich kokettes »Understatement«, denn in Wirklichkeit wissen wir eine ganze Menge; es ist keine wissenschaftliche Anleitung zur Erforschung der tatsächlichen Grenzen, die das Wissen erreichen kann. Auf der anderen Seite läßt sich darauf verweisen, daß erst die systematische Erkenntnistheorie seit Kant die Voraussetzungen der Erkenntnis in einer Weise analysiert hat, die den Ansprüchen professioneller Philosophie entspricht. Nikolaus von Kues' Ansatz sei unbestimmt und zudem stark verwoben mit theologischen Argumenten. Das trifft zu, aber wenn wir nach dem Keim, dem Ursprung und nicht erst nach der ausgebildeten Form einer Erkenntniskritik mit wissenschaftlichen Argumenten suchen, so finden wir sie eben doch angelegt in der »Belehrten Unwissenheit«.

Wenn im folgenden auf Verwandtschaften zwischen erkenntniskritischen Überlegungen des Cusanus mit solchen der entwickelten Naturwissenschaft hingewiesen wird, ist auch an dieser Stelle zu betonen, daß ein solcher retrospektiver Vergleich nicht auf die Behauptung hinausläuft, Cusanus habe das für uns heute Wesentliche damals bereits gewußt. Nicht vorweggenommenes Wissen, sondern vielmehr die strukturelle Ähnlichkeit seines philosophischen Entwurfs mit wesentlichen Zügen modernen wissenschaftlichen Denkens läßt sich aufweisen. Hierzu ist eine exakte Einordnung der philosophischen Aussagen des Nikolaus von Kues in den Gesamtkontext seiner Philosophie und deren verwickelten begrifflichen Rahmen nicht notwendig. Statt dessen lassen wir wiederum eine Auswahl von solchen Fragmenten für sich selber sprechen, die im großen und ganzen ein umgangssprachliches Verständnis zulassen.

Nach Cusanus ist wissenschaftliches Denken im Menschen angelegt und richtet sich auf »alles«:

> »Ein gesunder, freier Geist erkennt, so meinen wir, in liebendem Umfangen die erfaßte Wahrheit, um derentwillen sein natürliches Lebensgesetz ihn unermüdlich alles durchforschen läßt.«[39]

Erkenntnis ist jeweils bezogen auf etwas, das als erkannt vorausgesetzt wird:

> »Über eine noch nicht gesicherte Erkenntnis urteilt jede Forschung derart, daß sie diese hinsichtlich ihres proportionalen Verhältnisses zu einer vorausgesetzten Gewißheit in vergleichenden Bezug bringt.«[40]

Dies ist um so schwieriger, je länger die Kette der Erklärungen wird:

»Ist nun der Bezug des Untersuchungsgegenstandes, der diesen auf die Voraussetzungen zurückführt, naheliegend, so ist das Urteil über das Gewonnene leicht. Sind dagegen Zwischenglieder notwendig, so kostet es schwierige Arbeit.«[41]

Ein unendlicher Regreß ist nicht möglich. Grenzen gibt es besonders für die Erkenntnis der »körperlichen Dinge«, also der Natur:

> »Alle Forschung besteht also im Setzen von Beziehungen und Vergleichen, mag dies einmal leichter, ein andermal schwerer sein. Das Unendliche als Unendliches ist deshalb unerkennbar, da es sich aller Vergleichbarkeit entzieht... Bei körperlichen Dingen überschreitet volle Genauigkeit der Verbindungen und eine Angleichung des Bekannten an Unbekanntes... die Fähigkeit des menschlichen Verstandes...«[42]

Deshalb wollen wir das Nichtwissen verstehen, es also seinerseits wissenschaftlich erfassen; dadurch begreifen wir, inwiefern und inwieweit Erkenntnis dem Menschen »seinsgemäß« ist:

> »Da ... unser Verlangen nach Wissen nicht sinnlos ist, so wünschen wir uns... ein Wissen um unser Nichtwissen. Gelingt uns die vollständige Erfüllung dieser Absicht, so haben wir die belehrte Unwissenheit erreicht. Auch der Lernbegierigste wird in der Wissenschaft nichts Vollkommeneres erreichen als im Nichtwissen, das ihm seinsgemäß ist, für belehrt befunden zu werden.«[43]

Nun zu einigen Aussagen, die die Grundlagenprobleme entwickelter Wissenschaft berühren – die naturgesetzliche Unbestimmtheit der Physik; die mathematisch beweisbaren Grenzen der Formalisierung des Denkens; sowie einige finitistische Gesichtspunkte, die die von uns behauptete Beziehung zwischen Endlichkeit der Erkenntnis und Endlichkeit der Welt berühren.

Cusanus erkennt, daß Meßunschärfe prinzipieller Natur ist und nicht durch menschliche Anstrengungen vollständig aufgehoben werden kann; dies wiederum bedingt grundsätzliche Grenzen der Erkenntnis:

»Wir finden Gleichheit in gradweiser Näherung; etwas ist dem einen mehr gleich als dem anderen, gemäß der Übereinstimmung und Verschiedenheit von Gattung, Art, räumlicher Anordnung, Wirkfähigkeit, zeitlicher Ordnung mit ähnlichen Dingen. Aus all diesem ergibt sich, daß sich nicht zwei oder mehr so ähnliche und gleiche Dinge finden, daß sich ihre Ähnlichkeit nicht ins Unendliche steigern ließe. *Deshalb wird Maß und Gemessenes trotz aller Angleichung immer verschieden bleiben*. Mit Hilfe der Ähnlichkeitsbeziehung kann folglich ein endlicher Geist die Wahrheit der Dinge nicht genau erreichen.«[44]

Die Unbestimmtheitsrelationen der modernen Physik lassen sich, wie schon bemerkt, durch eine wissenschaftliche Analyse der physikalisch unvermeidbaren Meßungenauigkeiten einführen – durchaus in Analogie zum Grundgedanken des Nikolaus von Kues, daß Maß und Gemessenes immer verschieden bleiben. Die moderne Physik begründet die Meßunschärfe natürlich anders – und vor allem sehr viel genauer – als Cusanus: Die naturgesetzliche Unbestimmtheit betrifft nicht einzelne Meßwerte, sondern »komplementäre« Paare von Messungen, zum Beispiel von Ort und Geschwindigkeit. Diese Grenzen der Meßbarkeit gegenwärtiger Zustände haben insbesondere Grenzen der Berechenbarkeit zukünftiger Zustände zur Folge, und deswegen ist die Zukunft in wesentlichen Aspekten offen.

Die mathematische Entscheidungstheorie hat gelehrt, daß für leistungsfähige formale Systeme der Logik und Mathematik die Widerspruchsfreiheit eben dieser Systeme nicht mit den Mitteln des Systems selbst abgeleitet und garantiert werden kann. Eine Maschine, der man die Aufgabe stellen würde, ihre eigene Widerspruchsfreiheit zu beweisen, würde unendlich lange rechnen und nie zu einem Ende kommen. Der Schluß liegt nahe, daß jedes formale Denken auf intuitiven Voraussetzungen beruht.

Natürlich ist das Problem der Selbstbegründung des Denkens philosophisch gesehen sehr viel älter als die mathematische Entscheidungstheorie. Nikolaus von Kues, der intuitive Voraussetzungen des Denkens mit dem »Geist« in Beziehung setzt, läßt hierzu seinen »Idiota« sagen:

»Wer auf das ihm miterschaffene Urteil des Geistes achtet, mit dessen Hilfe er über alles Denken urteilt und auch bedenkt, daß das Denken aus dem Geist stammt, der sieht, daß kein Denken das Maß des Geistes erreicht. Also bleibt unser Geist für jedes Verstandesdenken unmeßbar, unendlich und unbegrenzbar.«[45]

Erkenntnis beruht auf Analysen; analytische Vorgänge aber haben eine physikalische Entsprechung, sei es im Nervensystem von Gehirnen oder in Schaltkreisen von Computern, jedenfalls in endlichen physikalischen Systemen. Die im Einleitungskapitel erwähnten Gesichtspunkte zu einer finitistischen Erkenntnistheorie weisen auf Grenzen der Erkenntnis hin, die mit der Endlichkeit der physikalischen Welt zu begründen sind: Endlich viele materielle Partikel können nur endlich viele analytische Operationen ausführen, um ein Problem zu entscheiden.

In der Lehre des Cusanus finden sich einige wenigstens entfernt verwandte Prämissen und erkenntnistheoretische Bezüge. Er behauptet: Es gibt kleinste Grundbausteine der Materie, die Atome. Obwohl sie nach unserer geistigen Anschauung teilbar sein sollten, sind sie »in Wirklichkeit« unteilbar:

»Der Betrachtung des Geistes gemäß wird das Zusammenhängende in immer weiter Teilbares geteilt, und die Menge der Teile wächst ins Unendliche. In Wirklichkeit aber gelangt man bei dieser Teilung zu einem Teil, der tatsächlich unteilbar ist. Dies nenne ich ein Atom... Das Atom ist die Quantität, die wegen ihrer Kleinheit als Wirklichkeit unteilbar ist.«[46]

Ist der Kosmos endlich, so ist es auch die Zahl der Atome. Von der Fähigkeit des Geistes, mit unbegrenzt großen Zahlen umzugehen, soll man sich nicht darüber täuschen lassen, daß jede Wirklichkeit endlich ist:

»Genauso hat in der Betrachtung des Geistes die Vielheit kein Ende. In Wirklichkeit aber ist sie begrenzt. Die Vielzahl aller Dinge fällt nämlich unter eine bestimmte Zahl, wenn diese uns auch unbekannt ist.«[47]

Das Universum ist »privativ« unendlich; das heißt, es ist zwar im mathematischen Sinne endlich, aber es gibt nichts Reales, was es umfassen könnte, und es ist unserer Anschauung nicht vollständig zugänglich. Solche Einsichten bilden eine Brücke zu der finitistischen Auffassung menschlicher Erkenntnis: Auch im Bereich des mathematisch *Endlichen* gibt es *prinzipielle* Grenzen der Erkenntnis, wenn die Vielfalt der Möglichkeiten zu groß ist, um sie alle einzeln zu prüfen.

Nikolaus von Kues sieht in den Grenzen des Wissens nicht eine negative, sondern eine positive Erkenntnis: Sie erfordern eine metatheoretische Deutung und verweisen auf die Voraussetzung allen Wissens. Cusanus findet diese Voraussetzung in Gott, dem er die Attribute »unendlich«, »Einheit«, »Zusammenfall der Gegensätze« zuschreibt; Gott ist das unendliche generative Prinzip der Welt, das sein endliches Abbild im schöpferischen Geist des Menschen hat. In dieser Erkenntnis findet der Mensch sein höchstes Glück, im geistigen Dasein ist er unsterblich. »Ewig« heißt nicht Fortsetzung, sondern Aufhebung der Zeit, da ja Zeit selbst erst die Entfaltung einer im Ursprung zeitlosen Einheit ist:

> »Die Zeit ist das Geschöpf der Ewigkeit. Sie ist nicht Ewigkeit, die alles zugleich ist, sondern ihr Bild, da sie in Aufeinanderfolge besteht.«[48]

Die Erkenntnisse der Grenzen von Wissen verweisen auf die Voraussetzungen des Wissens, die nicht mehr wissenschaftlich aufgewiesen, wohl aber intuitiv geahnt und umschrieben werden können. Dabei ist für Nikolaus von Kues der theologische Kontext vorgegeben und zwingend. Der naturphilosophische Gehalt seiner Erkenntnistheorie ist aber nur teilweise von seiner theologischen Interpretation bestimmt und bleibt auch unabhängig von ihr interessant, und zwar sowohl wissenschaftshistorisch wie auch wissenschaftstheoretisch.

Cusanus betont, daß hinter gegensätzlichen Begriffen ein einheitliches generatives Prinzip zu erkennen sei. Vom Standpunkt moderner Wissenschaft aus gesehen ist dies für Kontraste und

Strukturen der *physikalischen* Wirklichkeit einfacher einzusehen als für die begriffliche Strukturierung des menschlichen *Denkens*. Die physikalischen Gegensätze »heiß« und »kalt« zum Beispiel sind Gegenstand einer ziemlich perfekten Theorie, der Thermodynamik, basierend auf dem vereinheitlichenden Begriff der Temperatur. Die Ausbildung physikalischer Strukturen im Raum aus einförmigen Anfangsbedingungen (wie etwa die Entstehung von Wolken) läßt sich – mit Hilfe mathematischer Systemtheorie – auf der Grundlage physikalischer Gesetze verstehen. Die vereinheitlichenden physikalischen Gesetze und mathematischen Zusammenhänge liegen dabei noch ganz innerhalb des Bereichs formal-wissenschaftlicher Erkenntnis.

Was die Strukturierung des *Denkens* angeht, so ist das generative Prinzip gegensätzlicher Begriffe schwieriger zu fassen, es ist vielleicht mehr intuitive Ahnung als Wissen; es führt dafür aber auch eher an die prinzipiellen Grenzen des Wissens, auf die es Nikolaus von Kues besonders ankommt. Mit Hilfe der Mathematik versucht er, den »Zusammenfall der Gegensätze« im Bereich des Geistigen zu demonstrieren: Gegensätze fallen im Unendlichen zusammen. Eine Gerade, so argumentiert er, ist Grenzfall geschlossener Figuren, zum Beispiel von Kreisen, wenn die Größe der Figuren ins Unendliche wächst. Zwar ist ein Kreis niemals eine Gerade, aber die Gerade ist Grenzfall der größtmöglichen Kreise. Dieselbe Gerade aber ist, nach Cusanus, auch Grenzfall anderer Figuren – im Unendlichen fallen also die Gegensätze zusammen. Das Unendliche ist nicht der inhaltlichen Erkenntnis verfügbar, es ist nur einer unsicheren Intuition zugänglich und verweist auf die Voraussetzung alles Wissens.

Ein weiteres Beispiel: Der Gegensatz zwischen dem Größten und dem Kleinsten. Beide enthalten den Begriff des Unendlichen, und das eine ist die Inversion, eine Art Spiegelung, des anderen:

»Da das schlechthin und absolut Größte, demgegenüber es kein Größeres geben kann, zu groß ist, als daß es von uns begriffen werden könnte – ist es doch die unendliche Wahrheit – so erreichen wir es nur in der Weise des Nichtergreifens... Das Kleinste... ist das, demgegenüber ein Kleineres nicht möglich ist. Da nun das Größte von der oben geschilderten Art ist, so ist einsichtig, daß das Kleinste mit dem Größten zusammenfällt... Die größte Quantität ist ja doch die in ihrer Größe nicht übertreffbare Quantität, die kleinste Quantität die in ihrer Kleinheit nicht übertreffbare. Nun löse von der Quantität das Merkmal des Größten und des Kleinsten ab, indem Du im Geiste die Eigenschaft des Großen und des Kleinen abhebst, dann siehst Du deutlich, daß das Größte und das Kleinste zusammenfallen...«[49]

Das absolut Größte verweist auf Gott. Das Wissen vom Nichtwissen führt zur intuitiven »Schau« der Voraussetzung von Wissen:

»Unter dem Größten... verstehe ich das, demgegenüber es nichts Größeres geben kann... Und so ist das Größte das absolut Eine, welches alles ist. In ihm ist alles, da es das Größte ist und weil sich ihm nichts gegenüberstellen läßt, so fällt mit ihm zugleich auch das Kleinste zusammen. Deshalb ist es auch in Allem. Und weil es das Absolute ist, darum ist es alles mögliche Sein in Wirklichkeit.«[50]

»Der Geist... schaut alles ohne jede Zusammensetzung aus Teilen... alles eins und eines alles. Dieses ist die Schau der absoluten Wahrheit... Bei dieser erhabenen Weise bedient der Geist sich seiner selbst als Bild Gottes... [Der Geist] bildet Begriffe über das Eine, welches alles ist. Solchermaßen baut er theologische Betrachtungen auf, in denen er gleichsam im Endziel allen Begreifens freudig als in der köstlichsten Wahrheit seines Lebens Ruhe findet.«[51]

Erst in der intuitiven »Schau« jenseits der Grenzen des Wissens erscheint der Mensch als Teil der Weltordnung. Die Ordnung der Natur ist so geschaffen, wie sie ist, damit darin Lebewesen mit Geist möglich sind:

»So hat Gott durch die Bewegung des Himmels aus geeigneter [!] Materie ein Verhalten hervorgebracht, damit in dieser die Natur des Lebewesens in vollkommener Weise widerstrahle. Ihm hat er dann den Geist als lebenden Spiegel... hinzugefügt.«[52]

Etwas unvermittelt begründet schließlich Nikolaus von Kues auch die Ethik, das Gebot der Nächstenliebe, mit der Teilhabe des Menschen an der natürlichen Weltordnung:

»...Durch die Teilhabe am göttlichen Licht ist das gerecht und billig, was in sich die Einheit und die Verknüpfung enthält... Dieses Gesetz ›Was Du willst, daß man Dir tu, das füge Deinem Nächsten zu‹ stellt die Gleichheit der Einheit dar... Du siehst aber, daß in dieser schon erwähnten Gleichheit alle sittliche Kraft eingefaltet ist und daß es keine Tugend geben kann als in der Teilnahme an dieser Gleichheit.«[53]

Für moderne Leser sind nicht alle wiedergegebenen Argumentationsmuster in gleicher Weise einleuchtend, und die engmaschigen Verknüpfungen mit theologischen Gedanken können nicht jedermanns Sache sein. Eindrucksvoll bleibt, wie vielseitig die Kritik des menschlichen Erkenntnisvermögens hier angegangen wird und wie deutlich dabei zum Ausdruck kommt, daß eine Philosophie der Erkenntnis für das Selbstverständnis des Menschen von zentraler Bedeutung ist. Erkenntnistheorie bildete in der Folgezeit einen Schwerpunkt philosophischer Deutung der Naturwissenschaften. In der Gegenwart mögen andere Fragen – etwa die nach der Evolution – mehr in den Vordergrund der Diskussion gerückt sein, aber die tiefsten Einsichten ergeben sich vermutlich doch aus der Bemühung um Voraussetzungen und Grenzen jeden Wissens. Lassen wir als Resümee hierzu noch einmal Nikolaus von Kues selbst zu Wort kommen:

»Wir ziehen... den Schluß, daß die genaue Wahrheit im Dunkel unserer Unwissenheit in der Weise des Nichterfassens aufleuchtet. Das ist die belehrte Unwissenheit, die wir gesucht haben.«[54]

# 5. Theater im Himmel:
# Der Friede im Glauben

*…erfordert religiösen Pluralismus und Verzicht auf Gewalt im Vertrauen auf vernünftige Einsicht*

Die Reise von Konstantinopel nach Ferrara im Jahr 1437, auf der Nikolaus von Kues den Kaiser und den Patriarchen des byzantinischen Reiches zum Unionskonzil nach Italien begleitete, war für die Philosophie des Cusanus entscheidend. Am Konzil selbst hat er kaum noch teilgenommen; die Durchsetzung der Macht des Papstes gegen das Basler Konzil, die Kirchenreform und verschiedene diplomatische Aufträge, schließlich das Amt des Bischofs in Brixen banden ihn an Deutschland. Das Unionskonzil wurde schon in der Anfangsphase von Ferrara nach Florenz verlegt und endete 1439 in einem scheinbaren Erfolg, nämlich mit einem Kompromiß zwischen griechischer und römischer Kirche, der die Einheit wiederherstellen und Hilfe des Westens gegen die Türkengefahr sichern sollte. Bei ihrer Rückkehr nach Konstantinopel erlebten die Konzilstheologen aber eine herbe Enttäuschung: Die griechisch-orthodoxe Kirche lehnte den Kompromiß ab, die Union der Kirchen kam nicht zustande.

Nun folgte für Konstantinopel eine politisch relativ ruhige Zeit, zumal die Türken Schwierigkeiten an verschiedenen Grenzen ihres Landes hatten. Das änderte sich schlagartig, als 1451 Sultan Murat starb und dessen 21jähriger Sohn Mehmet an die Macht kam. Um allen Thronstreitigkeiten zuvorzukommen, ließ dieser seinen Bruder Ahmed ermorden. Eine Revolte im Innern des Landes schlug er schnell nieder. Er überquerte den Bosporus und baute zehn Kilometer nördlich der byzantinischen Hauptstadt in wenigen Monaten eine riesige Festung. Die protestierenden byzantinischen Gesandten ließ er köpfen. Bald begann er die Belagerung von Konstantinopel.

Geschützt war die Stadt von der Landseite durch Mauern von ungeheurer Stärke und von der Seeseite durch eine lange eiserne Kette, die den Hafeneingang zum »Goldenen Horn« versperrte. Mehmet ließ siebzig Schiffe an der Sperrkette vorbei über die Hügel transportieren; sie wurden, zum Entsetzen der Byzantiner, mit großem Pomp, vollbeflaggt und unter musikalischer Begleitung am »Goldenen Horn« unmittelbar vor Hafen und Stadtmauer von Konstantinopel zu Wasser gelassen. Um die Landmauern brechen zu können, beauftragte er einen ungarischen Geschützgießer, eine riesige Kanone zu bauen. Geschosse vom Gewicht einer halben Tonne schlugen von nun an Breschen in die Befestigungen. Durch eine solche Bresche stürmten die osmanischen Truppen am 29. Mai 1453 die Stadt. Der letzte oströmische Kaiser kam bei den Kämpfen ums Leben. Mehmet »Fatih« (der Eroberer) nahm die größte Kirche der Christenheit, die Hagia Sophia, für den Islam in Besitz.

Die Wirkung dieser Ereignisse auf Europa war ungeheuer – sowohl der endgültige, symbolträchtige Sieg des Islam über das oströmische Kaiserreich als auch die fortdauernde und nun verstärkte militärische Bedrohung christlicher Gebiete, zumal in Ungarn, dem Balkan und Italien. Angst und Trotz führten zu sehr verschiedenen Vorschlägen: Die einen forderten einen neuen Kreuzzug, andere wollten Mehmet zum Christentum bekehren und dafür seine Herrschaft über das ehemalige Byzanz endgültig anerkennen, wieder andere erstrebten nur eine »friedliche Koexistenz« christlicher und islamischer Reiche.

Nikolaus von Kues hatte sich schon lange mit dem Islam beschäftigt; bereits während des Basler Konzils befreundete er sich mit einem der besten Korankenner, dem Spanier Johannes von Segovia. Bei seinem Aufenthalt in Konstantinopel hatten ihm Mönche, die Arabisch lesen konnten, Texte des Koran übersetzt und erklärt. Er hat sich in verschiedenen Phasen seines Lebens und bei verschiedenen Gelegenheiten in unterschiedlicher Tonart über den Islam ausgesprochen. In Predigten bezeichnete er gelegentlich Mohammed als Lügner, aber unter dem Eindruck des Falles von Konstantinopel dachte er in erster Linie an eine versöhnliche Lösung. Dieser Gedanke entspringt bei Cusanus nicht, oder nicht nur, politischem Opportunismus, er fügt sich gut in die Gesamtlinie seiner Philosophie über die Einheit hinter der Verschiedenheit, den Zusammenfall der Gegensätze.

In seinem Aufruf zur Versöhnung setzte Nikolaus von Kues einen politischen Maßstab der Toleranz mit dem Ziel eines »Friedens im Glauben«. Die Schrift mit diesem Titel, die er im Jahr des Falls von Konstantinopel schrieb, hat die Form eines Theaterstückes, das zum Teil im Himmel spielt, mit einer Rahmenhandlung auf der Erde. Ein Weiser – anscheinend der Autor selbst – leidet unter den schlechten Nachrichten aus Konstantinopel und hat dabei eine Vision: Gott im Himmel beruft eine Ratsversammlung weiser Männer ein, die mit den »Gewohnheiten, die in den Religionen über den Erdkreis hin beobachtet werden, wohl vertraut sind, um eine einzige und glückliche Einheit zu finden und durch diese auf geeignetem und wahrem Weg einen ewigen Frieden in der Religion zu bilden«.[55]

> »Der König des Himmels und der Erde sagte, daß ihm aus dem Reiche dieser Welt traurige Boten die Klagen der Unterdrückten zu Ohren gebracht haben; daß viele um der Religion willen die Waffen gegeneinander kehren und in ihrer Macht die Menschen zur Abschwörung lange beobachteter Lehren zwingen oder sie töten. Es waren sehr viele Künder solcher Klagen, die von der ganzen Erde kamen, und der König befahl, sie in der Vollversammlung der Heiligen vorzuführen.«[56]

Ein Anführer als Vertreter all dieser Gesandten nahm das Wort und warf dabei die Frage auf, ob die Vielfalt religiöser Übungen und Gebräuche unvermeidlich, wünschenswert oder gar gottgewollt sei. Diese nicht uninteressante Frage bleibt allerdings offen, da in der Rede an entscheidender Stelle ein »oder« steht:

> »Wohl wird man die Verschiedenheit von Übungen und Gebräuchen nicht abschaffen können oder dies zu tun wird nicht förderlich sein, da die Verschiedenheit eine Vermehrung der Hingabe bringen mag, wenn jegliches Land seinen Zeremonien, die es Dir, dem König, gleichsam für die angenehmste hält, die aufmerksamste Bemühung zuwendet; doch sollte es

wenigstens so wie Du nur einer bist, nur eine einzige Religion und einen einzigen Kult von Gottesverehrung geben.«[57]

Auf diese Anrede hin erklärt Gott sein Verhältnis zu den Menschen:

»Er habe den Menschen mit seinem freien Willen in die Welt gesetzt und durch diesen Willen fähig gemacht, Gemeinschaft mit seinen Mitmenschen zu halten. Weil jedoch der tierhafte, irdische Mensch unter dem Fürsten der Finsternis in Unwissenheit darniedergehalten wird... habe er... den irrenden Menschen durch verschiedene Propheten... zurückgerufen.

Endlich, als all diese Propheten den Fürsten der Unwissenheit nicht hinreichend überwinden konnten, habe er sein ›Wort‹ geschickt, durch das er auch die Zeit erschaffen hat [gemeint ist Christus, der im Johannesevangelium als ›Logos‹, das ›Wort‹, bezeichnet ist]. Dieses bekleidet sich mit der Menschheit, um endlich auf diese Weise den gelehrigen Menschen mit freiem Willen zu erleuchten... Und da sein ›Wort‹ den sterblichen Menschen anzog, gab es in seinem Blut Zeugnis für jene Wahrheit, daß der Mensch ausgestattet sei für das ewige Leben... und daß jenes ewige Leben nichts anderes sei als das tiefste Verlangen des inneren Menschen, das heißt die Wahrheit, die er allein erstrebt und die, da sie ewig ist, dem Denken [intellectus] auf ewig Nahrung schenkt.«[58]

In dieser »Rede des himmlischen Königs« steckt ein großes Maß cusanischer Philosophie: Gott will den Menschen als Freien. Von spätantikem und frühmittelalterlichem christlichen Lebensgefühl ist nicht viel übrig, nichts von der Forderung, dem Wissensdrang abzuschwören und – auch gegen die Vernunft – zu glauben. Im Gegenteil, Christus überwindet die »Folgen der Unwissenheit«, und die Erkenntnis der Wahrheit wird zum obersten Ziel. Zwar ist damit eine höchste, religiöse Wahrheit gemeint, aber ihr wesentliches Merkmal ist, daß sie die Vernunft als oberste Stufe des Denkvermögens befriedigt.

Einige Jahre später kommt Cusanus in der »Gottesschau« auf

die Freiheit des Menschen zurück; in einer mystischen Vision spricht er Gott an:

»Du hast es in meine Freiheit gelegt, daß ich mein sein kann, wenn ich nur will. Gehöre ich darum nicht mir selbst, so gehörst auch Du nicht mir. Du machst die Freiheit notwendig, da Du nicht mein sein kannst, wenn ich nicht mein bin. Und weil Du das in meine freie Entscheidung gelegt hast, zwingst Du mich nicht, sondern erwartest, daß ich mein eigenes Sein erwähle... Wie aber soll ich mir selbst gehören, wenn nicht Du es mich lehrst?... Wenn... ich Dein Wort, das unaufhörlich in mir spricht und ständig in meinem Verstand leuchtet, höre, so gehöre ich mir selbst als Freier und nicht als Sklave der Sünde. Und Du wirst mein sein und mich Dein Angesicht schauen lassen...«[59]

Zurück zur Rede des himmlischen Königs an die Versammlung zum »Frieden im Glauben«: Nach der Verheißung des ewigen Lebens fügt Gott hinzu:

»Da dies getan worden ist, was bleibt da noch, das getan werden könnte und nicht getan wurde?«[60]

Hier antwortet nun das fleischgewordene »Wort« (Christus »der Logos«): Es gebe viele Irrtümer, die zu bekämpfen sind; »dies ist darum so, weil Du von Anfang an beschlossen hast, daß dem Menschen der freie Wille bleibe und, da in dieser sinnlichen Welt nichts beständig verharrt, wandelbare Meinungen... mit der Zeit sich ändern. Da jedoch die Wahrheit eine einzige ist und von einer freien Vernunft unmöglich begriffen werden kann, sollte die ganze Verschiedenheit der Religionen zu dem einzigen rechten Glauben geführt werden.«[61]

»Der König des Himmels und der Erde hörte das Seufzen der Ermordeten und Gefesselten und der in Knechtschaft Geführten, die dies um der Verschiedenheit ihrer Religionen wegen erdulden.« Und so wurde beschlossen, eine Versammlung in Jerusalem einzuberufen, um »alle Verschiedenheit der Religionen durch gemeinsame Zustimmung [!] aller Menschen einmütig auf eine einzige… Religion zurückzuführen«.[62]

Die Diskussion, die nun ausführlich geschildert wird, gibt sich in mancher Hinsicht ziemlich liberal, in anderer zeigt sie sich recht engstirnig. Wenn es ans Denken geht, herrscht Freiheit. Den alten griechischen Philosophen wird zugestanden, schon immer eine Weisheit gelehrt zu haben, die indirekt den Glauben an einen Gott voraussetzt, und das scheint für die Versöhnung mit dem Christentum auszureichen:

»Ihr geht unser Ziel, das wir erstreben, in der rechten Weise an. Ihr alle setzt, auch wenn Ihr verschiedene Religionen bekennt, in all dieser Verschiedenheit das Eine voraus, das Ihr Weisheit nennt.«[63]

Relativ großzügig sogar ist der Umgang mit polytheistischen Vorstellungen – dahinter stehe doch immer auch der Glaube an eine höchste Gottheit. Im späteren Verlauf der Verhandlungen greift der Apostel Paulus ein und bestätigt seinen Ruf, sinnenfeindlich zu sein. An der Verheißung des Paradieses in der heiligen Schrift des Islam moniert er, daß es dort »Ströme von Wein und Honig und eine Menge junger Mädchen« gibt, und es gebe doch viele Menschen auf der Welt, die dies verabscheuten. Zudem würden die Mädchen im Koran als dunkelhäutig und glutäugig geschildert. »Kein Deutscher würde in dieser Welt, auch wenn er den Gelüsten des Fleisches ergeben wäre, solche Mädchen erstreben« – behauptet Paulus. Immerhin, die Schlußfolgerung bezüglich des Paradieses im Koran ist doch versöhnlich: »Man muß also jene Versprechen als Ähnlichkeitsbilder verstehen.«[64]

Selbst hinsichtlich der Ethik gibt es keine Vorzugsstellung für eine bestimmte Religion, denn:

»Die göttlichen Gebote sind sehr kurz und allen wohl bekannt. Sie finden sich ganz allgemein in jedem Volk, denn das Licht, das sie uns zeigt, ist der vernünftigen Seele anerschaffen.«[65]

Gegen Ende der langen Verhandlungen, die wir hier nicht weiter verfolgen wollen, erklärt Paulus:

> »Wo sich keine Einmütigkeit in der Art und Weise der Religionsausübung finden läßt, möge man die Völker, sofern Glaube und Frieden bewahrt bleiben, bei ihren Andachtsübungen und Gebräuchen lassen. Vielleicht wird sogar die Hingabe aufgrund der Unterschiedlichkeit vergrößert, da jede Nation versuchen wird, ihren Ritus mit Eifer und Sorgfalt herrlicher zu gestalten, um die anderen darin zu übertreffen.«[66]

Damit räumt Paulus die Möglichkeit ein, die Vielfalt der Religionsausübung könne gottgewollt, zumindest gottgefällig sein. Als Ergebnis der Überprüfung der verschiedenen Religionen kommt die erlauchte Versammlung zu dem gutachterlichen Schluß, daß »alle Verschiedenheit der Religionen eher in den Riten als in der Verehrung des einen Gottes gelegen ist, den alle von Anfang an stets vorausgesetzt und in jeder Verehrung gepflegt haben... Es wurde also das einträchtige Zusammensein der Religionen auf die geschilderte Weise im ›Himmel des Verstandes‹ beschlossen.«[67]

Die Schrift »Friede im Glauben« zeigt, verglichen mit Meinungen in den Jahrhunderten davor und danach, einen bemerkenswerten Grad von Verständnis und Toleranz für fremde Religionen, verbunden mit einer klaren Absage an die Gewalt in religiösen Auseinandersetzungen, es sei denn für defensive Zwecke. Nach den Maßstäben unserer Zeit wäre das nicht genug; an der Führungsrolle des Christentums läßt Cusanus in seiner Schrift keinen Zweifel. Immerhin aber erreicht er wenigstens in etwa den Grad relativer Toleranz, den der Koran im Hinblick auf die »Besitzer der Schrift«, die Christen und Juden, vorsieht, eine Toleranz, die ebenfalls unvollkommen und mehrdeutig ist. Was die Schrift des Cusanus – sozusagen nebenbei – bekräftigt, ist der hohe Rang des Denkens und der Vernunft, der in verschiedenen Beziehungen zum Ausdruck kommt: im Vertrauen auf die Vernunft bei der Herstellung des Friedens in emotional aufs äußerste belasteten Konflikten, in der ganz undogmatischen

Anerkennung der klassisch-griechischen Philosophie und nicht zuletzt in der Umschreibung des erstrebten »ewigen Lebens« als »Wahrheit«, die dem vernunftgemäßen »Denken auf ewig Nahrung schenkt«.

# 6. Strukturen einer neuen Wissenschaft von der Natur

*... sind in der Philosophie des Nikolaus von Kues entworfen*

Cusanus sieht – fassen wir seine Philosophie über die Erkenntnisfähigkeit des Menschen zusammen – Wissenschaft als kreative Aufgabe des menschlichen Denkens mit offenem Ergebnis. Der Mensch als das Ebenbild Gottes, des Schöpfers der Welt, ist selbst ein »menschlicher Gott«, ein Mikrokosmos, in dessen Bewußtsein gedanklich das Universum, der »Makrokosmos«, enthalten ist. Er schafft die Welt in Gedanken. Die Übereinstimmung dieser Welt in seinem Kopf mit der wirklichen Welt ist gottgewollt; weil Universum und Mensch Abbilder Gottes sind, nähern sich Gedanken über die Welt der Wahrheit über die Welt an. Die vollständige Wahrheit allerdings ist allein Gott vorbehalten. Inhaltlich kann der Mensch über Gott nichts Konkretes sagen oder wissen; er vermag aber durch Denken die Grenzen seines Denkens zu erkennen und auf diesem Wege Voraussetzungen allen Denkens zu erahnen.

Die Ausarbeitung dieser Grundgedanken führte Cusanus auf wichtige Ansätze und Denkstrukturen der Naturwissenschaft im Sinne der Neuzeit: Zu wissenschaftlicher Erkenntnis gelangt man durch kreatives Denken in Begriffen und Formen der Mathematik sowie durch empirische Beobachtung wirklicher Vorgänge und Strukturen, und zwar auch in Form des quantitativen Experimentes. Da fehlt nicht mehr sehr viel zu dem Konzept: Die allgemeine Wissenschaft von der Natur wird eine mathematische Physik sein. Die permanente Streitfrage der Wissenschaftsphilosophie über das Verhältnis von Gedankenkonstruktionen und Sinneserfahrung löst Cusanus mit Klugheit: Beides ist nötig. Zwar sieht er in der sinnlichen Erfahrung »nur« Anregungen für das Denken, das letztlich die Rekonstruktion der Wirklichkeit aus sich selbst heraus schafft. Darin zeigt er sich als Mitbegründer und Anhänger der Modephilosophie seiner Zeit, des Neuplatonismus in der Ausprägung der Renaissance. Aber gerade in den Aspekten seines Denkens, die originell und zukunftsweisend sind, war er kein puristischer Platoniker. Im Rahmen seiner Philosophie bedeutet »Anregung« durch Erfahrung nämlich sehr viel: Sie ist ein notwendiges Glied im »zyklischen«, sich selbst aufschaukelnden Prozeß des Erkenntnisgewinnes; Anregung durch empirische Wahrnehmung; vernünftiges Begreifen; neue begriffliche Strukturierung; darauf aufbauend weitere Erkundung der Wirklichkeit, die zu neuen Anregungen führt; und so wiederum zu verbessertem Begreifen durch die Vernunft… Diesem Konzept entspricht eine für die tatsächliche Wissenschaftsentwicklung durchaus fruchtbare Kombination in Theorie und Erfahrung.

In seinen Vorschlägen für Experimente mit der Waage demonstriert er erst recht, daß experimentelle Erfahrung für die Erkenntnis notwendig ist und durch intensives Nachdenken nicht zu ersetzen wäre. Dies wird dem wirklichen Wissenschaftsprozeß als Wechselspiel zwischen hypothetischem Entwurf, den sich daraus ergebenden Fragen an die Natur und deren Entscheidung mit Hilfe empirischer Daten am besten gerecht; besser jedenfalls als puristische Konzepte platonischer Philosophen, wonach das Denken eigentlich fast von selbst das Wissen generieren könne – besser auch als die These radikaler Empiristen, der Geist sei vor der Erfahrung eigentlich inhaltsleer.

Nach Cusanus ist die Struktur wissenschaftlicher Erkenntnis wesentlich durch die Mathematik bestimmt. Die Zahl ist eine ursprüngliche Schöpfung des menschlichen Geistes. Aus der Eins entfaltet sich die Zahlenreihe, und diese wiederum ermöglicht die quantitative Erfassung einer Dimension. Das Verständnis der Natur erfordert – so lassen sich die Aussagen des Cusanus vom wissenschaftlichen Erkennen interpretieren –, daß räumliche, zeitliche und anderweitig definierte Dimensionen quantifiziert und korreliert werden. Die Einheit der Zahl ist zugleich Symbol des Erkenntnisprozesses: Abstraktion läßt uns hinter der Verschiedenheit die Einheit erkennen. Damit kommt er dem modernen Konzept des mathematisch-physikalischen Naturgesetzes ziemlich nah: Naturgesetze sind Abstraktionen, die die Vielfalt von Naturerscheinungen einheitlich zusammenfassen und begründen. »Einheit« im Sinne des Cusanus läßt sich auch darin erkennen, daß Naturgesetze einfach, daß verschiedene Naturgesetze aufeinander beziehbar und daß sie miteinander kombinierbar sind, damit natürliche Prozesse und Eigenschaften der Natur aufgrund unveränderlicher, mathematisch formulierter Prinzipien verstanden werden können.

Möglich, daß diese Interpretationen etwas zuviel »Modernität« in die Ideen des Cusanus hineinlesen. Es soll nicht behauptet werden, daß er im Grunde die Struktur der Gesetze der Mechanik bereits richtig erfaßt hatte. Dies gelang erst eineinhalb Jahrhunderte später Galilei mit seinen Fallgesetzen, die eine mathematische Beziehung zwischen zwei *kontinuierlich quantifizierten* Größen darstellen, nämlich der zwischen Zeitdauer und zurückgelegter Strecke beim freien Fall. Bei Cusanus dominiert in den mathematischen Betrachtungen eher die ganze Zahl als das Kontinuum, und es geht ihm wohl zunächst um den Bezug zwischen qualitativen Einsichten und Zahlen, wie wir sie zum Beispiel in den Formeln der Chemie und in der Harmonielehre der Musik kennen. Doch auch ein solcher Ansatz enthält ganz wesentliche Bestandteile naturwissenschaftlichen Denkens, und die Auffassung physikalischer Grundgesetze als Beziehung zwischen Variablen liegt jedenfalls nicht außerhalb des logischen Rahmens der cusanischen Philosophie. In den »Experimenten mit der Waage« findet sich der Vorschlag:

> »Ließe man von einem hohen Turm einen Stein fallen, während aus einer engen Öffnung Wasser in ein Gefäß flösse, und würde man das in der Zwischenzeit ausgeflossene Wasser wiegen und mit einem Holz gleicher Größe dasselbe tun, könnte man dann nicht aufgrund der Gewichtsunterschiede von Wasser, Stein und Holz zum Gewicht der Luft gelangen?«[68]

Wir wissen, daß die Antwort »nein« ist: So kommt man nicht zum Gewicht der Luft. Aber so oder ähnlich würde man schließlich zu den Fallgesetzen gelangen. Galilei führte eineinhalb Jahrhunderte später seine Messungen hierzu an einer schiefen Ebene aus (nicht am Schiefen Turm von Pisa, das ist eine Legende) und benutzte für die Zeitmessung die Methode, die Cusanus in den »Experimenten mit der Waage« beschrieben hatte – die Verbindung des Prinzips der Wasseruhr mit der Messung von Gewichten. Erst auf diese Weise war die Genauigkeit erreichbar, die für die Untersuchung der Fallbewegung erforderlich ist.

Hierzu Galilei in den »Discorsi«:

> »Zur Ausmessung der Zeit stellten wir einen Eimer voll Wasser auf, in dessen Boden ein enger Kanal angebracht war, durch den sich ein feiner Wasserstrahl ergoß, der während einer jeden beobachteten Fallzeit aufgefangen wurde. Das in dieser Art aufgefangene Wasser wurde auf einer sehr genauen Waage gewogen.
>
> Aus den Differenzen der Wägungen erhielten wir die Verhältnisse der Gewichte und damit die Verhältnisse der Zeiten, und zwar mit solcher Genauigkeit, daß die zahlreichen Beobachtungen niemals merklich voneinander abwichen.«[69]

Die auf diese Weise gefundenen Fallgesetze aber stehen am Beginn der Mechanik bewegter Körper, die die moderne Physik begründete.

Neben der gedanklichen Strukturierung einer auf Erfahrung und Mathematik aufbauenden Naturwissenschaft ist die erkenntniskritische Dimension im Rahmen der cusanischen Philosophie von ganz besonderem Interesse, denn sie zeigt zumindest vage Verwandtschaften und Begründungszusammenhänge mit der erkenntnistheoretisch abgesicherten Selbstbegrenzung der entwickelten Naturwissenschaft unserer Zeit.

Manche sehen in den Ideen des Nikolaus von Kues Vorstufen zu Kants Kritik der reinen Vernunft, andere haben einer solchen Beziehung energisch widersprochen. Der Ansatz des Cusanus zum Denken über den Grund des Denkens zeigt durchaus eine Verwandtschaft zu späterer Vernunftkritik. Andererseits ist die Begründung seiner Ideen weit entfernt von der gedanklichen Strenge der Philosophie Kants und erreicht darum auch bei weitem nicht dessen philosophiegeschichtliche Wirkung. An diesem Punkt des Vergleichs kommt allerdings eine zweite, viel tiefere Frage ins Spiel: Wie weit hatte Kant recht? Kant war der scharfsinnigste Analytiker der Voraussetzungen und Grenzen der Erkenntnis in der Philosophiegeschichte, und doch hat er das Problem nicht verbindlich gelöst, obwohl er das selbst wohl glaubte – seine Analyse hat nur einen Teil der Philosophen halbwegs überzeugt. Die Physik hat zum Beispiel seine Auffassung vom – anschaulichen – Raum als Voraussetzung physikalischer Erkenntnis widerlegt. Damit wird aber auch der Anspruch in Zweifel gezogen, daß man durch strenge philosophische Schlüsse überhaupt zu *sicheren* Einsichten über *bestimmte* Voraussetzungen inhaltlicher Erkenntnis gelangen kann.

So erscheint der Denkansatz des Cusanus, auch wenn er philosophisch nur bescheidenere Ansprüche erfüllen kann, dann doch wieder in einem günstigeren Licht: Das menschliche Denken hat prinzipielle Grenzen, aber doch eine Reichweite, die mehr Abstraktion erlaubt und erfordert, als es unserer gewöhnlichen raum-zeitlichen Anschauung entspricht. Um diesem Denken Anspruch auf Wahrheit zuzugestehen, bedarf es einer Art Urvertrauens – Cusanus begründet es theologisch, aber das ist nicht die einzige Möglichkeit –, eines Urvertrauens in die menschliche Vernunft, die durch Gedankenschärfe allein nicht vollständig abzusichern ist, nicht einmal von einem Genie wie Kant.

Was die Selbstbegrenzung des wissenschaftlichen Denkens angeht, so finden sich in der modernen Naturwissenschaft und Mathematik durchaus Anklänge an die cusanische Philosophie. Die grundsätzlich unvermeidliche Ungenauigkeit jeder quantitativen Messung, auf der Cusanus insistiert, erinnert an die Unbestimmtheit der Quantenphysik. Die Voraussetzungen des Denkens im menschlichen Geist lassen sich nicht vollständig durch Denken erfassen: Diese seine These weist Ähnlichkeiten mit Gesetzen mathematischer Entscheidungstheorie über Grenzen der Formalisierbarkeit auf. Die Auffassung, die Vielheit der Dinge entspreche einer zwar endlichen, aber unfaßbar großen Zahl und das Universum sei »fast unendlich«, also endlich, aber nicht wirklich zu umfassen, hat auch Folgen für die Erkenntnis:

Die ganze Wirklichkeit läßt sich nicht vollständig eingrenzen, abbilden oder beschreiben, obwohl sie im mathematischen Sinne endlich ist – eine Auffassung, mit der in mancher Hinsicht unsere eingangs erwähnten »finitistischen« Argumente der Erkenntniskritik verwandt sind. An der Seelenlehre des Nikolaus von Kues ist die starke Betonung der Eigenschaft »Selbstbezug« bei seelischen Vorgängen besonders bemerkenswert, womit wiederum ein Problem angesprochen ist, das an Grenzen der Erkenntnisfähigkeit rührt.

Cusanus empfand, anders als die meisten »Ich weiß, daß ich nichts weiß«-Philosophen vor ihm, das »Wissen vom Nichtwissen« als ausgesprochen positive Einsicht: Die Grenzen der Erkenntnis, erkannt durch Reflexion des Denkens über sich selbst, geben die »Schau« auf intuitive Zusammenhänge frei. Dies gilt nicht nur für die »Schau« Gottes, auf die es Cusanus vor allem ankommt, es gilt auch für die intuitive Einsicht, daß »Alles in Allem« ist. Im Einzelnen zeigt sich das Allgemeine – das heißt, wie schon bei Aristoteles, daß man im genauen Studium des Einzelnen allgemeine Zusammenhänge erkennt. Die intensive Beschäftigung mit dem Detail, eine Voraussetzung wissenschaftlicher Forschung, wird so motiviert. Es bedeutet darüber hinaus, daß in der Wirklichkeit der »Natur« die Einzelerscheinung, besonders aber der einzelne Mensch etwas in sich Vollkommenes darstellt, was als Teil der Weltordnung die Achtung der Menschen verdient.

# 7. Scheitern in Tirol –
## Resümee eines Lebens

*…Kleinliche Praxis, große Gedanken*

»Verena und der Kardinal« – so oder ähnlich lauten Titel von Romanen, Dramen und Erzählungen Tiroler Heimatliteratur, in denen der Bischof Nikolaus von Brixen eine Rolle spielt, zumeist die Rolle des Schurken. Gerecht ist das natürlich nicht, und es scheint sich auch in Tirol ein Umdenken in der Beurteilung einer der bedeutendsten Persönlichkeiten anzudeuten, die in dieser Region gewirkt haben. Umgekehrt werden beschönigende Darstellungen eines von Edelmut erfüllten Reformers, dessen Bemühungen nur am Widerstand der Unverständigen, an schlechten Sitten, an egoistischen Interessen, wenn nicht gar an lokalen Chauvinismen scheiterten, von den wirklichen Ereignissen auch nicht gedeckt. Im ganzen ist das Regime des Nikolaus von Kues als Bischof von Tirol eine eher klägliche Geschichte, die einmal mehr Zweifel an dem Wunschtraum Platons erweckt, Philosophen zu Königen zu machen.

Die Einsetzung des Nikolaus von Kues als Bischof von Brixen im Jahre 1450 war von den üblichen Querelen begleitet. Herzog Sigismund von Tirol setzte zunächst die Wahl eines ihm genehmen Kandidaten durch, aber der Papst ernannte statt dessen einen anderen, eben Kardinal Cusanus. Derartiges sollte er normalerweise nicht tun, er durfte es aber, aus wichtigem Grund, in Ausnahmefällen doch, und den sah er in der damaligen Tiroler Situation gegeben. Nach mühsamen Verhandlungen wurde Cusanus in Brixen schließlich als Bischof anerkannt. Seine Aufgabe war es, so sah es der Papst wie auch Cusanus selbst, wirtschaftliche und politische Positionen zurückzufordern, die die Kirche in den vergangenen Generationen an den Herzog verloren hatte.

Nikolaus ging mit Eifer an die Arbeit. Im Prinzip, so wiederholte er in Abständen, sei die Brixener Kirche Herrin des Herzogtums Tirol, der Herzog ihr Vasall. Er intrigierte in Konfliktfällen mit den Schweizern wie auch mit den Bayern gegen die Interessen Tirols; er forderte die Erneuerung alter Lehensrechte und trieb Einnahmen, an die niemand mehr so recht gedacht hatte, mit Energie für die Kirche ein. Er erwarb neue Besitztümer. Er erhob Ansprüche auf die Einnahmen der Bergwerke, besonders der Silberbergwerke, die die Geldquelle des Herzogs für seine ziemlich ausschweifende Hofhaltung waren. »Sigismund der Münzreiche« wurde er genannt; die Politik seines Bischofs hätte ihn leicht zum »Münzarmen« machen können.

Kein Wunder, daß sich das Verhältnis zwischen dem Bischof und dem Herzog von Tirol zunehmend verschlechterte. Kürzeren Zeiten der Entspannung, der Verhandlungen, des Einlenkens in kontroversen Teilfragen folgten neue juristische Schachzüge und Intrigen. Es kam zu einem nie ganz aufgeklärten Mordanschlag auf den Bischof, den er selbst zu Recht oder zu Unrecht dem Herzog zuschob. Cusanus zog sich auf eine Burg in der Südostecke des Bistums zurück. Dort schrieb er auch das Buch »Der Beryll«, aus dem zwei der zitierten Absätze [4,51] stammen.

Mit besonderer Energie machte sich der Bischof an die Aufgaben der Kirchenreform. Hier lag vieles im argen. Auf Synoden und bei Visitationen wurden zum Beispiel Liebesverhältnisse von Pfarrern unterbunden und andere Unsitten der Zeit bekämpft. Dabei bekam allerdings auch das Volk von Tirol seinen Teil ab: weniger Feiertage; weniger Wallfahrten; keinen Käse, keine Eier an vielen Fastentagen; Verbot des Kartenspieles; kein Tanz am Kirchtag; 40 Tage Ablaß vom Fegefeuer bei Tanzverzicht auf der Hochzeit. Wen erstaunt es, daß Herzog Sigismund, freizügig, rauflustig, noch dazu ein Weiberheld, die populärere Figur abgab.

Nicht untypisch, dafür aber besonders folgenreich für den Bischof war die Art, wie er die Klosterreform anging. In Tirol gab es Frauenklöster, in denen Adlige ihre unverheirateten Töchter unterbrachten. Gewiß versprachen sie ein frommes Leben hinter Klostermauern, umgekehrt hatte man ihnen aber vermutlich das Versprechen gegeben, daß es dabei nicht allzu streng zuginge. So führten sie in den Klöstern ein ziemlich freizügiges Leben – Besuche empfangen, Besuche machen, Ausgang »in Zivil« zu verschiedenen Festen, Ausgang zum Baden, alles dies war erlaubt und wurde viel praktiziert. Das sollte nun aufhören. Am Brixener Klarissinnen-Kloster geriet Nikolaus von Kues an Maria von Wolkenstein, die selbstbewußte Tochter des bekannten Ritters und Sängers Oswald, der einige Jahre zuvor gestorben war. Zunächst kam er gut mit ihr aus und folgte ihren Ratschlägen, aber als es ernst wurde mit der Klausur, leistete Maria Widerstand. Der Bischof schickte schließlich Soldaten und Handwerker, um die Schlupflöcher für die heimlichen Ausgänge der Nonnen zuzumauern zu lassen. Maria versuchte vergeblich, die Sturmglocke zu läuten. Nach langem Hin und Her fand sie ein anderes, liberaleres Kloster, und der Bischof setzte sich in Brixen durch. Auf der Sonnenburg im Pustertal jedoch gelang ihm das nicht. Die anfangs schon genannte Verena von Stuben, Äbtissin der Benediktinerinnen des Klosters Sonnenburg, wehrte sich mit Energie, List und Ausdauer gegen die Reform. Sie wurde samt ihren Nonnen exkommuniziert; der Pfarrer des benachbarten Dorfes erhielt eine Anweisung des Bischofs, die Kirchgänger sollten nach der sonntäglichen Messe Kerzen anzünden, einen Fluch gegen die Sonnenburg ausstoßen, die Kerzen löschen und die Stummel in Richtung des Klosters schleudern... Schließlich verlegte sich der Bischof auf eine Blockade des Klosters, indem er den Bauern des Dorfes Enneberg befahl, die Abgaben in Zukunft nicht mehr an die Sonnenburg zu leisten. Die energische Verena warb daraufhin eine Truppe von Söldnern an, um die Abgaben mit Gewalt einzutreiben. Die Enneberger Bauern erklärten, sie würden sich zur Wehr setzen. Vermutlich sicherten sie sich beim bischöflichen Amtmann Verstärkung aus der Umgebung. Die Söldner drangen in Enneberg ein, mißhandelten Bewohner und plünderten Bestände. Auf dem Rückweg aber gerieten sie in einen Hinterhalt und wurden fast alle erschlagen.

Was genau Cusanus hiervon gewußt beziehungsweise was er gewollt hat, ist nie herausgekommen. Zunächst geschah wenig; der Herzog war in Wien, und die Herzogin beteuerte gegenüber dem Bischof, die Söldner seien ohne ihr Wissen und ihre Zustimmung über ihr Territorium in das Gebiet des Bistums von Brixen gekommen. In der Folgezeit aber schlug die Stimmung um. Sigismund war außer sich über die anmaßende Tötung so vieler seiner Untertanen. Ein neuer politischer Berater des Herzogs trat auf den Plan, zugleich ein alter Bekannter und bewährter Feind des Cusanus – Gregor von Heimburg. Er hatte wohl erkannt, wie weit die »Enneberger Schlacht« die politische Kultur des Landes Tirol beschädigt hatte. Im Jahrhundert des Faustrechts war Gewalt üblich. Gab es ein Todesopfer, so folgten meist lange Verhandlungen, während deren es eher opportun war, Frieden zu halten. Über fünfzig Tote in einem einzigen, nicht sehr bedeutenden Abgabenstreit rührten jedoch an die Reste von Rechtskonsens im Land; so wandelte sich die »Enneberger Schlacht« zur Legende und der Bischof zum Schurken: Die Männer im Dienste der Verena hätten ihr nur Recht verschaffen wollen. Als sie angegriffen wurden, hätten sie sich ergeben; doch obwohl sie um Gnade gefleht hätten, seien sie, gemäß dem Befehl des Nikolaus von Kues, alle ermordet, nackt ausgezogen und ohne christliches Begräbnis den wilden Tieren zum Fraß überlassen worden. In der Tiroler Heimatgeschichte wurden schließlich aus den Söldnern der Sonnenburg brave Enneberger Bauern, die aus freien Stücken ihren hungernden Nonnen Hilfe bringen wollten: Die Schergen des Bischofs hätten die Bauern überfallen und getötet.

1458 wurde der Freund des Cusanus, Enea Silvio, zum Papst Pius II. gewählt. Cusanus verließ Tirol und nahm in Rom hohe Ämter in der Kirche und im Kirchenstaat wahr; nach Tirol kehrte er nur noch ein einziges Mal zurück. Der neue Papst betrieb mit Energie Vorbereitungen zum Kreuzzug gegen die Türken. Cusanus war in dieser Frage gespalten und im ganzen eher zurückhaltend. Andererseits war der Streit in und um Tirol ein Hindernis für die Pläne des Papstes; er brauchte dazu die deutschen Fürsten, und die waren zumeist auf der Seite des Herzogs Sigismund. Pius II. wollte den Zwist beigelegt wissen, um seine großen Pläne zur Befreiung Konstantinopels nicht durch eine Tiroler Provinzposse gefährdet zu sehen. Zur Vorbereitung des Kreuzzuges rief er zum Kongreß nach Mantua; der Aufruf wurde aber nur sehr zögernd befolgt. Immerhin kam Sigismund von Tirol, begleitet von seinem Berater, Gregor von Heimburg. Die geplante Aussöhnung mit Nikolaus von Kues mißlang, die Unterredung muß heftig gewesen sein; die »gros Mörderey« von Enneberg spielte dabei eine wesentliche Rolle. Sigismund, anfangs Befürworter, wandte sich nun gegen den Kreuzzug und reiste ab. Cusanus verbot durch Interdikt Gottesdienste in Tirol. Er begab sich nach Bruneck. Von dort verlangte er erneut Rechte über die Bergwerke; zudem verwickelte er sich in Intrigen mit Feinden des Herzogs, die als militärische Bedrohung gedeutet werden konnten. Nun griff Sigismund zur Gewalt: Er belagerte Bruneck und nahm den Bischof gefangen. Der unterschrieb einen Frieden, in dem er auf Bergwerksrechte verzichtete und auch sonst wirtschaftlich viel Federn lassen mußte. Freigelassen, reiste er nach Italien und widerrief den Frieden sofort, da er unter Zwang zustande gekommen sei. Der empörte Papst exkommunizierte den Herzog von Tirol und seinen Berater, Gregor von Heimburg.

Von nun an wird der Streit giftig. Pius II. fordert von der Stadt Nürnberg die Enteignung seines früheren Mitstreiters aus gemeinsamen Basler Zeiten, Gregor von Heimburg, »ein Sohn des Teufels, des Vaters der Lügen, besudelt mit dem Schmutze der Habsucht, und hingerissen von der glühenden Gier des Geizes...«. In einer wortgewaltigen Streitschrift entgegnete Heimburg: »Ich han mehr mildiglich gedienet denn Widergebung empfangen... ich han mehr liebgehabt frei reden denn smeicheln, das doch nit bestehen mag bei Lug und Geizigkeit.« Auch kommt er auf das amouröse Vorleben des neuen Papstes zurück. Die Kurie ließ in einer Antwort Heimburg einen »schmutzigen Wüstling« nennen, »ein in seiner Lustbefriedigung und bei seinem Fraße schwitzendes Vieh«. Nun fordert Heimburg Cusanus persönlich heraus: Er habe durch sein »dummes Geschwätz« von den Deutschen 200000 Gulden für die päpstliche Kasse eingetrieben. Er habe als junger Anwalt einen Prozeß gegen ihn, Heimburg, verloren; aus Wut darüber, daß er für einen Juristen zu dumm war, sei er Theologe geworden, noch dazu ein schlechter... So wurde schließlich der Streit um Tirol irreparabel.

Cusanus blieb in Rom. Hier hat er eine Reihe philosophischer

Arbeiten verfaßt, das »Kugelspiel« und die »Jagd nach der Weisheit«. In der Kirchenpolitik spielte er eine wechselnde, gelegentlich wichtige Rolle. Manchmal, wenn er die Vergeblichkeit seiner Bemühungen erleben mußte, dachte er an Rücktritt. Halbherzig ließ er Versöhnungsverhandlungen mit Herzog Sigismund führen. Zahlreiche Vermittler, darunter nacheinander zwei Dogen von Venedig, schalteten sich ein. Schließlich bevollmächtigte Sigismund den Kaiser, mit Cusanus eine Versöhnung auszuhandeln.

Zum Sommer 1464 verkündete Papst Pius II. den Beginn des Kreuzzuges gegen die Türken. In Ancona versammelten sich ein wenig eindrucksvoller Kriegerhaufen sowie eine Reihe venezianischer Schiffe. Enea Silvio selbst wollte den Kreuzzug führen. Dazu kam es nicht mehr, denn der Papst starb im Angesicht seiner Flotte am 15. August 1464. So wurde dem kümmerlichen Aufgebot erspart, sich mit der Armee Mehmet des Eroberers zu messen.

Vier Tage vorher, am 11. August, war Nikolaus von Kues in Todi gestorben. Er hatte wohl den Auftrag, bei der Sammlung der Krieger für den Kreuzzug zu helfen. In Todi bedrängten ihn bis zuletzt die Beschwerdeführer gegen seinen letzten Reformversuch – diesmal ging es um die Hospitäler von Orvieto. Er starb unversöhnt, nicht nur mit Herzog Sigismund, sondern mit dem Land Tirol, das er mit Kirchenstrafen zu blockieren suchte und dessen Bischof er doch bis zuletzt geblieben war.

Zweifellos kann man die Geschichte des letzten Lebensabschnittes des Nikolaus von Kues auch in etwas helleren Farben schildern. Es bleibt eine bemerkenswerte Diskrepanz zwischen der großzügigen philosophischen Gedankenwelt und der engherzigen Mentalitiät, die weite Strecken seiner praktischen Tätigkeit beherrschte. Grundsätze der Politik in seinem frühen philosophisch-theologischen Werk, der »Concordatio catholica« – »Was Alle angeht, damit sollen Alle übereinstimmen« – hat er in der Praxis kaum beachtet. Die Kirchenstrafen benutzte er im politischen Tageskampf, oft aus kleinlichen Anlässen, als ständiges Druck- und Machtmittel. Zinsen, Abgaben und Ablaßgelder wurden ohne erkennbare Selbstzweifel eingetrieben, wo immer dies opportun erschien. Die Rolle eines so aufgeklärten Mannes als Ablaßprediger ist besonders merkwürdig, das Einsammeln von Geldspenden, die zur Abkürzung der Strafe im Fegefeuer gegeben werden, paßt nicht gut zur Gesamtlinie seiner Philosophie. Irgendwie ergab die Verbindung des Philosophen und Kirchenmannes mit dem Kaufmann und Advokaten keine optimale Kombination für die Politik. Im wesentlichen scheiterte er daran, daß er es als Fürstbischof von Tirol nicht vermochte, kleine von großen Problemen zu unterscheiden.

In vieler Hinsicht stand er mit seinen eigenen Auffassungen an der Grenzlinie zwischen Mittelalter und Neuzeit. Er weigerte sich mit aufgeklärten Argumenten, zwei als Hexen angeklagte Frauen zum Tode zu verurteilen, aber vorläufig im Gefängnis behielt er sie doch. Er glaubte an Astrologie. Er glaubte auch an eine hierarchische Ordnung der Gesellschaft. Christentum hieß für ihn Erbarmen mit den Armen, aber nicht Bekämpfung oder gar Abschaffung der Armut. Die Ausbeutung der Bauern zur Vermehrung des Kirchengutes setzte er fort. Das war zu seiner Zeit keineswegs mehr selbstverständlich. Immerhin waren siebzig Jahre vorher die großen Bauernaufstände in England und Frankreich ausgebrochen, und John Ball hatte seine berühmte Predigt gehalten über den Satz: »Als Adam grub und Eva spann, wo war denn da der Edelmann?« Siebzig Jahre nach dem Regime des Cusanus stürmten Tiroler Bauern die bischöfliche Hofburg in Brixen und verbrannten die Zinsbücher; das eisenbeschlagene Tor zeigt noch heute die Spuren dieser Kämpfe. Hegte Cusanus selber nie Zweifel an seiner Haltung? Ein Dokument bezeugt, daß er solche zumindest vorübergehend doch hatte: Unmittelbar nach seiner Niederlage in Bruneck beklagte er sich bei einem Bischofskollegen, der ein ähnliches Schicksal erlitten hatte wie er, bitter über die Gewalttätigkeiten des Herzogs, fuhr dann aber fort: »Nehmen wir das Unrecht zu unserer Belehrung: Mir ist nun klargeworden, daß die Kirchen durch den Eifer ihrer Bischöfe in ihrem weltlichen Besitz nicht vermehrt, sondern nur erhalten werden sollen. Was über die Erhaltung hinausgeht, soll nicht in den Schatztruhen aufbewahrt werden, weil es den Armen gehört... Ich wollte die Kirche reicher machen und war knauserig gegen die Armen. Ich habe nicht damals, sondern erst jetzt gesehen, daß das falsch war.«[70]

Diese andere Seite seiner Persönlichkeit zeigt sich am deutlichsten in der großzügigen Stiftung, mit der er in seiner Heimatstadt Kues ein Hospiz gründete, in dem »33 abgearbeitete Greise über 50 Jahren« ihren Lebensabend verbringen durften. Hierfür brachte er mit seinem Bruder und seiner jüngeren Schwester das beträchtliche väterliche Erbe ein, dazu weitere Einnahmen aus seinen vielen Pfründen. Das Nicolaus-Cusanus-Stift besteht noch heute, nach einem halben Jahrtausend – eine Zeitspanne, die wenigen menschlichen Leistungen beschieden ist.

Im ganzen gesehen hatte nicht nur die Lehre, sondern auch das Leben des Nikolaus von Kues Format. Er war einer der ersten Bürgerlichen, die ohne Geld und Titel die ganz große politische Karriere machten. Er war befreundet mit den berühmtesten Humanisten seiner Zeit, darunter Enea Silvio; mit dem großen Mathematiker Toscanelli; mit den besten Kennern altgriechischer Philosophie, darunter Bessarion; mit den ersten Experten des Islam. Er selbst hatte antike wie mittelalterliche Philosophie intensiv studiert. Er erwarb für sich astronomische Instrumente, er zeichnete selbst eine Landkarte von Deutschland, er war durchaus neugierig auf reale Erkenntnisse und Erfahrungen.

Er war der erste, der – noch vor De Valla – aufgrund peinlich genauer Untersuchungen historischer Quellen die »Konstantinische Schenkung« als Fälschung bezeichnete und damit die Rechtsgrundlage des Kirchenstaates in Frage stellte.

Mehr als ein Zug seines Denkens erinnert an den großen, einsamen, verkannten Eriugena, der über ein halbes Jahrtausend zuvor die Freiheit des Menschen und seines Denkens über die Natur postuliert und praktiziert hatte. Der Theologe Johannes Keck drückte seine größte Bewunderung für Cusanus aus, indem er an ihn schrieb: Er, Cusanus, der als Verfasser der »Docta ignorantia« »weit und breit berühmt werde«, »...hätte gewiß die Verurteilung des Johannes Scotus Eriugena zu verhindern gewußt«.[71]

1470 verfaßte Pico della Mirandola seinen berühmten Aufsatz über die »Würde des Menschen«, in dem er die Freiheit des Menschen preist, sich zu tierischem oder gottähnlichem Wesen entfalten zu können. Nikolaus von Kues hatte Jahrzehnte zuvor die

Freiheit des Menschen als gottgewollt proklamiert. Er selbst nahm sich die Freiheit, gegen die Texte der Bibel das Weltall als unbegrenzt zu bezeichnen und zu bestreiten, daß die Erde im Mittelpunkt des Kosmos ruhe. In seiner Philosophie lehrte er den Blick auf die großen Zusammenhänge, aber auch die Achtung vor dem Einzelnen, da »Alles in Allem ist«. Dazu gehört die Achtung für den einzelnen Menschen; nicht zuletzt lehrte er, daß der Mensch sich selbst achten soll, auch das ein Geschenk der Renaissance nach dem düsteren Sündenbewußtsein des Mittelalters. Jeder Mensch ist verschieden, jeder hat seinen Wert in sich selbst, und jeder darf und soll sich mit seinen spezifischen Eigenschaften, seinen Fähigkeiten und seinen Lebensumständen gut finden. Selbstbewußtsein, darauf läuft die Weisheit des Cusanus hinaus, Selbstbewußtsein macht friedfertig:

»...Es gibt nichts im Universum, das sich nicht einer gewissen Einzigartigkeit erfreute, die sich in keinem anderen findet, so daß keines alles in aller Hinsicht... übertreffe... Die Individuationsprinzipien nämlich können in einem Individuum in genau der gleichen harmonischen Proportion nicht zusammentreffen wie in einem anderen, so daß jedwedes für sich selbst ein Eines, und, soweit möglich, Vollkommenes ist. Und wenngleich sich in jeder Art, etwa der des Menschen,... einige finden lassen, die gegenüber anderen in gewissen Dingen vollkommener und ausgezeichneter sind, so wie Salomon die anderen an Weisheit übertraf, Absalom die anderen an Schönheit, Samson die anderen an Stärke... so wissen wir nicht, da unterschiedliche Meinungen entsprechend der Verschiedenheit von Religionen, Sekten und Regionen Urteile vergleichsweise verschieden ausfallen lassen, so daß das nach der einen Auffassung Lobenswerte nach einer andern tadelnswert ist, und da es über den Erdkreis verstreut uns unbekannte Menschen gibt, so wissen wir also nicht, wer im Vergleich mit den übrigen Menschen der Welt sich besonders auszeichnet, weil wir nicht einmal einen aus ihnen allen vollständig zu erkennen vermögen.

Das ist von Gott so eingerichtet worden, damit jeder, mag er auch die anderen bewundern, in sich selbst sein Genüge finde und in seinem Vaterland, so daß ihm sein Geburtsort anziehend erscheint in den Landessitten, in der Sprache und in den übrigen Gegebenheiten, damit Eintracht und Friede ohne Mißgunst herrsche...«[72]

# IV. VOM ENTWURF ZUR ENTWICKELTEN NATURWISSENSCHAFT

# 1. Die Reise des Kolumbus

*...nach Amerika, ihre Vorgeschichte und ihre*
*Folgen für Wissenschaft und Technik:*
*Erfolg erzeugt Erfolg*

Nikolaus von Kues sah den Gewinn von Erkenntnis als schöpferischen Prozeß des Intellekts im Wechselspiel zwischen gedanklichem Entwurf und Erfahrung. Das Streben nach Wissen ein Abenteuer des menschlichen Denkens, eine Art geistiger Entdeckungsreise über das offene Meer? Der Vergleich mit der Seefahrt ist nicht nur eine vage Analogie. Erst das Vertrauen in die rein theoretische Einsicht, daß die Erde eine Kugel sei, verbunden mit Erkenntnissen über ihre Größe, erzeugten den Mut zur Seefahrt nach Westen. Der Erfolg war der größte Triumph des theoretischen Denkens und gab seinerseits neue Anstöße für die Wissenschaft. Daran war Cusanus nicht beteiligt; wohl aber spielte sein engster Freundeskreis in der Vorgeschichte dieses großen Abenteuers eine bemerkenswerte Rolle.

Zu den Testamentsvollstreckern des Nikolaus von Kues, die während der letzten Tage in Todi bei ihm waren, gehörten sein Jugendfreund, der Mathematiker Toscanelli, sowie der portugiesische Arzt Ferdinand Martinez de Rositz. Letzterer wurde Leibarzt und Beichtvater des portugiesischen Königs Alfons V. Die Portugiesen hatten mit ihrer Flotte entlang der Küste des schwarzen Kontinents das südliche Afrika erreicht. Die Kugelgestalt der Erde war in Seefahrerkreisen akzeptiert, und die Frage, ob man China und Indien auf einer Reise nach Westen erreichen könnte, lag sozusagen in der Luft. 1474, zehn Jahre nach Cusanus' Tod in Todi, schrieb Rositz – vermutlich im Auftrag des Königs – aus Lissabon an Toscanelli in Florenz und fragte ihn nach seinen Vorstellungen über die Westfahrt nach »Cathay«, nach China. Toscanelli antwortete:

»Obzwar ich schon zu anderer Gelegenheit mit Dir über einen Seeweg nach den Gewürzländern gesprochen habe, der wesentlich kürzer ist als Euer Weg, der über Guinea führt, trat Dein Durchlauchtigster König an mich mit dem Ansuchen heran, eine Erklärung oder besser gesagt, eine Beweisführung zusammenzustellen, die diese Angelegenheit recht deutlich vor Augen führt... Trotzdem ich mir bewußt bin, daß man diesen Beweis auch mit Hilfe eines Globus erbringen könnte, halte ich es dennoch im Interesse eines größeren Verständnisses für zweckmäßiger und einleuchtender, jenen Seeweg mit Hilfe einer Karte zu erläutern, wie man sie in der Schiffahrt verwendet. So habe ich Seiner Majestät eine von mir selbst gezeichnete Karte geschickt, auf der die Küsten Eures Landes, die Inseln, von denen aus Ihr Eure Fahrt nach dem Westen ohne jede Kursänderung antreten werdet, eingezeichnet sind... Die in der Längsrichtung der Karte verlaufenden geraden Linien geben die Ost-West-Entfernung an... Mithin ist die Meeresstrecke, die man durch noch unbekannte Gegenden zurückzulegen hat, nicht allzugroß. Dank meinen Angaben wird der aufmerksame Beobachter selbst in der Lage sein, für alles übrige Sorge zu tragen. Vale, dilectissime.«[1]

Zunächst geschah nichts, aber der Gedanke einer Westfahrt verbreitete sich weiter und erfaßte auch den ehrgeizigen Genueser Christoph Kolumbus, der sich als Kaufmann in Lissabon niedergelassen hatte. Er hörte von dem Gutachten Toscanellis und schrieb ihn etwa 1480 direkt an. Als Antwort erhielt er eine Abschrift des Gutachtens und außerdem einen Brief, der folgendermaßen beginnt:

»Deinen Brief und die mir zugesandten Gegenstände habe ich erhalten und darüber große Genugtuung empfunden. Von Deinem mutigen und großartigen Plan, auf dem Westwege, den die Dir übermittelte Karte anzeigt, zu den Ostländern zu segeln, nahm ich Kenntnis. Besser hätte er sich noch anhand einer runden Kugel klarmachen lassen. Es freut mich, daß Du mich recht verstanden hast. Der geschilderte Weg ist nicht nur möglich, sondern wahr und sicher...«[2]

Kolumbus, auf diese Weise ermutigt, unterbreitete seine Vorschläge der portugiesischen Krone. Allerdings unterschätzte er aufgrund falscher Annahmen und Maßeinheiten die zu erwartende Entfernung zwischen Portugal und China. Die königliche Gutachterkommission, die »Junta de Matematicos«, merkte das und lehnte seinen Antrag ab. Nach mehreren Bewerbungen an verschiedenen Stellen genehmigte schließlich Spanien den Plan. Die Berechnungen des Kolumbus waren noch immer nicht richtig; wäre zwischen Portugal und China auf dem Westweg kein Land, so wäre er nie irgendwo angekommen. So aber entdeckte er, was niemand vermutete: Land – Amerika – zwischen Europa und Asien. Er kehrte heim im Triumph. Nun war er nicht nur Admiral der Schiffe, sondern auch Gouverneur (»Vizekönig«) neuentdeckter Territorien. Als solcher jedoch versagte er kläglich; während seiner dritten Reise wurde er abgesetzt und mußte die Heimfahrt als Gefangener antreten. Zwar erhielt er nach der Rückkehr die Freiheit zurück, und es kam noch zu einer vierten Reise, aber den Rest seines Lebens verbrachte er in größter Verbitterung. Er behauptete bis zuletzt, nicht einen neuen Kontinent, sondern den Osten Asiens erreicht zu haben. Für die »Indianer« war ihre »Entdeckung« eine Katastrophe. Aber auch den Entdeckern gereichte sie, wie das Beispiel des Kolumbus zeigt, nicht immer zum Glück.

Die Rückwirkung der Entdeckung Amerikas und der folgenden großen Seereisen bis zur Weltumsegelung des Magellan hatte kaum zu überschätzende Folgen für die Geschichte Europas. Der Schwerpunkt politischer Macht verlagerte sich nach Westen. Der Horizont der Europäer war nun buchstäblich erweitert. Die Erfolge des theoretischen Denkens, das an der Entdeckungsgeschichte beteiligt war, erzeugten Selbstbewußtsein und neue Aufgaben für eine wachsende Anzahl von Gelehrten. Die Dynamik des Wechselspieles zwischen theoretischem Erkenntnisgewinn und der Praxis wird von nun an deutlich.

Der typische Globus im 16. Jahrhundert zeigt im Laufe weniger Jahrzehnte immer mehr Land mit immer klareren Konturen auf dem Westweg zwischen Europa und China. Auf dem ältesten Globus, anzuschauen im Germanischen Nationalmuseum in Nürnberg, der im Jahre der Entdeckung Amerikas von dem

Nürnberger Martin Behaim in Lissabon geschaffen wurde, gab es zwischen Portugal und Cathay fast nur Wasser. Die Gradmaße der Entfernungen stimmen so gut mit denen des ersten Gutachtens über die Westfahrt überein, daß man sie mit einiger Wahrscheinlichkeit auf dessen Autor zurückführen kann: auf den Humanisten, Mathematiker und Arzt Toscanelli.

## 2. Wer wenig weiß, dafür aber das Allgemeingültige, weiß viel

*Galilei, Kepler und Newton begründen die allgemeine Mechanik der Bewegungen*

In der zweiten Hälfte des 15. Jahrhunderts erfolgte eine immer enger Verknüpfung praktischer Ingenieurkunst mit theoretischer Wissenschaft. Erfinder wurden bewundert, und es gab erste Ansätze eines Patentschutzes. Zur selben Zeit erlebte die »Platonische Akademie« in Florenz, mitbegründet von dem alten Freund des Cusanus, Kardinal Bessarion, ihre Blütezeit und gab dem theoretischen wie dem spekulativen Denken starken Auftrieb. Wie weit führt das reine Denken? Kann die Natur aus sich selbst heraus erklärt werden – oder beruht wahre Erkenntnis auf einer Beziehung zum Übernatürlichen? Wissenschaftler suchten nach Ordnungen *innerhalb* der Natur; warum aber soll es nicht auch Zusammenhänge geben, wie sie die Astrologen, die Magier, die Kabbalisten oder die Alchemisten behaupteten? Geheimnisvolle, aber entschlüsselbare Bedeutungen biblischer Texte, die mit dem gewöhnlichen sprachlichen Verständnis nichts zu tun haben? Zusammenhänge zwischen Planeten – Konfigurationen einerseits und menschlichen Schicksalen bzw. Charaktereigenschaften andererseits? Zusammenhänge zwischen Farben chemischer Stoffe und, zum Beispiel, ihren heilenden Wirkungen in der Medizin? Es wäre ganz falsch, solche Ansätze von vornherein als irrational abzutun. Die Naturwissenschaft der frühen Neuzeit wurde nicht selten – und nicht ganz zu Unrecht – als »natürliche Magie« bezeichnet. Die moderne Wissenschaft ist ja selbst eine Suche nach zunächst *verborgenen* und eben deshalb geheimnisvollen Zusammenhängen – das gilt für die Physik in gleicher Weise, wie es für Astrologie und Alchemie zutrifft. Durch Denken allein kann man nicht entscheiden, welcher Zugang zur Wahrheit führt; dazu gehört auch die Bewährung in der Erfahrung.

Die empirische Bestätigung fiel schließlich zugunsten der mathematisch-naturwissenschaftlichen Erklärung und gegen die Zusammenhänge aus, die im Rahmen der Kabbalistik, Alchemie und Astrologie postuliert wurden. Die Offenheit für alternative Denkweisen war zunächst keineswegs unvernünftig; sie brauchten und sie hatten Chancen der Erprobung in der Kulturgeschichte. Eben deshalb ergibt sich aber im nachhinein auch die eindeutige Konsequenz, daß die moderne Naturwissenschaft keine zufällige oder politisch-ideologisch motivierte Verengung des Denkens ist; daß nicht auch andere, möglicherweise bessere Wege zur Wahrheit über die Natur geführt hätten, wenn man die Vertreter der Denkart, die man heute als »esoterisch« bezeichnet, nur hätte gewähren lassen. Tatsächlich sind im letzten halben Jahrtausend sehr, sehr viele gedankliche Alternativen ausprobiert und durchgespielt worden, die, geprüft an der Erfahrung, zu keinem befriedigenden Ergebnis geführt haben, so daß die »moderne« Naturwissenschaft ihren Anspruch auf Wahrheit zu Recht stellt; nicht auf die ganze, nicht auf die absolut sichere Wahrheit, aber doch auf die dem menschlichen Denken gegebene Form allgemeiner Erkenntnis über die Natur.

Im Jahre 1542 vollendete Nikolaus Kopernikus (1473–1543) sein Lebenswerk »De revolutionibus…«. Wie schon 1800 Jahre zuvor Aristarch von Samos behauptete er, daß die Erde nicht der Mittelpunkt der Welt sei, daß vielmehr die Sonne im Mittelpunkt stehe und die Erde wie die anderen Planeten sich in kreisförmigen Bahnen um die Sonne bewegten. Dieses Weltmodell gibt die Bewegungen der Planeten, die wir von der Erde aus am Himmel beobachten können, in ziemlich guter Näherung auf sehr viel einfachere Weise wieder als das alte, auf Aristoteles aufbauende, von Ptolemäus ausgearbeitete Weltsystem, das jedem Planeten eine komplizierte Kombination von Kreisbewegungen zuschreibt, während die Erde im Zentrum des Alls ruht.

Der wesentliche Gehalt der Ideen des Kopernikus verbreitete sich schnell in Europa und wurde viel diskutiert. Luther und Melanchthon fanden sie im Widerspruch zur Heiligen Schrift und zudem ganz unvernünftig. Die katholische Hierarchie hatte mit der Ausbreitung der Reformation andere Sorgen und schien zufrieden, solange derartige Weltmodelle als reine Hypothesen diskutiert wurden. Zwingend bewiesen war das aristarch-kopernikanische System wirklich noch nicht, aber mehr und mehr Sachkundigen erschien es doch als die attraktivere Alternative zu den bisher geltenden Vorstellungen.

Vielleicht sollte man das Weltmodell des Kopernikus noch der Vorgeschichte, nicht der eigentlichen Geschichte der neuen Naturwissenschaft zurechnen; deren Pioniere waren Galilei, Kepler und Newton. Galileo Galilei (1564–1642) entwickelte eine mathematische Mechanik bewegter Körper, ausgehend von den Fallgesetzen. Johannes Kepler (1571–1630) beschrieb die Bewegung der Himmelskörper in mathematischer Form. Auf der Grundlage solcher Vorarbeiten fand Isaac Newton (1643–1727) die Gesetze einer allgemeinen Mechanik, die in gleicher Weise auf der Erde und am Himmel gilt.

Statische Gesetze der Mechanik, wie zum Beispiel die Hebelgesetze, kannte man schon im Altertum. Galilei nun interessierte sich für die Gesetze der Bewegung, also für die Beziehung zwischen zwei kontinuierlich veränderlichen Zahlenwerten, nämlich Ort und Zeit. Sein wichtigster Modellfall wurde die Bewegung unter dem Einfluß der Schwerkraft, seine Methode das quantitative Experiment. Dabei waren Ortsmessungen leicht, genaue Zeitmessungen schwieriger. Um sie zu ermöglichen, benutzte er denselben Trick, den Nikolaus von Kues in den »Experimenten mit der Waage« vorgeschlagen hatte: Aus einem größeren Gefäß fließt Wasser durch ein dünnes Rohr. Die in einer bestimmten Zeit ausgeflossene Wassermenge wird mit einer Waage bestimmt. Im Experiment verlangsamte Galilei den natürlichen freien Fall durch eine künstliche Anordnung: Er ließ Kugeln eine schiefe Ebene – genauer gesagt: eine geneigte Rinne – herunterrollen. Diese Anordnung beruht ihrerseits auf einem theoretischen Konzept: die Zerlegung von Kräften und Bewegungen nach Dimensionen – senkrecht und waagerecht – im Raum. Um andere Kräfte neben der Schwerkraft vernachlässigen zu können, muß man sich auf ziemlich schwere Kugeln beschränken; mit Wollknäueln zum Beispiel würde das Experiment mehr über den Luftwiderstand als über die Schwerkraft aussagen. So aber fand Galilei das – quantitative – Fallgesetz: Der zurückgelegte Weg ist proportional zum Quadrat der Zeit. Er ist unabhängig von der Masse und Größe der Kugel. Er ist abhängig von der Neigung der Ebene, und zwar in berechenbarer Form.

Begonnen hatte Galilei mit diesen Untersuchungen zur Mechanik bewegter Körper als junger Professor der Mathematik an der Universität Padua. In der Folge stieg sein Ruhm besonders durch Entdeckungen auf dem Gebiet der Astronomie, die er mit Hilfe eines von ihm konstruierten Fernrohres am Himmel machte: Er sah als erster Mensch die Monde des Jupiter, den Ring des Saturn, die Gebirge auf dem Mond und die unzähligen Sterne der Milchstraße. Galilei war ein Anhänger des kopernikanischen Weltbildes, und dies brachte ihn schließlich in Konflikt mit der Inquisition. In einem Ketzer-Prozeß angeklagt, verbrachte er seine letzten Lebensjahre unter Hausarrest in einem kleinen Ort der Toscana. Dort vollendete er sein Alterswerk, die »Discorsi e dimostrazioni matematiche intorno a due nuove scienze«. Sie enthielten – unter anderem – den großen Entwurf einer Mechanik der Bewegung. Die Fallgesetze, die Wurfparabel und die Pendelbewegung werden unter einheitlichen mathematischen Voraussetzungen quantitativ behandelt. Die Botschaft heißt: Wenn man wenig weiß, dafür aber das Richtige, weiß man viel; wenige Gesetze der Physik erlauben es, mit Hilfe der Mathematik eine Fülle von Erscheinungen zu erklären. Kräfte erzeugen Änderungen der Bewegung. Bewegung selbst setzt sich auch ohne Kraft fort, und zwar mit gleichmäßiger Geschwindigkeit auf annähernd geraden Bahnen. Die Physik am Himmel soll dieselbe sein wie die auf der Erde. Wegen des Umlaufes der Planeten um die Sonne meinte Galilei allerdings, daß im Großen die kraftfreie Bewegung kreisförmig verläuft – nur sei die Krümmung so gering, daß man sie auf der Erde selbst nicht merke. Damit behielt er nicht recht.

Sehr viel weiter in Richtung auf ein Verständnis der Planetenbewegungen ist Kepler gekommen. Auch er suchte nach der physikalischen Erklärung. Zwar konnte Kepler dieses Ziel selbst nicht erreichen, aber er fand doch die mathematischen Formeln der Planetenbewegung, auf die etwa siebzig Jahre später Newton die Himmelsmechanik gründen konnte.

Kepler war schon als Student in Tübingen ein Anhänger des

kopernikanischen Weltbildes, mit dem ihn sein Lehrer Mästlin bekannt gemacht hatte. Mit 25 Jahren schrieb er »Das Weltgeheimnis«. In diesem Jugendwerk entwarf er durch geometrische Konstruktionen mit Hilfe der fünf regelmäßigen platonischen Körper ein Weltmodell: im Mittelpunkt die Sonne, darum sechs gedachte Kugelschalen, auf denen die sechs damals bekannten Planeten – darunter der Planet »Erde« – in bestimmten Abständen um die Sonne kreisen. Das Modell ist zwar nicht richtig, denn die Bahnverhältnisse stimmen nicht genau, und man entdeckte später auch noch weitere Planeten – interessant bleibt indes, was Kepler wollte: Er versuchte zu zeigen, daß Kopernikus Recht hatte *und* daß das Universum mit der Sonne im Mittelpunkt harmonisch ist, schön im mathematischen Sinne, mindestens so schön wie das Weltbild des Aristoteles.

Später wurde Kepler in Böhmen Mitarbeiter des dänischen Astronomen Tycho Brahe, der die Bewegungen der Planeten mit bis dahin ungekannter Genauigkeit beobachtete, und er verschaffte sich nach dem Tod Brahes Zugang zu den noch unveröffentlichten Meßdaten. Aus ihnen ergab sich, daß der Planet Mars keine echte Kreisbewegung um die Sonne ausführte. Die Abweichung ergibt zwar nur eine Differenz von acht Bogenminuten in der Stellung des Planeten am Himmel, aber diese kleine Abweichung war durch die große Genauigkeit von Tycho Brahes Beobachtungen gesichert.

Aufgrund solcher detaillierter Daten wies Kepler nun nach, daß die Planeten, die Erde eingeschlossen, keine Kreise, sondern elliptische Bahnen beschreiben, in deren einem Brennpunkt die Sonne steht; und daß sie sich während ihres Umlaufes in der Nähe der Sonne schnell, in größerer Entfernung langsam bewegen, und zwar nach einem einfachen mathematischen Gesetz: Die gedachte Verbindungslinie zwischen Sonne und Planet überstreicht in gleichen Zeiten gleiche Flächen. Dieses Ergebnis veröffentlichte er, inzwischen kaiserlicher Mathematiker in Prag, 1609 in seinem Werk »Neue Astronomie«. Weitere zehn Jahre später faßte er in seinem großangelegten, wenn auch schwer lesbaren Buch »Die Harmonie der Welt«, in dem es nicht nur um die Himmelskunde, sondern auch um Musik und Geometrie, um Metaphysik und die Seele geht, in einem kurzen Kapitel des letzten Bandes die Prinzipien seiner Astronomie zusammen und fügte dann die wohl wichtigste seiner Entdeckungen hinzu: Am 8. März 1618 tauchte der Gedanke daran zum ersten Mal in seinem Kopf auf, am 15. Mai kam er wieder und »besiegte in einem neuen Anlauf die Finsternis meines Geistes... Es ist ganz sicher und stimmt vollkommen, daß die Proportion, die zwischen den Umlaufzeiten irgend zweier Planeten besteht, genau das Anderthalbfache der Proportion der mittleren Abstände... ist.«[3] In moderner Sprache steht diese Beziehung als »Drittes Keplersches Gesetz« in den Physikbüchern: Die Quadrate der Umlaufzeiten der verschiedenen Planeten verhalten sich wie die dritten Potenzen ihrer mittleren Entfernungen von der Sonne.

Die Entdeckung der elliptischen Form der Planetenbahnen zeigt, daß das neue Weltbild, in dem sich die Planeten um die Sonne bewegen, stimmig ist und daß ihre Bahnen eine schöne mathematische Form haben. Mathematisch einfach und elegant ist auch das zweite Gesetz, das die Änderung der Geschwindigkeit während des Umlaufes eines Planeten wiedergibt, ebenso wie das dritte, das das Verhältnis der Umlaufzeiten verschiedener Planeten – die äußeren brauchen länger als die inneren – quantitativ darstellt. Mathematisch einfache Zusammenhänge natürlicher Vorgänge lassen vermuten, daß ihnen allgemeine physikalische Gesetze zugrunde liegen.

Keplers »Astronomia nova« hat den Untertitel »Himmelsphysik«. Kepler hielt eine von der Sonne ausgehende Kraft für erforderlich, damit die Planeten in ständiger Bewegung bleiben; er erkannte noch nicht, daß eine Anziehung zwischen Himmelskörpern allein ausreicht, um elliptische Bahnen zu erklären, und daß keine besondere Kraft notwendig ist, um Bewegung auf Dauer aufrechtzuerhalten. Dennoch tritt der Gedanke einer allgemeinen Anziehungskraft an verschiedenen Stellen seines Werkes auf, und zwar eher beiläufig, fast selbstverständlich. »Die Schwere besteht in dem gegenseitigen körperlichen Bestreben zwischen verwandten Körpern nach Vereinigung oder Verbindung.« »Wenn man zwei Steine an einen beliebigen Ort der Welt versetzen würde, nahe beieinander außer des Kraftbereichs eines dritten verwandten Körpers, dann würden sich die Steine ähnlich wie zwei magnetische Körper an einem zwischenliegenden Ort vereinigen...«[4] Bezeichnend hierfür ist auch eine Art Science-fiction-Geschichte, die erst nach seinem Tod erschien: »Somnium«. In einer merkwürdigen Verbindung von Physik und Zauberei wird hier eine Reise zum Mond beschrieben. Der ungeheuren Beschleunigung zu Anfang der Reise – man muß sich zusammenkauern, damit der Kopf nicht abgerissen wird; man muß Drogen nehmen, um den Schmerz zu bestehen – folgt ein sozusagen gewichtsloser Zustand (ähnlich dem des freien Falls): »Der Körper rollt sich zusammen, wie es die Spinnen tun«, heißt es phantasievoll im Text; in einer Fußnote dazu begründet Kepler mit rein physikalischen Argumenten die Aufhebung der Schwere im Übergang zwischen den Anziehungsbereichen der Erde und des Mondes: »Das geschieht, wenn der Körper vom Bereich der magnetischen Anziehung der Erde durch einen so großen Abstand getrennt war, daß die magnetische Kraft des Mondes überwog [!]...«[5] So nahe stand Kepler der Idee einer allgemeinen Gravitation.

Der Entwurf einer allgemeinen Mechanik und die Verbindung irdischer Physik mit der Himmelsphysik gelang Newton ein halbes Jahrhundert nach Keplers Tod. Das wichtigste seiner Grundgesetze lautet, daß die Veränderung der Geschwindigkeit, die ein Körper in der Zeiteinheit erfährt, der Kraft proportional ist, die auf ihn wirkt, und zudem umgekehrt proportional zu seiner Masse ist; etwas moderner formuliert: Kraft ist gleich Masse mal Beschleunigung. Wirken keine Kräfte – auch keine Schwerkraft –, so fliegt ein Körper geradeaus, und zwar nicht nur in irdischen, sondern auch in kosmischen Dimensionen. Es gibt verschiedene Typen von Kräften. Die Schwerkraft auf der Erde, die einen Stein nach unten fallen läßt, ist jedoch dieselbe Kraft, die zwischen Sonne und Erde wirkt. Alle Massen ziehen sich an, und die Kraft der Anziehung ist proportional zu den Massen sowie umgekehrt proportional zum Quadrat ihrer Entfernung. Es ist diese Schwerkraft, die die Erde und die anderen Planeten des Sonnensystems daran hindert, geradeaus zu fliegen, und sie statt dessen in geschlossene Umlaufbahnen zwingt. Newton zeigte, daß seine Mechanik alle drei Keplerschen Gesetze richtig erklärt: die elliptische Form der Planetenbahnen, die Veränderungen der Geschwindigkeiten während eines Umlaufes um die Sonne und die Abhängigkeit der Umlaufzeiten der verschiedenen Planeten von ihrem mittleren Abstand von der Sonne. Eine so genaue Übereinstimmung kann nicht zufällig sein. Keplers Gesetze entsprechen und bestätigen Newtons Mechanik.

»Kraft = Masse mal Beschleunigung« ist nicht die willkürliche Definition des Begriffes »Kraft«, sondern Grundlage einer allgemeinen Mechanik. Die dahinterstehende Idee heißt: Es gibt in letzter Konsequenz nur eine begrenzte Zahl von Kräften, deren Wirkung sich jeweils in mathematisch einfacher Weise darstellen läßt, um die Bewegung der Körper zu berechnen. So schreibt Newton in der Einleitung zu seinen »Principia«:

> »... Die rationale Mechanik wird die Wissenschaft der Bewegungen sein, die aus irgendwelchen Kräften hervorgeht, und der Kräfte, die zu irgendwelchen Bewegungen erforderlich sind... alle Probleme der Naturphilosophie scheinen sich um das eine zu drehen, daß wir aus den Bewegungsphänomenen die Naturkräfte herausfinden und dann aus diesen Kräften die übrigen Erscheinungen ableiten.«[6]

Kennt man Positionen und Geschwindigkeiten von Körpern und die zwischen ihnen wirkenden Kräfte, so kann man die zukünftigen Positionen und Geschwindigkeiten berechnen. Newton entwickelte auch die Mathematik, die für solche Berechnungen nötig ist, die Differentialrechnung, etwa gleichzeitig mit dem Philosophen Leibniz.

Analysiert man *Systeme* von Körpern mathematisch, so kann man *Eigenschaften* der Systeme ermitteln, einschließlich stabiler Zustände und periodischer Vorgänge. Allgemeiner gesagt: Die Mechanik ermöglicht es, mit Hilfe weniger Grundkenntnisse viele – darunter sehr wichtige – Schlüsse über die Natur zu ziehen. Voraussetzung hierfür ist allerdings, daß es tatsächlich gelingt, für die in der Natur wirksamen Kräfte einfache mathematische Formeln zu finden. Für die Schwerkraft erfüllt das Gravitationsgesetz diese Forderung in idealer Weise. Schon Newton fand weitere Beispiele einfacher Kraftgesetze; so ist zum Beispiel die

Kraft, die der Bewegung eines Körpers in einer zähen Flüssigkeit entgegensteht, der Geschwindigkeit des Körpers proportional. Was elektrische Erscheinungen angeht, so zeigte man gegen Ende des 18. Jahrhunderts, daß entgegengesetzt geladene Körper sich mit einer Kraft anziehen, die ebenfalls, wie schon die Schwerkraft, dem Quadrat des Abstandes umgekehrt proportional ist. Wie weit führt uns diese Art der Mechanik in Richtung auf eine allgemeine Physik? Läßt sie sich ausweiten, ergänzen, umdeuten, so daß sie schließlich Elektrizität und Magnetismus, Wärme und Strahlung, die Erscheinungen in den ganz großen Dimensionen des Kosmos, die Vorgänge in den unsichtbar kleinen Bereichen der Atome und Moleküle umfaßt? Lassen sich die Vorgänge des Lebens auf dieser Basis erklären? Die Tragweite mechanischer Prinzipien wurde ein Hauptthema der Forschung in den zweieinhalb Jahrhunderten seit Newton.

Für die schrittweise Erweiterung und Verallgemeinerung der Mechanik ist bereits die Integration der »Himmelsphysik« in die irdische Physik, wie sie Newton selbst erreicht hat, ein charakteristisches und lehrreiches Beispiel: Notwendig ist zunächst eine gewisse »innere Reife« des in die Physik zu integrierenden Wissensbereiches, wie sie für die Planetenbewegung mit den drei Gesetzen Keplers erreicht war. Außerdem kann ein Überdenken scheinbar gesicherter Voraussetzungen der Physik selbst gefordert sein, zum Beispiel der Abschied von dem Konzept, daß kraftfreie Bewegungen am Himmel kreisförmig verlaufen: Man muß einsehen, daß auch ein Planet geradeaus fliegen würde, stünde er nicht unter dem Einfluß der Schwerkraft der Sonne. Schließlich kam eine besondere Schwierigkeit hinzu, die Jahrhunderte später psychologisch nicht mehr leicht nachzuempfinden ist, die aber zur Zeit Newtons die Gemüter bewegte: Die Schwerkraft in Newtons Mechanik wirkt zwischen zwei Körpern über große Entfernungen hinweg und überbrückt einen anscheinend leeren Raum. Nun hängt die raum-zeitliche Anschauung von Körpern, Kräften und Bewegungen mehr von Erziehung und Lernen ab, als wir gemeinhin glauben, und ändert sich im Laufe der Geschichte mit dem Stand des Wissens. Zur Zeit Newtons galt es als ziemlich selbstverständlich, daß Kräfte nur durch Druck und Stoß zwischen Körpern übertragen werden. Die Behauptung, das sei unnötig, mißfiel besonders den einflußreichen Anhängern von Descartes, die auf den anschaulich-mechanistischen Vorstellungen ihrer Zeit bestanden, und löste endlose Diskussionen aus. Heute machen derartige Fernkräfte intuitiv keine sonderlichen Schwierigkeiten mehr.

Prozesse der Revision mechanischer Anschauungen haben sich später im Laufe der Wissenschaftsgeschichte wiederholt, in besonders drastischer Form bei der Begründung der Quantenphysik in unserem Jahrhundert. Schon vor dreihundert Jahren galt: Die Entwicklung der Mechanik kann eine Änderung – manche empfinden: eine Revolution – des jeweils vorherrschenden »mechanistischen Weltbildes« erfordern.

# 3. Die Physik wird Grundlage der Naturwissenschaften

*Ihre Gesetze erfassen Elektrizität und Magnetismus, Wärme und Strahlung, die Chemie und schließlich die molekularen Prozesse der Biologie*

Newtons Mechanik stand am Anfang einer Entwicklung, in der die mathematisch formulierte Physik – und besonders die Theorie von Bewegungen unter dem Einfluß von Kräften – immer weitere Bereiche erfaßte. Die Physik wurde allgemeine Erklärungsgrundlage von natürlichen Ereignissen in Raum und Zeit. Diese Erweiterung und Verallgemeinerung der Mechanik verlief allerdings nicht gleichmäßig; es gab Phasen der Stagnation wie auch dramatische Entwicklungen; es gab Umwege, Sackgassen und Irrtümer. Im ganzen gesehen ist aber die Geschichte des physikalischen Denkens seit Newton eine Geschichte des wissenschaftlichen Fortschritts. Hierzu im folgenden einige Zwischenstationen der Physik, Chemie und Biologie.

Was die Physik im engeren Sinne angeht, so wurde neben der mathematischen Begründung der theoretischen Mechanik fester Körper besonders die Erforschung der Elektrizität und des Magnetismus wichtig. Man lernte, daß Elektrizität und Magnetismus aufeinander bezogene Prozesse sind. Die theoretischen Erkenntnisse über elektromagnetische Kräfte ermöglichten schließlich die Umwandlung von mechanischer Energie in elektrischen Strom und umgekehrt von Strom in mechanische Energie. Licht erwies sich als elektromagnetische Welle.

Wie breitet sich Licht aus? Gibt es einen »Äther«, einen Träger für Schwingungen elektromagnetischer Wellen, analog zur Luft, die Träger der Schallausbreitung ist? Wäre die Antwort »ja«, so müßte genaugenommen die Lichtgeschwindigkeit von der Bewegung des Systems abhängen, in dem die Lichtgeschwindigkeit gemessen wird – zum Beispiel von der Bewegung der Erde, die sich um die Sonne bewegt. Das ist aber nicht der Fall: Die Lichtgeschwindigkeit ist die gleiche für alle »Bezugssysteme« – bewegte wie unbewegte. Diesen scheinbar einfachen Sachverhalt führten Anfang unseres Jahrhunderts Albert Einstein und Hermann Minkowski in die physikalischen Grundgesetze ein und begründeten so die »Relativitätstheorie«. Sie hat eine Reihe von gravierenden Folgen für das Verständnis von Raum und Zeit: Es gibt keinen im Raum feststehenden »Äther«, der als Träger der Lichtausbreitung fungieren könnte. In Bereichen sehr hoher Geschwindigkeiten, die der Lichtgeschwindigkeit nahekommen, versagt unsere Anschauung von Raum und Zeit vollkommen, mit scheinbar absurden Konsequenzen. Die Physik der Relativitätstheorie ist zwar abstrakter als die »klassische« Mechanik, aber sie ist auch in bestimmter Weise besonders »schön«: Die Grundgesetze der Physik nehmen nämlich eine symmetrische Form nicht nur in bezug auf die drei Dimensionen des Raumes, sondern auch in bezug auf eine Dimension proportional zur Zeit an. Zeit erscheint so als eine Art gleichberechtigte vierte Dimension der Wirklichkeit. Aus dieser Symmetrie ergaben sich neue, zuvor ungeahnte, aber in der Folgezeit experimentell bestätigte Konsequenzen von großer Tragweite, darunter die berühmte Einstein-Formel $E = mc^2$: Masse entspricht Energie – Energie ist gleich Masse mal dem Quadrat der Lichtgeschwindigkeit.

Schon Ende des vorigen Jahrhunderts war es gelungen, die Gesetze der Wärmelehre als Folge von Zufallsbewegungen der Atome und Moleküle zu erklären. Um die Jahrhundertwende wurde dann die Zusammensetzung der Atome aus positiv geladenen Kernen und negativ geladenen Elektronen entdeckt. Damit lag es nahe, das einzelne Atom als eine Art kleines Planetensystem anzusehen, in dem Elektronen um den Kern kreisen. Ganz falsch ist dieser Vergleich nicht, aber anschauliche Modelle dieser Art führten zu unauflösbaren Widersprüchen. Sie wurden durch die Quantenphysik überwunden, die einer Revolution naturwissenschaftlichen Denkens gleichkam. Unter Verzicht auf körperhaft-mechanische Vorstellungen ist sie von vornherein als Theorie des begrenzten Wissens konzipiert. Im Prinzip ermöglicht sie nur Wahrscheinlichkeitsaussagen; in vieler Hinsicht ist sie aber sehr genau: So sind zum Beispiel die stabilen Energiezustände von Atomen und Molekülen äußerst exakt berechenbar.

Entstanden ist die Quantentheorie als Physik der Atome; sie bedurfte aber *keiner* Erweiterung oder Änderung mehr, um auch die Verbindungen der Atome zu Molekülen qualitativ und quantitativ zu erklären: Sie führte ohne weiteres zum lange gesuchten Grundverständnis chemischer Vorgänge. Damit war die physikalische Begründung der Chemie geleistet; ein großer Schritt für die Erkenntnis der Einheit der Natur.

Die Chemie hatte als eigenständige Wissenschaft bereits einen sehr hohen Entwicklungsstand erreicht, lange bevor man *physikalisch* verstanden hatte, warum sich Atome zu Molekülen verbinden. Schon die Alchimisten des Mittelalters kannten eine beträchtliche Zahl chemischer Reaktionen. Im Laufe der Jahrhunderte hat sich das Spektrum bekannter Stoffe immer mehr erweitert. Um die Wende zum 19. Jahrhundert markierten quantitative Messungen von Stoffumsetzungen die ersten Versuche zu einer physikalischen Begründung der Chemie. Man entdeckte merkwürdige Zahlenverhältnisse von Gewichten – und, bei Gasen, von Volumina – der an der Reaktion beteiligten Substanzen. Obwohl damals der physikalische Nachweis von Atomen und Molekülen noch nicht möglich war, wurde doch die Atomhypothese immer mehr zur Erklärungsgrundlage für chemische Vorgänge. Sie besagt: Es gibt eine begrenzte Zahl von Elementen, die auf chemischem Wege nicht in andere Stoffe aufzuspalten sind. Ein Element besteht aus nur einer Sorte von Atomen. Die meisten Stoffe sind Moleküle, die aus mehreren, im allgemeinen verschiedenartigen Atomen bestehen. Diese Annahme erklärt die Zahlenverhältnisse der an Reaktionen beteiligten Substanzen. Manche Atome können nur eine Bindung zu einem anderen Atom eingehen, andere sind in diesem Sinne mehrwertig.

1869 entdeckten Lothar Meyer und Dimitrij Mendelejew voneinander unabhängig das »periodische System der Elemente«: Schreibt man die Elemente in der Reihenfolge der Atomgewichte zeilenweise auf, so kann man die Zeilenlängen derart wählen, daß untereinanderstehende Atome ähnliche Eigenschaften haben; so stehen, zum Beispiel, die einwertigen Metalle Lithium, Kalium und Natrium untereinander, ebenso die zweiwertigen Metalle Kalzium und Magnesium. Irgendwie sollte, das war zu ahnen, hinter dieser merkwürdigen Ordnung das physikalische Geheimnis der chemischen Bindung verborgen sein. Eine wichtige Erkenntnis hierzu ergab sich nach der Entdeckung des Elektrons: Die Folge der Elemente im periodischen System entspricht, so stellte sich heraus, der Anzahl der Elektronen im Atom; und vieles sprach für eine Anordnung von Elektronenbahnen in Schalen um den Kern. Dennoch – mechanisch-anschauliche Modelle dieser Art konnten nur in begrenztem Maße zur Deutung des periodischen Systems beitragen. Das physikalische Verständnis seiner »schönen« Ordnung und die Erklärung der chemischen Bindung ergaben sich erst durch die Quantenphysik. Diese faßt mögliche Energiezustände von Elektronen im Atom in Gruppen zusammen, die sich voneinander in wesentlich verschiedenen mittleren Abständen der Elektronen vom Kern unterscheiden. Im anschaulichen Sinne gibt es zwar keine Schalen um den Kern, auf denen sich Elektronen bewegen – in einem abstrakten, auf Mittelwerte bezogenen Sinn besteht aber dann doch eine Analogie zu einem Schalenaufbau des Atoms.

Die Quantenphysik erklärte nun die chemische Bindung, ihre Energie und andere Eigenschaften der Moleküle. Dabei spielten die »revolutionären« Merkmale der neuen Physik, wie sie auch Heisenbergs Quantenunbestimmtheit zugrunde liegen, eine Hauptrolle: nämlich die umgekehrte Beziehung zwischen dem Grad der Ortsfestlegung eines Elektrons im Molekül und der mittleren Bewegungsenergie des Elektrons. Die Quantenphysik ist inzwischen vollbestätigte Grundlage der Chemie geworden. Auf ihrer Basis werden auch Strukturen und Eigenschaften der »Moleküle des Lebens« verständlich, der Nukleinsäuren und der Proteine.

Frühe Versuche zur naturwissenschaftlichen Erklärung *biologischer* Vorgänge waren in der Geschichte der Wissenschaften zumeist mechanischer Natur. Als im 17. Jahrhundert William Harvey entdeckte, daß das Herz eine Pumpe ist, gab es viele weitergehende, überwiegend falsche Spekulationen über die Wirkung von Strömungen, Poren und Ventilen für die Prozesse des Lebens. Andere, zum Teil noch ältere Erklärungsversuche waren mehr an der Chemie orientiert und gehen auf Paracelsus zurück. Lebensvorgänge, so lehrte er, sind mit chemischen Vorgängen verbunden; Krankheiten können mit spezifischen chemischen Substanzen, nicht etwa mit einem einzigen Allheilmittel bekämpft werden. Aber auch diese Vorformen biochemischen Denkens konnten damals den Eigenschaften des Lebens nicht wirklich gerecht werden. Dafür waren noch viele systematische Untersuchungen zu Vererbung, Entwicklung und Regeneration der Lebewesen erforderlich. Man erkannte den Aufbau der Organismen und Organe aus einzelnen Zellen und wiederum der Zellen aus kleineren Organellen. Eine besondere Rolle für die Aufklärung biologischer Grundprozesse spielten die Untersuchung relativ einfacher Modellsysteme, beispielsweise der einzelligen Bakterien, sowie ein zunehmend besseres Verständnis der chemischen Vorgänge im lebenden Organismus. 1944 gelang Oswald T. Avery eine der größten Entdeckungen dieses Jahrhunderts: Nukleinsäure »DNS« ist Erbsubstanz. Die Aufklärung und das Verständnis ihrer Struktur durch James D. Watson und Francis H. Crick im Jahr 1952 stand am Anfang der molekularen Biologie, die es schließlich ermöglichte, Grundprozesse des Lebens – wie im Anfangskapitel besprochen – durch die physikalisch-chemischen Eigenschaften der beteiligten Moleküle verständlich zu machen. Von da an rückten auch die charakteristischen Eigenschaften höherer Organismen – komplexe Gestalten und komplexes Verhalten – in die Reichweite einer physikalisch begründeten Biologie.

Von herausragendem naturphilosophischen Interesse ist schließlich die Frage nach der *Entstehung* der Welt und ihrer Grundstrukturen. Die Wissenschaft kann nicht in jedem Fall vollständig erklären, warum etwas so geworden ist, wie wir es vorfinden. Hierfür spielen neben gesetzmäßigen auch chaotische Vorgänge eine Rolle; es gibt nicht nur naturgesetzliche Notwendigkeiten, sondern auch den naturgesetzlich unvorhersagbaren Zufall – zum Beispiel bei der Bildung von Stern- und Planetensystemen; zum Beispiel auch bei der Evolution von Lebewesen. Astrophysiker und Kosmologen haben nachgewiesen, daß unser Weltall von endlichem Alter und endlicher Größe ist, aber seine räumlichen wie auch zeitlichen Dimensionen sind ungeheuer; verschwindend klein und kurzlebig ist im Vergleich dazu der Mensch. Der Kosmos als Ganzes ist zwanzig Milliarden Jahre, die Sonne zehn, die Erde fünf, das Leben auf der Erde etwa drei Milliarden Jahre alt. Vieles spricht dafür, daß das Weltall in einer Art »Urknall« entstanden ist; ganz wesentliche Vorgänge bei der Strukturierung des Kosmos und der Bildung der Stoffe im Weltall spielten sich dabei in den allerersten Minuten, ja sogar in winzigen Bruchteilen der ersten Sekunde der Weltentstehung ab. Die Evolution des Lebens von den einfachsten Molekülen, die sich selbst vermehren können, bis zum Menschen erfolgte in Milliarden von Jahren im Zusammenspiel von zufälligen Veränderungen der Erbeigenschaften und dem Druck der Selektion; dieses Prinzip »Evolution« wurde im vorigen Jahrhundert erkannt, aber doch erst in der zweiten Hälfte dieses Jahrhunderts in einen molekularbiologisch-physikalischen Zusammenhang einbezogen, und es bleibt weiterhin Gegenstand intensiver Forschung mit vielen offenen Fragen.

Dies ist – in skizzenhafter Nachzeichnung – der Weg, der zur physikalischen Begründung der Naturwissenschaften und zur Erkenntnis der Einheit der Natur in den Grundgesetzen der Physik geführt hat. Nun ist die Physik der Gegenwart keine »fertige« Wissenschaft; im Bereich kosmologischer Zeiten und Räume sowie im Bereich hoher Energien, bei denen Elementarteilchen neu entstehen können, fehlt es uns noch an einem grundsätzlichen Verständnis. Eine Vielzahl von Wissenschaftlern arbeitet über diese Probleme, und der technische Aufwand ist sehr groß, wie zum Beispiel bei astrophysikalischen Beobachtungsstationen oder bei Anlagen zur Beschleunigung von Elementarteilchen in Umlaufbahnen von vielen Kilometern Länge. Wie weit die naturwissenschaftliche Forschung führen wird, ist schwer vorherzusehen. Hierzu zwei verschiedene denkbare Szenarien für die Zukunft:

Ein »rosa« Szenario könnte lauten: Im großen Lexikon des Jahres 2050 stehen unter »TOE« – »Theory of Everything«, »Theorie von Allem« – auf wenigen Druckseiten in allgemeinverständlicher Form Formeln und Erklärungen für die Eigenschaften der Elementarbestandteile der Materie und der zwischen ihnen wirkenden Kräfte. Unter »Kosmos« ist zu lesen, wie die verschiedenen Hypothesen aus dem davorliegenden Jahrhundert durch ein abstraktes, aber elegantes Raum-Zeit-Modell ersetzt wurden, das Ursprung, Zusammensetzung, Struktur, Entwicklung und Zukunft des Universums in großen Zügen erklärt. Die neue Formel, die die Kosmologie mit der Welt der subatomaren Teilchen verbindet, enthält in ihrer Verknüpfung von Raum, Zeit, Geist und Materie auch den Begriff »Bewußtsein«, der nun auch mit naturwissenschaftlichen Kriterien zu fassen ist. Die Grundprozesse abstrakten Denkens sind entschlüsselt. Die spezifisch menschlichen Eigenschaften sind durch die Struktur des menschlichen Gehirns verständlich, und die wesentlichen Schritte bei der Entstehung der geistigen Fähigkeiten des Menschen sind aufgeklärt…

An dieser Stelle wollen wir unserer Phantasie Einhalt gebieten, das Szenario abbrechen und zu einem anderen Zukunftsbild übergehen, einem Szenario nicht in schwarz – davon gibt es genug –, aber doch in grau: Im Lexikon des Jahres 2050 steht über die eigentlichen Grundlagen der Physik, Biologie und Chemie nicht so sehr viel mehr als das, was man schon gegen Ende des 20. Jahrhunderts wußte. Gewiß sind wichtige Fragen über Elementarteilchen und Kräfte beantwortet, aber diese führten zu neuen, mathematisch noch komplizierteren Fragen nach den zugrunde liegenden Prinzipien. Was die Kosmologie angeht, so wird heftig über mehrere Hypothesen gestritten. Die Wissenschaftler verfügen durchaus über neue, erfolgreiche Theorien für einen Teil der empirischen Zusammenhänge. Es gibt sogar eine vereinheitlichende Theorie aller physikalischen Kräfte; diese ist aber ziemlich kompliziert. Weltformeln der Art »$G_{ikl} = 0$« sehen einfacher aus, als sie sind, denn man muß Jahre studieren, um die Formel halbwegs zu verstehen, und weitere Jahre Mathematik anwenden, um sie für irgendeinen Spezialfall zu lösen, an dem die Theorie dann wieder durch aufwendige Experimente zu überprüfen ist. Unsere Grundkenntnisse werden zwar immer noch erweitert; im großen und ganzen nimmt der *Ertrag* an Erkenntnis im Verhältnis zum *Aufwand* an Zeit und Mühe drastisch ab. Man blickt mit eher nostalgischen Gefühlen auf die als romantisch empfundenen Zeiten der Wissenschaftsgeschichte zurück, in denen die einfachen Grundgesetze der Physik entdeckt wurden, welche mit bescheidenem Formalismus eine Fülle von Erscheinungen erklären; und an die Zeit, in der das »schöne« Modell der Struktur der Erbsubstanz DNS entstand, das schon bei längerem Hinsehen wesentliche Prinzipien der belebten Natur enthüllt: War es nicht das ursprüngliche Ziel der Naturwissenschaften, mit *wenig* Theorie *viel* an Wirklichkeit zu erfassen? Beruht ihr Beitrag zur Kultur und Lebenskunst nicht gerade darin, daß ihre wichtigsten Erkenntnisse in den Grundzügen *jedem* zugänglich sind, der sich dafür interessiert?

Erheblich besser steht in unserem »grauen« Szenario die Wissenschaft um 2050 da, was die Zunahme unseres Wissens auf wichtigen *Einzel*gebieten angeht. Wie sieht der Mensch Gestalten? Wie versteht er Sprache? Was waren die entscheidenden Schritte in der Evolution, und wie sind sie zu erklären? Wie bildet sich das Gehirn bei der Entwicklung im Embryo? Zahlreiche Fragen solcher Art, nicht nur über den Menschen, sondern auch über Tiere und Pflanzen, die Erde, die Sterne und den Weltraum, finden ihre Antwort im Lexikon von 2050 in klarer, einfacher Form, wie es sie so 1990 noch nicht gab – und die Wissenschaft arbeitet weiter mit Zuversicht an der Aufklärung von Einzelfragen, die viele Menschen, unabhängig von ihrem eigentlichen Beruf, interessieren. Irgendwann wird auch diese Art von Wissenschaft – die Erforschung der interessanteren unter den spezialisierten Problemen – eine Sättigung erreichen, aber sicher erst lange nach »unserem« 21. Jahrhundert.

Nun wird die wirkliche Entwicklung in der Zukunft irgendwo zwischen beiden Szenarien liegen, aber vielleicht doch eher in der Nähe des zweiten als des ersten. Von philosophischer Bedeutung wären die Konsequenzen: Die physikalischen Gesetze sind Grundlage für ein sehr weitgehendes Verständnis der Natur. Man gelangt zu einem hohen Grad von Vereinheitlichung des Wissens; beim fortgesetzten Hinterfragen verliert sich jedoch ein Teil der Probleme im Komplexen, und der Zugang zum formal Einfachen ist bisweilen reichlich mühsam. Die Einheit der Natur in den Grundgesetzen der Physik ist eindrucksvoll; aber unter dem Gesichtspunkt einer finitistischen Erkenntnistheorie ist auch einzusehen, daß und warum man in einem endlichen Leben mit endlichen Mitteln nicht alles verstehen kann.

Man muß auswählen und sich auf das Wesentliche beschränken. Was aber ist wichtig? Damit ist die Naturwissenschaft wieder bei einer außerwissenschaftlichen Frage angelangt, bei der Frage nach der »besten Art zu leben«.

Gleichrangig neben der umfassenden Grundlegung der Naturwissenschaften stehen Erkenntnisse über Grenzen wissenschaftlicher Erkenntnis. Es zeigte sich, daß erkenntniskritische Überlegungen die Wissenschaft eher bereichern als einschränken, daß sie sich sogar zur Begründung der modernen Physik – nämlich zur Einführung von Prinzipien der Relativitäts- und Quantentheorie – eignen.

Die Reflexion von Sinn und Ziel, Reichweite und Grenzen der Wissenschaft führt zurück auf zum Teil sehr alte Kernprobleme der Philosophie; von der Naturphilosophie zur Zeit der Antike, des Mittelalters und der Renaissance war in diesem Zusammenhang schon die Rede. Interessant ist aber auch, wie die neuzeitliche Wissenschaft *während* ihrer Entwicklung seit Kepler und Galilei erlebt wurde, und wir wollen versuchen, uns das an einigen Beispielen zu vergegenwärtigen. Verschiedene Auffassungen von Wissenschaft hatten ihre Höhepunkte in verschiedenen Phasen der Vergangenheit, aber sie überlappten auch über weite Zeiträume, und in der Gegenwart finden wir alles auf einmal und noch weitere Interpretationen dazu.

## 4. Statt Keplers Harmonie der Welt – John Donnes Theater in der Hölle?

*Themen und Thesen moderner Wissenschaftskritik sind in Wirklichkeit sehr alt*

Zwei Jahrzehnte – etwa der Zeitraum von 1600 bis 1620 – waren für die Entstehung der modernen Naturwissenschaft von ganz besonderer Bedeutung. Kepler fand die drei Gesetze der Planetenbewegung; Galilei entdeckte die Fallgesetze und entwarf eine mathematische Mechanik der Bewegung. Beide traten für das Weltbild des Aristarch und des Kopernikus ein: Die Sonne befindet sich im Zentrum des Planetensystems, und die Erde bewegt sich um die Sonne. Mit dem Verbot der Schriften des Kopernikus durch die Kirche und der Verurteilung des Galilei brach ein lang andauernder, folgenreicher Konflikt zwischen Wissenschaft und Kirche aus. Wir wollen fragen, wie Kepler und Galilei die neue Wissenschaft verstanden, die sie selber mitbegründet haben – und wie sie von einem hellsichtigen Beobachter außerhalb der Gelehrtenwelt erlebt wurde.

Kepler bekennt sich zu einer religiösen Motivation seiner wissenschaftlichen Forschung, indem er über sein Verständnis der Astronomie sagt:

»Da wir Astronomen im Hinblick auf das Buch der Natur die Priester des höchsten Gottes sind, sollten wir nicht auf den Ruhm unseres Geistes, sondern auf den Ruhm Gottes bedacht sein.«[7]

Die Wahrheit über die Natur ergibt sich nicht in erster Linie aus dem Studium der Heiligen Schrift, sie zeigt sich zuvorderst bei dem Betrachten und der Analyse der Natur, denn:

»Es ist etwas Großes um das Wort Gottes, gewiß. Aber es ist auch etwas Großes um das Werk Gottes.«[8]

Im Konfliktfall hat neugewonnene wissenschaftliche Erkenntnis Vorrang vor einer wörtlichen Auffassung der biblischen Überlieferung:

»Nun redet die Heilige Schrift über die gewöhnlichen Dinge (in denen sie nicht die Absicht hat, den Menschen zu belehren) mit den Menschen auf menschliche Weise, um von den Menschen verstanden zu werden... Ist es daher verwunderlich, wenn die Schrift auch den menschlichen Sinnen entsprechend redet, wenn der wirkliche Sachverhalt mit oder ohne Wissen der Menschen dem Sinn widerspricht?«[9]

Wer nicht bereit ist, wissenschaftliche Vernunftgründe über theologische Autoritäten zu stellen, weil er darin eine Gefahr für seinen religiösen Glauben sieht, sollte sich besser mit der Astronomie überhaupt nicht weiter befassen:

»Nun beschwöre ich meinen Leser, er möge die Güte Gottes gegen die Menschen... nicht vergessen, wenn er aus dem Tempel zurückkehrt und die Schule der Astronomie betritt, und mit mir ebenfalls loben und preisen die Weisheit und Größe des Schöpfers, die ich ihm in der eindringlichen Darlegung des Weltbildes... offenbare...«

»Wer aber zu einfältig ist, um die astronomische Wissenschaft zu verstehen oder zu kleinmütig, um ohne Ärgernis für seine Frömmigkeit dem Kopernikus zu glauben, dem gebe ich den Rat, er möge die Schule der Astronomie verlassen... und sich seinen Geschäften widmen.
In der Theologie gilt das Gewicht der Autoritäten, in der Philosophie aber das der Vernunftgründe.«[10]

Die kirchlichen Autoritäten haben sich in der Vergangenheit gründlich geirrt; sie irren sich auch in der Gegenwart:

»Heilig ist zwar Laktanz, der die Kugelgestalt der Erde leugnete…, heilig das Offizium unserer Tage, das die Kleinheit der Erde zugibt, aber ihre Bewegung leugnet. Aber heiliger ist mir die Wahrheit, wenn ich beweise, daß die Erde rund ist *und* auch durch die Gestirne hineilt.«[11]

Keplers Ziel ist es, den Kosmos physikalisch zu verstehen; sein Werk »Neue Astronomie« trägt den Untertitel »Ursächlich begründet oder Physik des Himmels«. Aufgabe des Astronomen ist es, »physikalische Prinzipien auszudenken, aus denen man die Bahnen ableiten kann, welche mit den aus den Beobachtungen übermittelten übereinstimmen«.[12]

»Mein Ziel ist es zu zeigen, daß die himmlische Maschine nicht eine Art göttlichen Lebewesens ist, sondern gleichsam ein Uhrwerk, insofern nahezu alle die mannigfaltigen Bewegungen von einer einzigen, ganz einfachen magnetischen, körperlichen Kraft besorgt werden, wie bei einem Uhrwerk alle Bewegungen von dem so einfachen Gewicht.«[13]

Was die Rolle der Mathematik angeht, so beruft er sich in der Einleitung zu seiner »Weltharmonik« auf den antiken platonischen Denker Proklos:

»…Für die Betrachtung der Natur leistet die Mathematik den größten Beitrag, indem sie das wohlgeordnete Gefüge der Gedanken enthüllt, nach dem das All gebildet ist…«[14]

»Für Gott liegen in der ganzen Körperwelt körperliche Gesetze, Zahlen und Verhältnisse vor… Seine Gesetze liegen innerhalb des Fassungsvermögens des menschlichen Geistes. Gott wollte sie uns erkennen lassen, als er uns nach seinem Ebenbild erschuf, damit wir Anteil bekämen an seinen eigenen Gedanken.«[15]

Kepler zielt auf eine mathematisch-physikalisch begründete Erklärung der Ereignisse in Raum und Zeit, eine Erklärung, die alles mit allem verknüpft und die Einheit der Natur in den

Grundgesetzen der Physik erkennen läßt. Er möchte die Harmonie der Welt in mathematischer Form aufzeigen und die Welt ganzheitlich verstehen. Er glaubte, diesem Ziel selbst nahegekommen zu sein; bescheiden war er in der Hinsicht nicht. Er nahm sich die Freiheit, diese Harmonie selbst zu erforschen und selbst zu deuten, und zwar in enger Verbindung von Wissen und Glauben.

Ganz anders war da die Wissenschaftsauffassung von Galileo Galilei. Er sah in erster Linie im Einzelnen das Allgemeine. Er suchte nicht unbedingt die große Synthese. Persönlich war er selbstbewußt und zudem eitel, aber er wußte auch, wie wenig er wußte. An methodischer Genauigkeit besteht kein Unterschied zwischen Keplers Beobachtungen am Himmel und Galileis Messungen zur Mechanik bewegter Körper auf der Erde, aber in der Deutung war Galilei wesentlich zurückhaltender. Er verstand zwar seine Aufgabe als Naturforscher ebenso wie Kepler als »Lesen im Buch der Natur«, er war gläubiger Christ und empfand die Natur und ihre Ordnung als Werk Gottes; aber die Aufgabe des Wissenschaftlers sah er darin, zu beobachten, zu experimentieren, Theorien zu entwerfen und zu prüfen und schließlich die so gewonnenen Erkenntnisse anderen mitzuteilen. Das *ist* für ihn das »Lesen im Buch der Natur«. Die Wahrheit muß nicht immer gleich theologisch gedeutet werden, und der theologischen Rechtfertigung bedarf sie schon gar nicht.

So heißt es in Galileis großer naturphilosophischer Bekenntnisschrift, dem »Brief an Castelli«:

»Wer will dem menschlichen Verstand Grenzen setzen? Wer will behaupten, daß alles, was gewußt werden kann, bereits gewußt wird? ... Ich denke nicht, daß ... derselbe Gott, der uns unsere Sinne, Vernunft und Intelligenz gegeben hat, wünschen könnte, daß wir davon keinen Gebrauch machen, indem er uns auf anderem Wege diejenige Kenntnis zuteil werden ließ, die wir durch sie erlangen können.«[16]

Die Naturwissenschaft, wie Galilei sie versteht, ist vereinbar mit seinem christlichen Glauben, aber sie setzt ihn nicht voraus. Sie ist auch unabhängig davon möglich, unter anderen Prämissen denkbar und anderer Deutungen fähig.

Es war aber weniger dieser allgemeine Zug seines naturphilosophischen Denkens, der ihn in Konflikt mit den kirchlichen Autoritäten brachte, es war in erster Linie sein Eintreten für das Weltbild des Kopernikus.

Für ihn wie für Kepler war das aristarch-kopernikanische System mehr als eine Hypothese; die wissenschaftliche Vernunft sprach dafür, daß es in wesentlichen Zügen richtig ist. Solange es als Hypothese dargestellt wurde, ließen kirchliche Autoritäten der Diskussion ziemlich freien Lauf. In der Wahrheitsfrage aber beanspruchten sie das Monopol; es fiel der Kirche schwer, das zunächst mühsam integrierte, dann aber mit theologischen Deutungen befrachtete poetische Weltbild des Aristoteles – mit der kugelförmigen Erde im Zentrum der Welt, der Hölle im Zentrum der Erde, dem Himmel jenseits der äußersten Sphären – preiszugeben zugunsten eines unvorstellbar großen Kosmos ohne festen Ort für Gott und die Menschen. Die Kugelgestalt der Erde hatte die Kirche seit Jahrhunderten hingenommen, obwohl sie mit der biblischen Schöpfungsgeschichte, wörtlich genommen, völlig unvereinbar ist; gegen Kopernikus aber setzte sie nun die pedantische Auslegung einer Schlachtengeschichte im Alten Testament; dort wird erzählt, daß Gott die Bewegung der Sonne anhielt, damit Josua Zeit fand, seine bereits geschlagenen Feinde auch noch umzubringen. Ausgerechnet diese unsympathische Episode, die sich kaum als zentrale Aussage des christlichen Glaubens eignet, wurde nun gegen das kopernikanische Weltbild ausgespielt. 1616 wurde das Werk des Kopernikus verboten, ebenso 1619 Keplers Plädoyer für das aristarch-kopernikanische System. 1630 wagte es Galilei dennoch, dieses System in mehr oder weniger verschlüsselter Weise zu vertreten. In seinem »Dialog über die beiden hauptsächlichen Weltsysteme, das ptolemäische und das kopernikanische« werden Vor- und Nachteile von drei Diskutanten erörtert, und der vernünftigste spricht deutlich für Kopernikus, wenn auch aus unserer Sicht seine Argumente wissenschaftlich nicht sonderlich viel wert sind. Die Gegenargumente bringt im wesentlichen ein Mensch namens Simplicius, und diesem Vertreter der Einfalt werden nun ausgerechnet diejenigen Argumente in den Mund gelegt, auf die der Papst – der selbst astronomisch hochgebildet ist – besonders stolz war.

Dieses Eintreten für Kopernikus, verbunden mit dem Affront gegen den Heiligen Vater, brachte Galilei die Anklage der Ketzerei ein. Er wurde mit Folter bedroht, schwur seinen »Irrtümern« ab und verbrachte den Rest des Lebens unter Hausarrest in Arcetri, fünf Kilometer südlich von Florenz. Hier vollendete er, isoliert und unter bedrückenden Bedingungen, seinen großen Entwurf der Mechanik der Bewegung, sein Lebenswerk, das Geschichte gemacht hat, die »Discorsi«. Alle Gesuche des kranken, alten Gelehrten um die Erlaubnis, nach Florenz zurückkehren zu dürfen, wurden ihm abgelehnt. In einer Beziehung hatte er Glück: Freunde halfen, das Manuskript aus Arcetri herauszuschmuggeln. Der Botschafter Frankreichs beim Heiligen Stuhl hatte als Student in Padua im Hause des Professors Galilei gelebt. Er erwirkte die Erlaubnis, Galilei an einem neutralen Ort treffen zu dürfen. Auf dem Rückweg hatte der Botschafter die letzten Arbeiten zu den »Discorsi« in seinem Gepäck. Zwei Jahre danach waren sie gedruckt, weit weg von Rom, bei Elsevier im holländischen Leiden.

Die triste und schäbige Geschichte der Verurteilung und Verbannung des Galileo Galilei scheint, isoliert betrachtet, die Antwort der Kirche auf die revolutionären Ansichten der neuen Wissenschaft zu sein. Völlig falsch ist das nicht, aber es trifft nicht den Kern des Problems. Zwar galt die kopernikanische Theorie überall als heikles Thema, aber die geistige Freiheit, um die Galilei so sehr – und dann auch noch vergeblich – kämpfen mußte, nahm sich sein Kollege Kepler nördlich der Alpen selbstverständlich und wies dabei mit aggressiver Rhetorik die Theologen in ihre Schranken; er, der protestantische Mathematiker im Dienst des katholischen Kaisers Rudolph und des katholischen Feldherrn Wallenstein im Vorstadium und während des Dreißigjährigen Krieges. Solche Freiheiten hatte sich die gelehrte Welt in Jahrhunderten errungen. Zwar wurden in der Vergangenheit Forscher und Ärzte immer wieder der Ketzerei beschuldigt, und Giordano Bruno (1548–1600) wurde sogar öffentlich verbrannt – nicht nur, aber doch auch wegen seiner naturphilosophischen Thesen; im ganzen setzten sich jedoch mehr und mehr die Auffassungen durch, daß wissenschaftlich ermittelte Wahrheit gegenüber einer wörtlichen Auslegung der Bibel in Sachen der Natur den Vorrang habe, daß es nicht Sinn der Bibel sei, die Natur zu erklären, und daß biblische Aussagen über die Natur bildhaft gedeutet werden könnten. Dies alles sagte auch Galilei, aber es war nicht seine Erfindung. Er konnte sich auf Tertullian und Augustin berufen, er hätte auch auf Albert den Großen, Thomas von Aquin, Nikolaus von Kues verweisen können, auf viele Jahrhunderte Geschichte einer aufgeklärten Theologie; aber all das half nichts gegen die Schlachtengeschichte Josuas und den Anspruch der Kirche, wissenschaftliche Wahrheit und ihre Revision in Zukunft selbst zu definieren.

Der Grund für diesen Rückfall lag vermutlich im Zeitgeist der Gegenreformation; die Kirche wollte verhindern, daß jeder die Heilige Schrift nach eigenem Gutdünken interpretierte. Die Folgen des Prozesses Galilei waren weitreichend. Hatte man schon zuvor gelernt, daß man von der Logik der Sache her Naturforschung auch ohne Bezug auf Glaubenssätze treiben konnte, so fand man nun, daß dies auch opportun sei. Die Bereitschaft zur Diskussion zwischen Wissenschaft und Glauben nahm ab. Zwar behielten die großen Naturforscher zumeist ein starkes Interesse an der religiösen Deutung der Wissenschaft, aber Zurückhaltung in der Öffentlichkeit wurde üblich und schließlich so verinnerlicht, daß sich die Trennung von der Religion zu einem Kriterium für »gute« Wissenschaft entwickelte. Die politische Dimension kam hinzu. In neuen Akademien, in denen sich die Wissenschaft organisierte, wurde die Freiheit der Forschung verbürgt. Dies aber nicht ohne Bedingungen: Man erwartete von der Wissenschaft Enthaltsamkeit in theologischen und politischen Fragen. Anders als die islamische Gelehrsamkeit, die nach dem 13. Jahrhundert von der theologischen Reaktion behindert wurde, nahm die europäische Wissenschaft einen steilen Aufstieg. Sie konnte sich unter staatlicher Protektion mehr und mehr entfalten, aber diese Freiheit hatte auch ihren Preis: eine beträchtliche Distanz der Wissenschaft zu den Sinn- und Wertfragen menschlichen Lebens.

Die moderne Wissenschaft nahm dem Menschen die Geborgenheit; als unbedeutendes, kurzlebiges Objekt fühlt er sich verloren in einem kalten Universum. Er ist konfrontiert mit den Abgründen seines Wissens; er findet viele Erklärungsmuster, aber keine wirkliche Erklärung seines Daseins. Zugleich wird er verleitet zu Überheblichkeit und Größenwahn, er nimmt sich selbst zum alleinigen Maßstab und mißbraucht sein Wissen im Streben nach Macht und Geld. »Postmoderne« Wissenschaftskritik am Ende des 20. Jahrhunderts? Ja, so und ähnlich begegnet sie uns ständig, aber bei genauer Betrachtung finden wir sie schon in frühen Phasen der Naturforschung.

Lassen wir hierzu einen besonders interessanten und interessierten Beobachter der dramatischen Wissenschaftsentwicklung am Beginn des 17. Jahrhunderts zu Wort kommen, keinen Fachmann, sondern einen Dichter, John Donne (1572–1631). Er ist einer der bedeutendsten Lyriker der englischen Sprache, bekannt für seine oft merkwürdigen Vergleiche und Analogien, bekannt auch für die freizügigen Liebesgedichte seiner Jugendzeit. Er wuchs auf als Katholik; später bekehrte er sich zum Protestantismus und wurde recht fromm. Alle Abneigung des neuen Protestanten galt dem Papst und dessen Institutionen, besonders dem Orden der Jesuiten und seinem Gründer, Ignatius von Loyola (1491–1556). Dieser war zwar längst gestorben, aber der Orden bildete eine politische Macht, und Ignatius stand vor der Heiligsprechung. John Donne schrieb 1611 eine beißende Satire[17], in der Ignatius sich bei Luzifer um einen Ehrenplatz in der Hölle bewirbt, mit Erfolg: Er sticht alle Mitbewerber aus. In seiner Erzählung erweist sich John Donne als wahrer Kenner der neuen Naturwissenschaft. Erst im Jahr zuvor war in Florenz Galileis »Sternenbote« erschienen, in dem beschrieben wird, wie uns das Fernrohr die Mondgebirge zeigt und nahebringt; und schon verfällt Luzifer in John Donnes Satire auf die Idee, den Papst zu bitten, Galilei mit dem Bau eines noch besseren Fernrohrs zu beauftragen. So könnte man den Mond ganz nahe heranholen und Ignatius samt seinem Anhang dort absetzen; auf dem Mond hätte der Anführer der Jesuiten dann reichlich Gelegenheit, seine eigene Hölle zu gründen und ihr zu präsidieren... Die Satire ist abwechselnd geistreich, langweilig, pedantisch, nachdenklich und gehässig. In unserem Zusammenhang sind zwei Mitbewerber interessant, die abgewiesen werden, bevor Ignatius zu seinem Ehrenplatz kommt. Der erste heißt Nikolaus Kopernikus. Er pocht mit Händen und Füßen an die Pforten der Hölle. Als ihm geöffnet wird, spricht er Luzifer an:

»Ich habe Dich bedauert, da Du in das Zentrum der Welt geworfen warst und erhob Dich und Dein Gefängnis, die Erde, hinauf in die Himmel. So erreichte ich, daß Gott sich seiner Rache über Dich nicht freuen kann. Die Sonne, die eine Spionin von Amts wegen war und alle Fehler aufdeckte, weswegen sie Deine Feindin war, habe ich in den tiefsten Punkt der Welt verbannt...«

Aber Ignatius fällt Kopernikus ins Wort:

»...Was willst Du denn erfunden haben, von dem Luzifer irgendeinen Gewinn hat? Was soll es ihn kümmern, ob die Erde sich bewegt oder stillsteht? Hat die Erhebung der Erde in den Himmel durch Dich den Menschen ein derartiges Selbstvertrauen gegeben, daß sie neue Türme bauen oder Gott wiederum bedrohen? Oder haben sie aus der Bewegung der Erde den Schluß gezogen, es gebe gar keine Hölle oder bestreiten sie, daß die Sünden bestraft werden? Übrigens wird die Bedeutung Deiner Lehren eingeschränkt, und Dein Recht auf diesen Platz dadurch beschnitten, daß Deine Meinungen sehr wohl auch wahr sein können...«

»Deine Erfindungen können kaum die Deinen genannt werden, denn lange vor Dir wurden sie von Heraklides, Ecphantus und Aristarch in die Welt geschleudert – die dennoch mit geringeren Plätzen neben anderen Philosophen zufrieden sind und keinen Anspruch auf diesen Platz erheben... Der kleine Mathematiker soll sich zu seinesgleichen zurückziehen! Wenn dann aber später die Väter unseres Ordens es fertigbringen, dem Papst ein Dekret ex cathedra zu entlocken, in dem zum Glaubenssatz erhoben wird: Die Erde bewegt sich nicht und alle, die etwas anderes behaupten, sollen verdammt werden, dann haben vielleicht sowohl der Papst, der so etwas verordnet, als auch der Anhang des Kopernikus (sofern es sich um Papisten handelt), einen Anspruch auf diesen Platz.«

Luzifer sieht die Argumente des Ignatius ein und lehnt Kopernikus ab. Der gibt sich damit zufrieden und zieht davon. Nun erscheint der nächste Bewerber. Auf die Frage »*Wer bist Du?*« antwortet er: »*Philippus Aureolus Theophrastus Paracelsus Bombast von Hohenheim*«. Luzifer erschrickt, glaubt er doch zunächst, eine exorzistische Formel zu hören, bis ihm aufgeht, daß es sich um einen Namen handelt: um Paracelsus. Dieser ebenso berühmte wie unkonventionelle Arzt des 16. Jahrhunderts hatte die große Bedeutung chemischer Prozesse für die Lebensvorgänge erkannt und gelehrt, gegen bestimmte Krankheiten gebe es jeweils spezifisch wirksame chemische Arzneimittel. Er nahm für sich in Anspruch, seine Heilmethoden aus eigener Erfahrung und nicht aus alten Lehrbüchern der Autoritäten gewonnen zu haben. In Donnes Satire nun bewirbt sich Paracelsus bei Luzifer mit folgenden Worten:

»...Ich brachte alle methodisch vorgehenden Mediziner und die Heilkunst selbst in so schlechten Ruf, daß es diese Art der Medizin fast nicht mehr gibt. Es war mein Hauptziel, daß es keine gewisse neue Kunst noch feste Regeln geben soll, sondern alle Heilmittel in gefährlicher Weise von meinen unsicheren, skrupellosen und ungenauen Experimenten abgeleitet würden; wer weiß, wieviele Menschen beim Ausprobieren zu Leichen wurden?... Und während fast alle Gifte von Natur aus so beschaffen sind, daß sie in der einen oder anderen Hinsicht abstoßend auf unsere Sinne wirken und so leicht zu entdecken und zu vermeiden sind, brachte ich es doch fertig, diese ihre verräterischen Eigenschaften auszuschalten, so daß man sie verabreichen kann, ohne Verdacht zu erregen, und sie dennoch ihre Wirkung stark entfalten können. Alles dies habe ich... durch Dein Feuer erreicht!«

Auch diesen Bewerber konnte Ignatius dem Luzifer ausreden:

»Gib Dich doch zufrieden, daß Du zugelassen wirst als Chef der Legion mörderischer Ärzte!«

Danach kommt als dritter und letzter Bewerber Machiavelli, der natürlich auch abgewiesen wird, aber diese Geschichte hat in unserem Zusammenhang kein Interesse mehr.

Ein ganzes Bündel »moderner« Themen hat John Donne hier angesprochen: bei Paracelsus die Folgen der Wissenschaft und die Verantwortung der Wissenschaftler; bei Kopernikus die Frage: Entthront das Wissen die Moral, oder schützt uns die Wahrheit vor der Hölle? Ferner das Unbehagen an der Mehrdeutigkeit des neuen Wissens; schließlich die Vorschau auf die Trennung von Wissen und Religion, und zwar im Zorn: buchstäblich zum Teufel mit allen, die daran schuld sind.

Fünf Jahre später, 1616, setzt das Heilige Offizium in Rom »De revolutionibus...« von Kopernikus auf den Index der verbotenen Bücher.

## 5. Einheit oder Spezialisierung der Wissenschaften?

*Schellings schlechte Gründe für eine gute Idee und die Einheit der Natur in den Grundgesetzen der Physik*

John Donnes Schrift »Ignatius his Conclave« ist eine Satire, und Satiren sprechen am besten für sich selber. So wollen wir diesen Kommentar eines Dichters über die Wissenschaft seiner Zeit nicht weiter kommentieren und einen Sprung über fast 200 Jahre machen, in die Zeit um die Wende zum 19. Jahrhundert, die Epoche der Französischen Revolution, der deutschen idealistischen Philosophie und der beginnenden Romantik. In diesen 200 Jahren hatte sich die Wissenschaft in immer engerer Verknüpfung mit der Technik und ihren Anwendungen erheblich weiter entwickelt. Die Erforschung des Magnetismus und der Elektrizität eröffnete den Zugang zu ungeahnten, bislang verborgenen Bereichen der Physik mit sehr merkwürdigen Phänomenen. Was die großen naturphilosophischen Fragen angeht, so hatte Descartes die dualistische Theorie von Körper und Geist entworfen: Der räumlich ausgedehnten Welt der Körper steht die erkennende Welt des Geistes gegenüber. Im Menschen wirkt beides, aber wie? Seine Antwort: Der Geist wirkt über die Zirbeldrüse auf das Gehirn. Spätestens an dieser Stelle zeigt sich, daß Descartes das »Leib-Seele-Problem« nicht geklärt hat. Die Wirkung seiner Theorie war eher, das Problem des Geistes aus dem Zusammenhang der Naturwissenschaften auszugrenzen. Auch innerhalb der Naturwissenschaft machte sich eine erhebliche Spezialisierung und Zersplitterung in voneinander ziemlich unabhängige Wissensgebiete bemerkbar. Das Ziel einer universellen Wissenschaft von der Natur schien weit entfernt und wurde von vielen gar nicht mehr gesehen.

Der Philosoph, der hiergegen anging und die Einheit der

Natur proklamierte, war Friedrich Wilhelm Joseph Schelling (1775–1854) – nach Kant und Fichte einer der großen Philosophen des deutschen Idealismus. Seine Naturphilosophie war ein Jugendwerk, flüchtig ausgearbeitet und dennoch von bleibender Bedeutung. Eine schöne Zusammenfassung bietet die elfte seiner »Vorlesungen über die Methode des akademischen Studiums«, gehalten in Jena und veröffentlicht 1803 in Tübingen[18], »Über die Naturwissenschaft im allgemeinen«:

> »Wenn wir von der Natur absolut reden wollen, so verstehen wir darunter das Universum ohne Gegensatz und unterscheiden nur in diesem wieder die zwei Seiten: Die, in welcher die Ideen auf reale und die, in welcher sie auf ideale Weise geboren werden. Beides geschieht durch eine und dieselbe Wirkung des absoluten Produzierens und nach den gleichen Gesetzen, so daß in dem Universum an und für sich kein Zwiespalt, sondern die vollkommene Einheit ist.«

Im Gegensatz zu Descartes vertritt Schelling also die Identität von Natur und Geist; hinter den scheinbaren Unterschieden zwischen der idealen, im Kopf des Menschen gedachten, und der real in den Dingen existierenden Welt erkennt der Philosoph die Einheit. Sie beruht darauf, daß nicht nur das Gehirn des Menschen, sondern die gesamte Wirklichkeit sowohl einen körperlichen als auch einen geistigen Aspekt hat, die auf einen gemeinsamen Ursprung zurückverweisen. Schellings Text erinnert uns an die »Mutmaßungen« des Nikolaus von Kues:

> »Wie die wirkliche Welt aus der unendlichen göttlichen Vernunft, so gehen entsprechend die Mutmaßungen aus unserem Geist hervor. Indem nämlich der menschliche Geist, das hohe Abbild Gottes, an der Fruchtbarkeit der Schöpferin Natur, soweit er vermag, teilhat, faltet er aus sich, als dem Gleichnis der allmächtigen Form, als Abbild der wirklichen Dinge die des Verstandes aus.«

Bei allen Unterschieden in Diktion und Inhalt: Die Verwandtschaft der Grundgedanken von Cusanus und Schelling drängt sich auf. Wie weit Schelling Cusanus studiert hat, weiß ich nicht, aber er war sicher ein großer Kenner und Bewunderer von Giordano Bruno, und dieser wiederum war Bewunderer und Kenner des Nikolaus von Kues.

In den einleitenden Sätzen seiner Vorlesung postuliert Schelling die Einheit der Natur und damit auch die Einheit der Naturwissenschaften:

>Nicht, daß eine Erscheinung von der anderen abhängig, sondern daß alle aus einem gemeinschaftlichen Grunde fließen, macht die Einheit der Natur aus.«

Und nun beginnt er, leider, über fast die gesamte Naturwissenschaft seiner Zeit herzuziehen. Das Vertrauen in Experimente lehnt er ebenso ab wie die Rolle der Mathematik; ganz besonders bekämpft er Newtons neue Mechanik, obwohl doch gerade darin die Einheit der Natur zum Ausdruck kommt.

Schelling erkannte, daß Experimente theoriegeleitet sein müssen, aber dabei traute er dann doch der philosophischen Einsicht zu viel und der experimentellen Forschung zu wenig:

>Es ist klar, daß die empirische Ansicht sich nicht über die Körperlichkeit erhebt.«

Nach Schelling kommt man nicht zur Erkenntnis,

>...wenn dürftige Empirie ... gegen allgemein bewiesene und allgemein einzusehende Wahrheiten, oder ein System von solchen mit einzelnen abgerissenen Erfahrungen... sich erhebt... Die absolute, in Ideen gegründete Wissenschaft der Natur ist demnach das Erste und die Bedingung, unter welcher zuerst die empirische Naturlehre an die Stelle ihres blinden Umherschweifens ein methodisches, auf ein bestimmtes Ziel gerichtetes Verfahren setzen kann.«

Die Gravitation und das organische Leben, so meint Schelling, könne man überhaupt nicht durch empirische Forschung, sondern nur durch philosophische Spekulation verstehen:

»Da... der innere Typus aller Dinge wegen der gemeinschaftlichen Abkunft *einer* sein muß, und dieser mit Notwendigkeit eingesehen werden kann, so wohnt dieselbe Notwendigkeit auch der in ihm gegründeten Konstruktion bei, welche demnach der Bestätigung der Erfahrung nicht bedarf, sondern sich selbst genügt und auch bis dahin fortgesetzt werden kann, wohin zu dringen die Erfahrung durch unübersteigliche Grenzen gehindert ist, wie in das innere Triebwerk des organischen Lebens und der allgemeinen Bewegung.«

Immer wieder polemisiert Schelling gegen Newtons Mechanik:

»Die sogenannte mathematische Naturlehre ist... bis jetzt leerer Formalismus, in welchem von einer wahren Wissenschaft der Natur nichts anzutreffen ist.«

»Es ist wahr, daß man durch Anwendung der Mathematik die Abstände der Planeten, die Zeit ihrer Umläufe und Wiedererscheinungen mit Genauigkeit vorherbestimmen kann, aber über das Wesen... dieser Bewegungen ist dadurch nicht der mindeste Aufschluß gegeben.«

Mit dem philosophischen Postulat der Einheit der Natur hat Schelling einen positiven Beitrag zur Motivation der Naturwissenschaft geleistet, um der Zersplitterung der Forschung entgegenzutreten. Bedeutende Entdeckungen gehen auf Anhänger von Schellings Naturphilosophie zurück: Hans Christian Oerstedt fand die Ablenkung der Magnetnadel durch elektrische Ströme und erkannte so den engen Zusammenhang zwischen elektrischen und magnetischen Erscheinungen, der zur Grundlage der Elektrodynamik wurde. Robert Mayer entdeckte den Energiesatz, die Äquivalenz von Wärmeenergie und mechanischer Energie.

Schellings besondere Aufmerksamkeit galt der Erzeugung von Strukturen. Unter diesem Aspekt sah er die belebte und die unbelebte Natur als Einheit, wobei er das Anorganische sozusagen als eine defiziente Form des Organischen betrachtet, in der nur ein Teil der Kräfte und Organisationsprinzipien zur Auswirkung komme. 1798 erschien seine Schrift »Von der Weltseele – eine Hypothese zur Erklärung des allgemeinen Organismus«[19]. In der Vorrede heißt es:

>»Ich sehe, daß die Natur nur in dem größten Reichtum der Formen sich gefällt... So hat die Natur den weiten Raum, den sie mit ewigen und unveränderlichen Gesetzen einschloß, weit genug beschrieben, um innerhalb desselben mit einem Schein von Gesetzlosigkeit den menschlichen Geist zu entzücken...
>
>Es ist ein alter Wahn, daß Organisation und Leben aus Naturprinzipien unerklärbar seien. Soll damit so viel gesagt werden: Der erste Ursprung der organischen Natur sei physikalisch unerforschlich, so dient diese unerwiesene Behauptung zu nichts, als den Mut des Untersuchens niederzuschlagen...
>
>Nicht, wo kein Mechanismus ist, ist Organismus, sondern umgekehrt, wo kein Organismus ist, ist Mechanismus...
>
>...Ein und dasselbe Prinzip verbindet die anorganische und die organische Natur.«

In seinem »Entwurf eines Systems der Naturphilosophie«[20] von 1799 bekennt sich Schelling – wenn auch mit Vorbehalten – zu einem immateriellen Prinzip der Organisation des Lebendigen, zu einer Kraft, die physikalischen und chemischen Kräften entgegenwirkt bzw. sie ergänzt,

>»...und diese Kraft eben nennen wir – weil sie uns bis jetzt gänzlich unbekannt ist – Lebenskraft. Schon in dieser Deduktion der Lebenskraft liegt das Geständnis, daß sie einzig und allein als Notbehelf der Unwissenheit ersonnen und ein wahres Produkt der faulen Vernunft ist.«

Den Mechanismus mochte er nicht, dem Vitalismus traute er nicht. Seine eigenen Spekulationen zum organischen Leben führten ziemlich in die Irre, aber sein ausgesprochen halbherziges Bekenntnis zum Begriff »Lebenskraft« zeigt doch auch, daß er offen für unerwartete Lösungen bleiben wollte; nicht nur Aristoteles, auch Schelling steht bei großzügiger Auslegung dem modernen Konzept der »genetischen Information« im Sinne der Molekularbiologie gar nicht so sehr fern.

Was die Beziehung zwischen Körper und Geist angeht, so bleibt Schellings Identitätstheorie interessant; zwar kann sie auch nicht beanspruchen, das »Leib-Seele-Problem« zu lösen; wohl aber stellt sie eine produktive Gegenposition zur dualistischen Theorie Descartes' dar, die die geistige und die körperliche Welt zunächst trennt und dann über die Zirbeldrüse im Gehirn miteinander verknüpfen möchte. Über Schellings Auffassung, daß in der Naturforschung das Denken den Vorrang vor dem Experimentieren haben soll, kann man zwar endlos streiten, aber als Gegengewicht gegen allzu unreflektiertes Datensammeln wären seine Mahnungen auch in der Gegenwart nicht selten nützlich. Allerdings versuchte er sich selber darin, experimentelle Arbeit durch eine Mischung von philosophischer Begriffsakrobatik und Phantasie zu ersetzen, und brachte auf diese Weise sein ganzes Denkgebäude in Verruf. Die größten Schwächen seiner Philosophie aber ergaben sich dadurch, daß er die Mathematik nicht ausstehen konnte. Unermüdlich zog er gegen Newtons »mathematisch-physikalische« Naturerklärung zu Felde, obwohl doch gerade die Vereinigung der Himmels- mit der allgemeinen Mechanik den bisher wichtigsten Schritt zu einer einheitlichen Naturwissenschaft dargestellt hatte. Auf diese Weise erhielt schließlich das schöne Wort »Naturphilosophie« einen leicht faden Beigeschmack, der bis in die Gegenwart erhalten blieb. So konnten Schellings Ideen gegen die philosophischen Über- und Fehlinterpretationen des mechanistischen Denkens, die bald überhandnehmen sollten, nicht mehr viel ausrichten.

# 6. Moderne Wissenschaft ist deutungsfähig und deutungsbedürftig

## ...und die Suche nach Weisheit führt uns auf die Ursprünge der Naturphilosophie zurück

Die Erfolge der Physik, verbunden mit der Mechanisierung der Arbeitswelt in der Industrie, förderten ein mechanistisches Denken im 19. Jahrhundert. Der wissenschaftliche Fortschritt, so meinte man, werde die noch unverstandenen Erscheinungen, zum Beispiel die chemische Bindung oder die Funktion des Gehirns, schließlich auch noch erklären, ohne daß die »selbstverständlichen« Grundsätze mechanistischen Denkens in Frage gestellt werden müßten. Dies allerdings war keine Erkenntnis, sondern eine Prophezeiung, die sich schließlich im 20. Jahrhundert als falsch erweisen sollte.

Grundlage mechanistischer Weltbilder des 19. Jahrhunderts war die Auffassung, letztlich seien alle Ereignisse in Raum und Zeit durch die Wechselwirkung materieller Bestandteile vollständig zu erklären; dabei wurde zumeist vorausgesetzt, wir dürften uns von der Anschauung leiten lassen, die wir uns von »Materie« gebildet haben. Die Gesetze der Mechanik, wie sie Newton entworfen hat, erlauben im Prinzip, aus dem Zustand der Gegenwart Zustände in der Zukunft mit beliebiger Genauigkeit zu berechnen. Daher ist, so vermutete man, die ganze Weltentwicklung deterministisch. Alles, was geschieht, ist letztlich durch physikalische Gesetze bestimmt. Im Rahmen solcher Vorstellungen ist es nur konsequent, den Menschen als eine Art Maschine anzusehen. Subjektives Erleben erscheint als Randphänomen und Willensfreiheit als Illusion; selbst die Unterscheidung von Gut und Böse wird problematisch, da ja letztlich der Mensch weder für seine eigene physikalische Beschaffenheit noch für die seiner Umgebung verantwortlich zu machen ist.

Die Evolutionstheorie Darwins schließlich, die die Entwicklung der Arten einschließlich des Menschen durch natürliche Auslese der besonders Lebenstüchtigen erklärt, wurde oft so verstanden, daß sie jede Sonderstellung des Menschen in der Natur widerlegt und dadurch seine vollständige Einordnung in mechanistisch-materialistische Weltbilder ermöglicht.

Das also waren die Bestandteile, aus denen im 19. Jahrhundert Philosophien und Ideologien gezimmert wurden. Zwar gab es auch einflußreiche Denkschulen, die die menschliche *Subjektivität* zum Ausgang der Philosophie machten, wie etwa die von Arthur Schopenhauer und später Friedrich Nietzsche; aber die mechanistisch-materialistischen Ideen spielten doch, im Rückblick gesehen, die größere Rolle. Die Konsequenzen fielen allerdings je nach den philosophischen Prämissen sehr verschieden aus. Es gab einen kapitalismusfreundlichen Sozial-Darwinismus, der die Auslese der Lebenstüchtigen im Rahmen der Evolutionstheorie zu einer Gesellschaftslehre verallgemeinerte und so das Recht des Stärkeren betonte, Erfolg zu haben und auszukosten; weltgeschichtliche Bedeutung erlangte aber die kapitalismuskritische Theorie des dialektischen Materialismus von Karl Marx, nach der die gesellschaftliche Entwicklung zwangsläufig zum Kommunismus führt. Gemeinsam ist solchen gegensätzlichen Theorien, auf traditionelle Begriffe menschlichen Selbstverständnisses wie Seele und Geist, Gut und Böse weitgehend zu verzichten und der jeweils eigenen Ideologie und Zielsetzung mit Hinweis auf ihre »Wissenschaftlichkeit« Geltung zu verschaffen.

Es war schließlich die Entwicklung der Naturwissenschaft selbst, die entscheidend dazu beitrug, den naiven materialistisch-mechanistischen Anschauungen langsam, aber sicher den Boden zu entziehen, indem sie aufzeigte, was Wissenschaft zu leisten vermag und was außerhalb des Bereiches wissenschaftlich gesicherter Aussagen liegt: Der strikte Determinismus ist widerlegt. Die Zukunft ist in wesentlichen Aspekten offen. Dem formalen Denken sind Grenzen gesetzt. »Bewußtsein« muß nicht in physikalischen Theorien aufgehen...

Während so die im vorigen Jahrhundert durchaus populäre

anschaulich-mechanistische, materialistische Deutung des Menschen und der Welt von der neueren Naturwissenschaft überholt wurde, trifft dies für ein anderes geistiges Erbe des 19. Jahrhunderts, den philosophischen Positivismus, nicht ohne weiteres zu. Positivisten behaupten, man solle wissenschaftliche Aussagen auf das beschränken, was entweder logisch ableitbar oder experimentell beweisbar ist. Diese Denkweise erwies sich bei der Begründung der modernen Physik als außergewöhnlich fruchtbar: für die Relativitätstheorie, weil die genaue Analyse der Zeitmessung aufzeigt, daß Zeit relativ ist; für die Quantentheorie, da detaillierte Überlegungen zur Messung von Ort und Geschwindigkeit ergeben, daß beides zugleich nicht mit beliebiger Genauigkeit möglich ist. Läßt sich dieses positivistische, für Vorgänge in Raum und Zeit so gut bewährte Konzept – »was methodisch unbestimmbar ist, gehört nicht in den Rahmen wissenschaftlicher Überlegungen und Gesetze« – auf das philosophische Denken im allgemeinen anwenden, um auf diese Weise zu einer exakten Wissenschaft von der Wissenschaft zu gelangen?

Diesen Versuch unternahmen in der Generation nach 1920 Rudolf Carnap und andere Vertreter der Denkrichtung, die unter den Bezeichnungen »logischer Positivismus« und »analytische Philosophie« großen Einfluß erlangte. Carnap und seine Anhänger warfen der traditionellen Philosophie vor, in unkritischer Weise unklare Begriffe zu verwenden, die keinen Erklärungswert haben. Sie postulierten, theoretische Begriffe seien nur dann wissenschaftlich sinnvoll, wenn sie sich vollständig auf Meß- und Beobachtungsverfahren zurückführen lassen; »metaphysische« Begriffe wie »Seele« oder »das Gute« haben in einer solchen Philosophie keinen Platz. Mathematik und Naturwissenschaft mit ihren Ansprüchen auf Genauigkeit und Objektivität sollten Modelle des wissenschaftlichen Denkens insgesamt werden. Bei der Ausführung dieses Konzepts stellte sich dann aber heraus, daß bereits innerhalb des Rahmens der Naturwissenschaft selbst ganz wesentliche Begriffe wie Elektron und Doppelbindung, Gen und Gravitation die Grundbedingung der analytischen Philosophie keineswegs erfüllen; sie lassen sich nicht vollständig auf Beobachtungs- und Meßregeln zurückführen. Eine Philosophie aber, die selbst Wissenschaft sein will und die auf die empirische Bestätigung in der Wissenschaft den größten Wert legt, muß ihr Hauptkriterium auch für sich selbst gelten lassen. Die Bewährung einer »Wissenschaft von der Wissenschaft« ist in der Struktur der wirklich existierenden Wissenschaft zu suchen, die das Kriterium *vollständiger* Absicherung theoretischer Begriffe durch Beobachtungs- und Meßmethoden *nicht* erfüllt.

Darum hat Carnap in seinen späteren Werken die ursprüngliche Definition ganz konsequent revidiert und liberalisiert: Theoretische Begriffe werden eingeführt als Bestandteile von Theorien. Unmittelbar müssen sie gar nichts bedeuten; aber es muß Zuordnungsregeln geben, die Beziehungen zwischen Begriff und empirischen Daten herstellen. Man verlangt nun also nicht mehr eine vollständige Verankerung theoretischer Begriffe in der Erfahrung, vielmehr fordert man nur noch, daß die theoretischen Begriffe *irgendwelche* empirischen Konsequenzen haben. Dies wird der wirklichen Struktur der Wissenschaft und dem wirklichen Wissenschaftsprozeß viel besser gerecht als das ursprüngliche Konzept. Die Konsequenzen reichen weit. Man erkennt wieder an, in welchem Maße die Wissenschaft auch eine gedankliche Konstruktion des menschlichen Intellekts ist. Die Begriffe der Naturwissenschaft müssen einen Bezug zur beobachtbaren Wirklichkeit herstellen, um Erklärungswert beanspruchen zu können, aber die Beziehung zwischen Begriff und Erfahrung kann doch sehr indirekt sein. Dann aber ist auch keine eindeutige Unterscheidung »wissenschaftlicher« von – angeblich unwissenschaftlichen – »metaphysischen« Begriffen mehr möglich, und so entfällt schließlich auch eine strenge Abgrenzung der Denkstrukturen exakter Naturwissenschaften von denen traditioneller Philosophie.

Insgesamt zeigte sich, daß man Wissenschaft nicht mit Hilfe einer Überwissenschaft vollständig abzusichern vermag – sie müßte sich ja dabei selbst mit absichern, und das leistet keine Form des menschlichen Denkens. Fragen wir nach ihren Grundlagen, so stößt die Naturwissenschaft unseres Jahrhunderts am Ende doch wieder auf die alten Fragen der Philosophie, denen wir in unserem historischen Rückblick nachgegangen sind; wir wollen nun auf Strukturen und Merkmale moderner Wissenschaft zurückkommen und in einer zusammenfassenden Sicht versuchen, einige Folgerungen für die Gegenwart zu ziehen.

# V. RÜCKBLICK UND AUSBLICK: SINN UND ZIEL WISSENSCHAFTLICHER ERKENNTNIS

# 1. Der Erfolg der Naturwissenschaft

*…zeigt die erstaunliche Reichweite des theoretischen Denkens, das Geist und Natur verbindet*

Am Anfang des wissenschaftlichen Verständnisses der Natur standen die Entwürfe einer gedanklich zu erfassenden Ordnung der Welt, die wir den ionischen Griechen vor zweieinhalbtausend Jahren verdanken. Ein theoretisches Begreifen der Natur liegt in der Reichweite des menschlichen Geistes – diese Grundidee findet sich in Andeutungen schon bei Thales und Anaximander, in ausgeprägter Form bei Heraklit: Alles Geschehen steht unter einem gesetzmäßigen Zusammenhang, dem Logos, der menschlichem Denken in mehr oder weniger weiten Grenzen zugänglich ist. Die frühen Naturphilosophen suchten nach *einem* obersten Erklärungsprinzip, seien es materielle Elemente, mathematische Harmonien oder – allgemeiner – der »Geist«. Die moderne Naturwissenschaft gibt eigentlich allen drei Prinzipien recht: Die Natur folgt allgemeinen Naturgesetzen, die der menschliche *Geist* konzipieren und begreifen kann. Sie haben *mathematische* Form. Die Gesetze erfassen das Verhalten von Grundbestandteilen der *Materie* in Raum und Zeit. Ob es dabei *ein* oberstes Prinzip gibt und welches dies ist, bleibt Ansichtssache und wäre auch durch weiteren Fortschritt der Wissenschaft kaum zu entscheiden. Schon an dieser Fragestellung zeigt sich, daß die Wissenschaft für verschiedene philosophische Deutungen offenbleibt.

Die neuzeitliche Naturwissenschaft und ihre mathematische Form bestätigen bestimmte – keineswegs alle – Grundannahmen antiker Naturtheorie. Ein besonders wichtiges Thema der Philosophie war von Anfang an die Frage, inwieweit der Mensch die Wahrheit über die Natur durch Denken finden kann und inwiefern er auf Erfahrung angewiesen ist. Dies ist eines der interessantesten Probleme, zu dessen Entscheidung die Wissenschaftsgeschichte wesentlich beiträgt. Sie demonstriert, daß und wie wissenschaftliche Erkenntnis tatsächlich im Wechselspiel von hypothetischem Denken und Erfahrung gewonnen wurde.

In den Frühphasen griechischer Naturphilosophie beruhten Meinungen und Urteile über die Geltung verschiedener gedanklicher Entwürfe auf abstrakter Einfachheit, auf intuitiver Stimmigkeit der begrifflichen Grundlagen, auf der Beziehung von Ideen über die Natur zu Vorstellungen über Religion und Recht – Zustimmung oder Ablehnung hatten also, vordergründig gesehen, eher theoretische Gründe –, aber von Anfang an spielte doch auch die Übereinstimmung mit der Welterfahrung im Ganzen eine Rolle, die auf Anschauung der Natur beruhte. Bis zu einem gewissen Grad wurde damit schon sehr früh die Erfahrung zu einem der Richter über die Theorie; allerdings geschah das zunächst oft unbewußt durch intuitive Gesamturteile, nicht in Form einer Bestätigung theoretischer Konsequenzen durch systematische Beobachtung der Natur im einzelnen. In dieser Hinsicht hat man im Altertum die Möglichkeiten einer allgemeinen und zugleich genauen Wissenschaft unter- und die Fähigkeiten des menschlichen Geistes, durch Denken zur Wahrheit zu kommen, eher überschätzt. Zwar gelangen schon in frühen Phasen erstaunlich treffende Erklärungen von Einzelerscheinungen der Meteorologie, Astronomie und Biologie, die sowohl auf Beobachtung als auch auf Spekulation beruhten, und die griechische Wissenschaft erreichte im Laufe der Jahrhunderte einen beachtlichen Kenntnisstand; aber der Weg zu einer umfassenden Naturwissenschaft wurde doch erst in der Neuzeit möglich. An dessen Anfang stand die Entdeckung der vollen schöpferischen Kräfte des Menschen in der Renaissance, und die Entwicklung vollzog sich daraufhin im engen Wechselspiel der Konstruktion mathematischer Theorien mit – in zunehmendem Maße experimenteller – Erfahrung.

Das Experiment, besonders in Verbindung mit quantitativen Messungen, war dabei das Neue. Deshalb tendierte man in der modernen Wissenschaftstheorie und -geschichte zeitweilig dazu, die Rolle der Empirie zu überschätzen. Bei aller Bedeutung von Beobachtung und Experiment bleiben jedoch hypothetische Entwürfe für die Entwicklung der Wissenschaft unabdingbar. Theorien entstammen einer abstrahierenden menschlichen Phantasie, ohne die keine wissenschaftliche Erkenntnis möglich wäre; aber die Antwort auf die Frage, ob überhaupt, in welchem Zusammenhang und in welcher Variante eine Theorie richtig ist, gibt die Natur. Insofern ist Naturwissenschaft nicht nur nachträgliche Auswertung von empirischen Fakten, aber auch nicht ein reines Produkt des menschlichen Geistes.

Daß die Natur Gesetze befolgt, die dem menschlichen Verstand zugänglich sind und ihm einfach erscheinen, ist keineswegs selbstverständlich und gilt nicht für alle Erscheinungen. Wir wissen um Grenzen naturwissenschaftlicher Berechenbarkeit. Viele der Fragen, die wir an die Natur stellen, haben keine einfachen oder überhaupt keine Lösung – sie verlieren sich im Komplexen. Es gibt Grenzen der Berechenbarkeit, es gibt Grenzen der Entscheidbarkeit. Jeder Wissenschaftszweig entwickelt seine eigenen Methoden und Begriffe, und die Gesamtheit des Wissens ist über eine Vielzahl von Spezialgebieten verteilt, die von einem einzelnen nicht mehr zu überschauen oder gar zu beherrschen sind.

Ist es unter diesen Aspekten überhaupt berechtigt, von der »Einheit der Natur« zu sprechen? Würde man sich irgendeine Definition für »Einheit« ausdenken und die Natur dann befragen, ob sie sich daran hält, so wäre die Antwort in der Regel »nein«. Entsprechendes würde aber auch für andere allgemeine Erkenntnisse gelten, zum Beispiel für das grundlegende physikalische Gesetz der Erhaltung der Energie: Man muß sich zu seiner Begründung schon bei der Begriffsbestimmung von »Energie« nach der Natur richten; für eine willkürliche Definition von »Energie« würde ein solches Gesetz im allgemeinen nicht gelten. Ganz entsprechend ist auch das Konzept der »Einheit« der Natur an den Erkenntnissen moderner Wissenschaft zu orientieren: Alle Vorgänge in Raum und Zeit sind mit den Grundgesetzen der Physik verbunden, und auf diese Weise ist letztlich alles mit allem verknüpft. Daraus ergibt sich aber noch nicht automatisch jeder wahre Schluß über die Wirklichkeit; es folgt keineswegs die Erklärbarkeit oder Berechenbarkeit aller

Ereignisse. Mit dem auf diese Weise sowohl definierten als auch begrenzten Anspruch begründet die Gesetzlichkeit moderner Wissenschaft das Konzept der »Einheit der Natur«. Das Wissen über die Natur läßt sich nicht auf die Kenntnis der Grundgesetze der Physik reduzieren, aber diese Gesetze bilden die Erklärungsbasis für die Vorgänge in der belebten wie der unbelebten Natur, und das bedeutet philosophisch eben doch sehr viel.

Die so verstandene »Einheit der Natur« steht in enger Beziehung zu Grundprinzipien, wie sie schon die Vorsokratiker postuliert haben; die Philosophen stellten von Anfang an die Erklärung der Natur in allgemeinere Zusammenhänge der Weltdeutung. Diese Aufgabe besteht in veränderter Form fort bis in die Gegenwart; deshalb lohnt der Versuch, zentrale Gedanken alter Philosophie auch für ein modernes Naturverständnis fruchtbar zu machen.

## 2. Erkenntnis der Erkenntnisgrenzen

*...trägt wesentlich zum menschlichen*
*Selbstverständnis bei*

Daß Naturwissenschaft überhaupt möglich ist, zeigt die großen Fähigkeiten des menschlichen Denkens. Wissen über die Natur ist daher immer auch ein wesentlicher Beitrag zum Selbstverständnis des Menschen. Im Streben nach Wissen erfahren wir, daß wir vieles, aber nicht alles wissen können, schon gar nicht über uns selbst. Wie schon Heraklit sagte: *»Der Seele ist der Logos eigen«*; aber auch: *»Der Seele Grenzen kannst Du nicht ausfindig machen, so tief ist ihr ›Logos‹.«*

Daß unser Wissen unvollständig ist, haben bereits die griechischen Naturphilosophen betont – aber die Idee, die Grenzen des Wissens durch wissenschaftliches Denken selbst auszuloten, finden wir in expliziter Form zuerst in der Frührenaissance, in der Philosophie des Nikolaus von Kues. Die moderne Wissenschaft verwirklicht dieses Konzept in erstaunlicher Weise, indem sie wohldefinierte Grenzen der Wissenschaft durch exaktes wissenschaftliches Denken tatsächlich aufzeigt.

Im Rahmen der modernen Physik ist die Vorhersagbarkeit künftiger Ereignisse prinzipiell eingeschränkt; diese Unbestimmtheit ist selbst Naturgesetz. Wie genau kann man Meßinstrumente mit Meßinstrumenten vermessen? Wie verträgt sich die räumliche Ausdehnung eines Partikels mit seiner Unteilbarkeit? Naturphilosophisch gefärbte Fragen dieser Art trugen wesentlich dazu bei, die neue Physik zu schaffen und zu verstehen: Sie ist eine Theorie des möglichen Wissens, und sie führt uns an Grenzen des Wissens, an denen das menschliche Denken, wie Heisenberg es ausgedrückt hat, letztlich sich selbst gegenübersteht.

In einer verwandten Weise führte auch die Mathematik an unüberschreitbare Grenzen der Erkenntnis: Ausgerechnet der Versuch, das logische Denken durch ein System strenger formaler Regeln abzusichern, führte zu der Entdeckung, daß es vernünftig formulierte und dennoch prinzipiell unentscheidbare Aussagen gibt; insbesondere kann in leistungsfähigen logischen Systemen die Widerspruchsfreiheit nicht mit den Mitteln des Systems selbst nachgewiesen werden. Zwar vermag man unter Umständen noch »reichere« Systeme zu konstruieren, die dann die Widerspruchsfreiheit des ärmeren Systems absichern; aber im reicheren System lassen sich dann wieder unentscheidbare Sätze formulieren, darunter der Satz über dessen eigene Widerspruchsfreiheit. Eine perfekte Logik der Logik ist aus logischen Gründen unmöglich, der Absicherungsversuch führt zu einer Kette ohne Ende. Die mathematischen Grenzen der Entscheidbarkeit können als Hinweis darauf gedeutet werden, daß das menschliche Denken in der Gesamtheit seiner Möglichkeiten sich selbst ein Rätsel bleibt.

Grenzen der Erkenntnis ergeben sich auch aus der Endlichkeit der Welt – so unser Ansatz einer finitistischen Erkenntnistheorie. Die Endlichkeit des Kosmos beschränkt im Prinzip die Zahl physikalisch ausführbarer analytischer Operationen, und deswegen kann man bei komplexen Gegebenheiten grundsätzlich nicht alle Möglichkeiten einzeln prüfen, selbst wenn deren Zahl mathematisch gesehen endlich ist.

In der Erkenntnis der Natur erlebt der menschliche Geist seine Fähigkeiten wie seine Grenzen; nun ist aber der Mensch selbst Natur – kann er sich vermittels der Wissenschaft von der Natur selbst begreifen? Diese Frage führte uns auf das Leib-Seele-Problem, das tiefste, für das menschliche Selbstverständnis wichtigste Thema im Grenzbereich zwischen Natur- und Geisteswissenschaft, den »Weltknoten«, wie es Schopenhauer genannt hat. Aristoteles hat wohl als erster die Leib-Seele-Beziehung systematisch erörtert, wenn auch seine überlieferten Aussagen hierüber nicht besonders klar sind. In der Gegenwart ist die Meinung verbreitet, es handele sich eigentlich um ein Scheinproblem, das bei genauerer begrifflicher Analyse verschwinde. Diese These hält einer kritischen Betrachtung aber nicht stand.

In ihrer häufigsten Form besagt die Scheinproblem-These, daß wir seelische Vorgänge nur aufgrund physikalischer Äußerungen erfahren; dem entspricht die Behauptung: »Wut ist Wutverhalten.« Behaviorismus, Positivismus, Ryles Theorie des Geistes laufen letztlich auf diese These hinaus. Selbst der eigene seelische Zustand, so hat Gilbert Ryle argumentiert, werde von uns ganz ähnlich erfaßt wie fremdseelische Zustände; wir nehmen eben unsere eigene Gänsehaut wahr, wenn wir Angst haben. Daran ist etwas Wahres, aber der Begriff des Seelischen geht doch nicht im körperlichen Ausdruck seelischer Empfindungen auf, Wut gibt es auch ohne Wutverhalten, wie jeder von uns weiß.

Eine andere Variante der These vom Scheinproblem besteht in der Behauptung, das Leib-Seele-Problem sei ein Kunstprodukt der Philosophie seit Platon, wenn nicht gar erst seit Descartes. Karl Popper argumentierte dagegen überzeugend, schon bei Homer trete der Leibe-Seele-Dualismus implizit auf. Im 10. Gesang der Odyssee verwandelt die Circe Männer in Schweine: »...sie hatten von Schweinen die Köpfe, Stimmen und Leiber, / Auch die Borsten; allein ihr Verstand blieb völlig wie vormals.« Homer ein Dualist? Zwar nicht im formalen Sinne; aber es machte ihm und seinen Zeitgenossen auch keine großen Schwierigkeiten, Körper und Geist gedanklich zu trennen, wenn es der Poesie diente.

Eine dritte, philosophisch wesentlich hintergründigere Begründung der Scheinproblem-These geht von der Struktur der modernen Physik aus, die im Gegensatz zur anschaulich-materialistischen Physik des vorigen Jahrhunderts eine Theorie des Wissens ist. »Wissen« aber verweist unmittelbar auf »Bewußtsein« zurück; deshalb sei, so wird behauptet, Bewußtsein die eigentliche Wirklichkeit und »objektive« Realität nur Schein. Überzeugend ist eine solche Argumentation aber nicht. Zwar setzt Physik – wie alles, was mit Denken zusammenhängt – Bewußtsein voraus, aber diese Erkenntnis ergibt noch lange keine wissenschaftliche Theorie des Bewußtseins als *Gegenstand* der Forschung. Denkbar wäre, daß eine zukünftige, begrifflich erweiterte Physik einmal das Bewußtsein erklärt – besonders wahrscheinlich ist dies aber nach Lage der Dinge nicht.

Schließlich wird nicht selten behauptet, das Leib-Seele-Problem unterscheide sich überhaupt nicht wesentlich von »gewöhnlichen« naturwissenschaftlichen Fragestellungen und müsse deshalb auch gewöhnliche naturwissenschaftliche Lösungen finden. Um Eigenschaften physikalischer Systeme zu verstehen, müsse man die physikalischen Bestandteile des Systems kennen, physikalische Gesetze zugrunde legen, geeignete Begriffe bilden und die angemessene Mathematik anwenden, um auf diese Weise zu den richtigen naturwissenschaftlichen Erklärungen zu gelangen. Dies gelte zum Beispiel für die Eigenschaft »chemische Bindung«, die in bestimmten Systemen von Atomen auftritt – warum sollte es nicht für »Bewußtsein« – eine Eigenschaft der Systeme von Nervenzellen im menschlichen Gehirn – ebenfalls zutreffen? Die Problematik einer solchen Argumentation liegt darin, daß es keine Garantie für den Erfolg eines solchen Vorgehens gibt. Woher wissen wir, daß uns die richtigen Begriffe und Methoden einfallen, ja, daß das Problem überhaupt mit den endlichen Mitteln des menschlichen Denkens zu lösen ist? Für die chemische Bindung als Eigenschaft von Atomsystemen hat die Naturwissenschaft befriedigende Erklärungen gefunden; daß dies auch für das Bewußtsein als Eigenschaft bestimmter, komplexer Systeme von Nervenzellen möglich sein wird, ist deswegen noch lange nicht gesichert.

Im Eingangskapitel wurde vielmehr die gegenteilige Vermutung begründet, daß das Leib-Seele-Problem *im Prinzip* nicht vollständig lösbar ist, obwohl die Physik im Gehirn vollständig gilt und obwohl es eine eindeutige Beziehung zwischen Gehirnzustand und seelischem Zustand gibt. Der Unterschied zur Erklärung der chemischen Bindung liegt nicht darin, daß für das Gehirn eine andere – oder gar keine – Physik gilt, sondern darin, daß man hinsichtlich der Eigenschaften komplexer Nervennetze mit Grenzen mathematisch-logischer Entscheidbarkeit zu rechnen hat. Die Begründung stützt sich auf finitistische Argumente: Die Endlichkeit der Welt begrenzt die Entscheidbarkeit von Problemen. Die Beziehung zwischen Gehirnzustand und seelischem Zustand ist vermutlich prinzipiell nicht vollständig zu entschlüsseln, jedenfalls nicht mit innerweltlichen, endlichen Mitteln. Auch wer von der philosophischen Tragfähigkeit des finitistischen Argumentes nicht zu überzeugen ist, kann doch die Unauflöslichkeit der Leib-Seele-Beziehung als intuitiv plausibel erkennen: Das Bewußtsein kann sich nicht selbst vollständig erfassen, da jeder Selbstbezug unvollständig und widerspruchsanfällig ist.

So viel weiter als Aristoteles sind wir mit dieser Selbstbescheidung allerdings auch nicht gekommen: Es sei – so sagt er in den einleitenden Sätzen von »De anima« – besonders schwer, sich eine feste Meinung über die Seele zu bilden; die Schwierigkeit beruht nach Aristoteles nicht zuletzt darauf, daß jeder Vorgang in unserer Seele anscheinend mit Vorgängen in unserem Leib verbunden ist – daß aber mit dieser Erkenntnis das Leib-Seele-Problem selbst noch lange nicht gelöst oder gar als irrelevant erwiesen ist. Analysen moderner Wissenschaft haben deutlich aufgezeigt, daß die Physik im Gehirn gilt; daß physikalische Systeme der Informationsverarbeitung »höhere« geistige Leistungen erbringen können, die Strategieentwicklung, Selbstkontrolle und Selbstrepräsentation mit umfassen; daß schließlich die Evolution von Nervensystemen mit solchen Fähigkeiten aufgrund von Mutation und Selektion im Laufe der Entwicklung des Lebens auf der Erde plausibel erscheint. Mit diesen Folgerungen, durch die die Argumentationskette zur wissenschaftlichen Erklärung von »Bewußtsein« nicht selten abgebrochen wird, gewinnen aber die interessantesten Probleme im Umfeld der Leib-Seele-Beziehung überhaupt erst ihre Konturen: Was formal exakt zu beschreiben ist, kann vermutlich auch auf rein naturwissenschaftlicher Basis erklärt werden – aber ist wirklich alles im Bereich des Seelischen mit Hilfe streng und exakt definierter Begriffe formal darzustellen? Unsere Argumentation lief darauf hinaus, daß die Antwort vermutlich »nein« heißt; dann aber ist auch kein vollständiges, voraussetzungsloses, rein naturwissenschaftliches Verständnis des Menschen zu erwarten.

Unser Fazit lautet: Man glaube niemandem, das Leib-Seele-Problem sei nur ein Kunstprodukt falschen Denkens. Man glaube aber auch nicht, es sei im Grunde schon gelöst. Es sieht eher danach aus, daß es prinzipiell nicht vollständig lösbar sein wird. Zwar ist Bewußtsein mit physikalischen Gehirnvorgängen korreliert, aber physikalische Erkenntnis erfordert ihrerseits Bewußtsein – daher setzt jede physikalische Erklärung von Bewußtsein das, was erklärt werden soll, im Ansatz schon voraus; hier liegt vermutlich der tiefere Grund dafür, daß eine objektive Definition von Bewußtsein so schwierig ist und eine Theorie des Bewußtseins nicht einfach in der Physik als der Wissenschaft der äußeren, objektivierbaren Erfahrung aufgehen kann.

Sicher sind in Zukunft neue wichtige Erkenntnisse über die Neurobiologie des Bewußtseins zu erwarten, etwa in bezug auf Emotionen, Zeitempfinden, Lernen und Gedächtnis, Sprache, Aufmerksamkeit, geplantes Handeln und strategisches Denken. Es bleibt der begründete Zweifel über die Möglichkeit einer *vollständigen* Theorie, die zum Beispiel die Selbstrepräsentation der Person im eigenen Bewußtsein einschließt. Ich möchte solche prinzipiell unüberwindliche Unwissenheit ganz im Sinne des Nikolaus von Kues *positiv* interpretieren: Sie begründet Freiheit im Selbstverständnis des einzelnen. Zwar gibt es Auffassungen, die mit wissenschaftlichen Ergebnissen unverträglich sind – wie die Behauptung, seelische Vorgänge wirkten unmittelbar auf physikalische Prozesse ein; es gibt jedoch ein weites Spektrum möglicher Deutungen, die mit konsequent wissenschaftlichem Denken voll vereinbar sind. Die mechanistisch-materialistische Variante ist dabei nur eine Möglichkeit und alles andere als zwingend. Die jeweils bevorzugte Interpretation sagt mehr über das Lebensgefühl des einzelnen und sein soziokulturelles Umfeld aus als über die Beziehung von Leib und Seele.

Mit der Frage nach der Seele scheinen wir auf grundsätzlich unüberwindliche Grenzen menschlichen Wissens zu stoßen, die, ähnlich wie die der Physik und Mathematik, mit der Problematik der Selbstreferenz und Selbstanalyse zu tun haben. Erkenntnisse über Grenzen der Erkenntnis verweisen uns auf Voraussetzungen des Denkens, die nicht vollständig zum Gegenstand des Denkens gemacht werden können, die eher zu erahnen als zu bestimmen sind. Soll man es dabei belassen oder diese Voraussetzungen nun doch thematisieren? Mit einer unüberwindlichen »Komplementarität« des Gesicherten und des Interessanten muß man sich abfinden, sie gehört zu den nicht beeinflußbaren Lebensumständen: Was wir *genau* wissen – und das sind eigentlich nur rein formale Beziehungen der Mathematik –, ist meist nicht sehr interessant. Wichtiger ist uns das Verständnis der Wirklichkeit, aber hier beginnen auch die Ungenauigkeiten. Die »metatheoretischen« Fragen, die uns am meisten interessieren, finden in der Regel die am wenigsten gesicherten Antworten. Man kann sich nun einer positivistischen Philosophie verschreiben, die auf alle Aussagen verzichtet, welche nicht durch Erfahrung und Logik zu erhärten sind. Damit werden aber Grundfragen der menschlichen Existenz dem Denken völlig entzogen und nur noch dem Gefühl überlassen; es fragt sich, ob man das wirklich will. Der andere – und, wie mir scheint, bessere – Weg entspricht der Philosophie »alten Stils« mit ihrem Versuch, noch jenseits der Grenzen formalen Denkens der Wahrheit nahezukommen. Mehrdeutigkeit ist dafür der Preis; der Gewinn liegt in der Erweiterung des Blickfeldes: Erst auf der metatheoretischen, philosophischen Ebene wird die Beziehung von Wissen und Weisheit zum Thema, verknüpft sich die Suche nach Wahrheit mit den Fragen nach dem Lebenssinn und der »guten« Art zu leben.

So etwa sah es schon Nikolaus von Kues, indem er die »belehrte Unwissenheit«, das Wissen über das Nichtwissen, thematisierte und dieses Wissen als höchste Form der Erkenntnis ansah, das die intuitive »Schau« auf die Voraussetzungen menschlichen Denkens erst ermöglicht.

# 3. Wissenschaft und Religion

*...sind logisch vereinbar; religiöse und nichtreligiöse Weltdeutungen werden auf Dauer koexistieren*

Für Nikolaus von Kues, den Theologen, war die »Schau« auf die Voraussetzungen alles Wissens jenseits der Grenzen des Wissens ganz selbstverständlich auf das Göttliche gerichtet. Diese Ausrichtung ist nicht zwingend, und in der Gegenwart werden viele die rechte Deutung im Rahmen einer innerweltlichen, agnostischen Philosophie suchen; viele, aber nicht alle. Die Beziehung zwischen Wissenschaft und Religion hat sich im Laufe der Geschichte immer wieder gewandelt. Ein neues Verständnis dieser Beziehung deutet sich in der Gegenwart an. Vom Umdenken betroffen sind sowohl Deutungen der Vergangenheit als auch Prognosen für die Zukunft.

Was die Vergangenheit angeht, so erscheint vordergründig die Geschichte der Wissenschaften als eine Befreiung von überlieferten religiösen Vorstellungen. Diese Sichtweise beherrschte bis in die jüngere Zeit die Diskussion. Völlig falsch ist sie nicht: Die »Meinungen der Physiker« im ionischen Griechenland waren wirklich eine Absage an traditionelle Vorstellungen von der alten Götterwelt. Zwar waren die abstrakten Gedanken des Xenophanes über den einen, unsichtbaren, unerfaßbaren Gott tief religiös; aber er lehnte das überlieferte Konzept von Göttern mit menschlichen Emotionen ebenso ab wie die Riten zu ihrer Beschwichtigung. In ähnlicher Weise kritisch war Heraklit. Anaxagoras bekam mit seiner Behauptung, die Sonne sei eine glühende Gesteinsmasse und kein göttliches Wesen, die größten Schwierigkeiten mit den Autoritäten von Athen, desgleichen später Protagoras mit der erkenntniskritischen Bemerkung, über die Götter wisse er nichts zu sagen, dazu sei das Problem zu dunkel und das Leben zu kurz. Auch Aristarch von Samos wurde der Gottlosigkeit angeklagt, da er behauptet hatte, die Erde kreise um die Sonne. In der Neuzeit setzte mit dem Prozeß gegen Galilei eine dramatische Auseinandersetzung zwischen Wissenschaft und Glauben ein, die im vorigen Jahrhundert im Zusammenhang mit der Lehre von der Abstammung des Menschen aus dem Tierreich einen weiteren Höhepunkt erreichte.

Die Wissenschaft hat sich trotz aller Gegenströmungen entwickelt; wissenschaftlicher Fortschritt erfordert nicht allgemeine Anerkennung und schon gar nicht die Vorherrschaft wissenschaftlichen Denkens in der Gesellschaft. Nötig ist nur ein gewisser Freiraum, der sich nicht zuletzt dadurch ergab, daß Wissenschaft seit dem Mittelalter international ist und die Wissenschaftler immer sehr beweglich waren; deshalb konnten sich die Zentren der Gelehrsamkeit ziemlich leicht von repressiven in liberale Umfelder verlagern.

So bedeutsam die relative Freiheit der Wissenschaft war, Erkenntnisse auch gegen religiöse Traditionen zu gewinnen und zu verbreiten, so falsch wäre es, Wissenschaft als mehr oder weniger zwangsläufiges Ergebnis einer Befreiung von religiösen Vorstellungen anzusehen. Hätte man in irgendeiner Gesellschaft, sagen wir in der Südsee, die Religion abgeschafft, so hätte sich deswegen noch lange nicht eine Theorie der Natur entwickelt, wie sie an der kleinasiatischen Küste vor zweieinhalb Jahrtausenden begründet wurde. Die religiösen, kulturellen Vorstellungen des frühen Griechentums, des vorchristlichen Nahen Ostens, und – später – die Ideenwelt des Christentums europäischer Prägung waren entscheidende Determinanten der Wissenschaftsgeschichte. Impulse für die Wissenschaft gab die *Abstraktion* religiöser Ideen mehr noch als ihre *Bekämpfung*. Theoretisches Wissen wurde bis weit in die Neuzeit als Versuch verstanden, dem Göttlichen näherzukommen. Allein die Wortgeschichte von »Theorie« ist aufschlußreich. Es heißt »Schau«; gemeint ist Zusammenschau zur Erkenntnis mehr oder weniger verborgener Zusammenhänge. Im frühen Griechenland verband sich damit eine ganz spezielle Bedeutung: »Theoria« nannte man die Delegation der Zuschauer, die von einer Stadt zu den Heiligen Spielen in Delphi, Olympia und Delos entsandt wurde.

Später wandelte sich die Bedeutung so, daß »zusammenfassendes Verständnis« gemeint war; der Blick auf das Göttliche blieb von der griechischen Philosophie bis zur neuzeitlichen europäischen Naturwissenschaft wesentlich, wie dies zum Beispiel die Aussagen von Kepler bezeugen.

Die Wissenschaft ist, was ihre Motivation angeht, durchaus ein Kind – wenn auch ein widerborstiges – der auf der griechischen Kultur aufbauenden christlichen Tradition, entscheidend inspiriert von ihren religiösen Grundvorstellungen. Der Wahrheitsanspruch der Wissenschaft ist allerdings von diesem kulturellen Zusammenhang ihrer Entstehung nicht mehr abhängig; wissenschaftliche Erkenntnis ist universell, beruht sie doch darauf, daß sie sich bei der Erklärung der Wirklichkeit bewährt. Zwar behaupten einige Wissenschaftstheoretiker und Wissenschaftshistoriker in der Gegenwart, die Naturwissenschaft könne keinen zeitlosen und interkulturellen Wahrheitsanspruch stellen, sie habe sich nur über sozioökonomische, koloniale und imperiale Mechanismen verbreitet; in Wirklichkeit aber werden die Grundlagen der Physik, Chemie, Biologie und Mathematik nirgendwo mit ernstzunehmenden spezifischen Argumenten bestritten, und ihre kulturüberschreitende Geltung in der heutigen Welt beruht auf derselben Art von Bewährung, mit der sie sich zuvor *innerhalb* der europäischen Kultur im Laufe der Jahrhunderte gegen viele alternative Denkansätze und Weltauffassungen durchgesetzt hat.

Wenden wir uns nun von der Einschätzung der Rolle von Religion für die Wissenschaftsentwicklung in der Vergangenheit zu Prognosen über die Zukunft der Religion in einer wissenschaftlich-technischen Welt. In der ersten Blütezeit der europäischen Aufklärung am Ende des 18. Jahrhunderts verband sich wissenschaftlicher Fortschrittsglaube eng mit religiöser Skepsis. Die weiteren Erfolge mechanistischen Denkens, besonders aber die Evolutionslehre schienen die Überlieferungen der christlichen Religionen so weit zu untergraben, daß es nicht nur in marxistischen, sondern auch weithin in bürgerlichen Kreisen üblich wurde, ein allmähliches Absterben der Religion als Folge des Fortschritts der Wissenschaften vorherzusagen – und dies in verschiedensten Stimmungslagen, seien sie hoffnungsvoll, schadenfroh, nostalgisch oder verängstigt. Keine dieser Prognosen hat die Geschichte eingelöst, und ähnlich negative Vorhersagen sind in der Gegenwart eher selten geworden. Daran hat die wissenschaftliche Entwicklung, ganz besonders aber die Thematisierung der Erkenntnisgrenzen des Wissens durch die Wissenschaft selbst, entscheidenden Anteil. Zwar haben die Relativitätstheorie, die Quantenphysik oder die mathematische Entscheidungstheorie die allgemeine Einstellung zu weltanschaulichen Fragen nicht plötzlich und dramatisch verändert – das Umdenken vollzog sich, im Vergleich etwa zur schrillen Kontroverse des 19. Jahrhunderts über die Abstammung des Menschen vom Affen, eher leise: Eine Reihe anerkannter Pioniere der neuen Naturwissenschaft wie Einstein, Planck und Heisenberg bekundete ihr Aufgeschlossensein für religiöse Fragen. Das gilt auch – was weniger bekannt ist – für Gödel, den Begründer der mathematischen Entscheidungstheorie. Theologie und Philosophie gingen in kleinen Schritten auf die moderne Naturwissenschaft zu. Schließlich drang die im neuen Denken begründete Selbstbescheidung und die damit verbundene Offenheit für Fragen außerhalb der Naturwissenschaft in das öffentliche Bewußtsein ein. Zwar hatte die analytische Philosophie in den zwanziger und dreißiger Jahren unseres Jahrhunderts noch einmal versucht, die Unvereinbarkeit wissenschaftlicher Vernunft mit religiösen Anschauungen aufzuzeigen: Sie forderte die Verankerung sinnvoller Aussagen in Logik und Erfahrung, und diesen Kriterien konnten Begriffe wie »Gott« und »Seele« nicht entsprechen; dann stellte sich aber heraus, daß auch die Wissenschaft selbst die gestellten Anforderungen nicht erfüllte. Damit war es mit dem letzten ernstzunehmenden Versuch einer radikalen wissenschaftlichen Religionskritik vorbei. Schließlich fiel auch in der Wissenschaftstheorie das absolute Verdikt gegen »Metaphysik«.

Es bleibt unbestritten, daß Wissenschaft traditionelle Aussagen von Religionen widerlegt und zu Neuinterpretation, Revision und Abstraktion der Überlieferung Anlaß gibt. Abstraktion charakterisiert schon die Lehre des Xenophanes, die den Göttern menschliche Leidenschaften absprach, um so mehr aber Gottesauffassungen moderner Theologie, die im Raum und vielleicht sogar in der Zeit menschliche Anschauungsformen sieht, welche für den Begriff des Göttlichen nur bildhaft und deshalb nicht widerspruchsfrei gebraucht werden können. Wissenschaft widerlegt nicht Religion als solche. Wissenschaft ist mit dem Glauben vereinbar, daß es keinen Gott, einen Gott oder mehrere Götter gibt. Der Mensch kann, er muß aber nicht die Welt als Gottes Schöpfung und den Menschen als sein Ebenbild verstehen. Religion steht in Zusammenhang mit Lebensbereichen, die die Wissenschaften nicht ausfüllen und die dennoch für das Individuum und die Gesellschaft wichtig sind; sie stellt sich Fragen nach dem Sinn und Ziel menschlichen Daseins und nach dem »guten« Leben.

Die moderne Wissenschaft liefert also keine Begründung für eine Ablehnung von Religion; andererseits wäre es aber auch falsch, die religiöse Skepsis in erster Linie als ein vorübergehendes Produkt einer bestimmten, inzwischen vergangenen Phase neuzeitlicher Wissenschaftsgeschichte anzusehen. Religiöse Skepsis ist seit den Anfängen der Kulturgeschichte bezeugt; sie ist zumindest angedeutet im Gilgamesch-Epos der Sumerer vor fünf Jahrtausenden, in altägyptischen Texten wie dem »Brief des Lebensmüden an seine Seele«, sie findet sich im klassischen Altertum, im Mittelalter und der frühen Neuzeit. Wir kennen sie trotz, manchmal sogar wegen der öffentlichen Unterdrückung »ketzerischer« Ansätze. So wissen wir zum Beispiel von Thesen des Unglaubens im Paris des 13. Jahrhunderts, weil sie der Erzbischof von Paris anläßlich ihres Verbots einzeln aufgeführt hat.

Religiöse Skepsis erscheint als eine beständige, von der naturwissenschaftlichen Entwicklung nicht entscheidend abhängige Strömung der Kulturgeschichte. Andererseits haben sich, wie bemerkt, die Prognosen zum Absterben der Religion nun schon über Jahrhunderte hinweg als falsch erwiesen, und diese empirische Tatsache findet ihre Entsprechung in der erkenntnistheoretischen Einsicht, daß wissenschaftliche Wahrheit mit agnostischen ebenso wie mit religiösen Auffassungen vereinbar ist. So ist in unserer Gegenwart wohl die Prognose erlaubt, daß weder religiöse noch nichtreligiöse Weltdeutungen zum Absterben verurteilt sind. Die begründete Erwartung für die Zukunft heißt: *Koexistenz auf Dauer.*

Philosophischer, kultureller, religiöser Pluralismus – innerhalb einzelner Gesellschaften, erst recht im Weltmaßstab – wie ist der subjektive Anspruch auf Wahrheit mit dem Gebot der Toleranz in der Gesellschaft zu versöhnen? Konflikte dieser Art haben keine formale Lösung. Diese negative Erkenntnis ist wiederum die wichtigste Einsicht für einen angemessenen Umgang mit den Problemen; zeigt sie doch, daß es wenig Sinn macht, Befürworter des friedlichen Nebeneinanders verschiedener Denkrichtungen der Gleichgültigkeit gegenüber Grundfragen des Menschen zu bezichtigen und zugleich jedes überzeugte Eintreten für eine bestimmte Auffassung unter den Verdacht der Unduldsamkeit zu stellen. Die friedliche Koexistenz verschiedener Kulturen und Religionen steht nicht im Widerspruch zu einer kontroversen Auseinandersetzung über die beste Art zu leben, solange sie in toleranter Form geführt wird.

Einzelne, die glauben, ihrer Überzeugung mehr schuldig zu sein, kann die Gesellschaft auch noch verkraften – nicht jeder Sektierer muß nach dem Maßstab gemessen werden, was aus uns würde, wenn wir alle so wären wie er. Allerdings zeigt die Geschichte, daß die größten Grausamkeiten unter Berufung auf unverrückbare ideologische und moralische Überzeugungen begangen wurden und daß es gerade der schrankenlose Moralismus ist, der Menschen trennt und ihr Verhalten enthemmt. Unter psychologischen wie anthropologischen Aspekten ist es gar nicht verwunderlich, daß moralische Überforderung selten zu guten Resultaten führt. Zum einen, weil Vorstellungen von dem, was moralisch ist, verschieden sind; zum anderen, weil dem biologischen Erbe des Menschen eher eine Mischung von Egoismus und Altruismus entspricht als Treue zu absoluten Prinzipien. Mitmenschlichkeit setzt in der Regel die Fähigkeit voraus, sich selbst zu bejahen und andere in ihrer Verschiedenheit anzunehmen.

Auch *innerhalb* des Rahmens einer einzelnen Religion ist die Entwicklung der Wissenschaft eine ständige Herausforderung zur Interpretation der Überlieferung und zu Antworten auf die großen Sinnfragen. Da religiöse Aussagen zumeist außerwissenschaftliche Fragen betreffen, können sie den Wahrheitskriterien empirischer Bestätigung nicht unterworfen werden. Eine vollständige Trennung wissenschaftlicher und religiöser Aussagen ist jedoch nicht möglich, denn Wissenschaft erfaßt auch Bereiche wie Religionsgeschichte und Religionspsychologie, während das Verständnis von Religion auch die Antwort der Natur auf das Erkenntnisbedürfnis des Menschen einbezieht. So kann im Rahmen der jüdisch-christlichen Tradition Wissenschaft als Fähigkeit des Menschen gedeutet werden, die Schöpfung gedanklich zu verstehen und nachzuvollziehen. Dies war zum Beispiel die Ansicht Keplers. Nikolaus von Kues ging, wie wir gesehen haben, noch weiter. Die Aussage »Der Mensch ist Gottes Ebenbild« bezieht sich für ihn auf die Kreativität, nicht nur auf den Nachvollzug. Wie Gott die Welt in Wirklichkeit erschaffen hat, so schafft sie der Mensch in Begriffen des Denkens.

Solche Versuche zu einer vereinheitlichenden Sicht von Wissenschaft und Glauben sind für manche der tiefste Sinn des Wissens. Andere sehen darin eine maßlose Überschätzung des Denkens: Werden so nicht Hauptthemen der Religion verdrängt, wie die Frage nach dem Lebenssinn und der Endlichkeit des Daseins, reduziert man damit nicht auch den Wahrheitsanspruch und die Bedeutung ihrer Riten und Symbole, um sie in den zu engen Rahmen des Verstandes einzupassen?

So berechtigt Warnungen vor einer rationalistischen Vereinnahmung der Religion sind, so wenig überzeugend ist die entgegengesetzte Auffassung, Religion erfordere nun einmal Verstandesopfer. Diese Meinung wird merkwürdigerweise sowohl für als auch gegen Religion ins Feld geführt: von Fundamentalisten, die die überlieferten Texte vor die Ergebnisse der Wissenschaft stellen, und von Atheisten, die Religion geradezu durch das Merkmal »Irrationalität« charakterisieren. Diese Thesen werden aber den verstandesmäßigen Grenzen des Verstandes nicht gerecht, die die moderne Wissenschaft positiv aufgezeigt hat; Wissenschaft als Ganzes erlaubt verschiedene Deutungen, ohne daß dabei auf das inhaltliche Wissen über die Natur verzichtet und der Wahrheitsanspruch der Naturwissenschaft bestritten würde. Daß wir zu theoretischer Erkenntnis fähig sind, ist geradezu eine Herausforderung zur Deutung, zum Verständnis auf der metatheoretischen Ebene, auf der sich Philosophie und Religion begegnen.

Ein frühes Dokument solcher Deutung ist die jüdische Weisheitslehre des Alten Testamentes, die vermutlich im 3. vorchristlichen Jahrhundert nicht ohne griechische Anregungen entstanden ist. Darin wird die Weisheit als erste Schöpfung Gottes gesehen, geschaffen sozusagen am nullten Schöpfungstag, vor der Welt; in den »Sprüchen Salomos« sagt sie über sich selbst:

>»Ich, Weisheit, wohne bei der Klugheit und weiß guten Rat
>zu geben...
>Mein ist beides, Rat und Tat, ich habe Verstand und
>Macht...
>Der Herr hat mich geschaffen als den Anfang seiner Wege,
>als das früheste seiner Werke, vor den Zeiten...
>Ich bin eingesetzt von Ewigkeit, von Anfang, vor der
>Erde...
>Da er den Grund der Erde legte, war ich der Werkmeister bei
>ihm und hatte meine Lust täglich und spielte vor ihm allezeit, und spielte auf seinem Erdboden, und meine Lust ist
>bei den Menschenkindern.«

Dem letzten vorchristlichen Jahrhundert entstammen, wohl unter verstärktem Einfluß griechischen Denkens auf jüdische Theologie im hellenistischen Alexandria, die Texte der »Weisheit Salomos«, in denen die Weisheit ganz explizit als Gabe Gottes zum *Verständnis* der Wirklichkeit, zur *Erklärung der Natur* erscheint:

>»Gott... hat mir gegeben gewisse Erkenntnis alles Dinges,
>daß ich weiß, wie die Welt gemacht ist, und die Kraft der Elemente; der Zeit Anfang, Ende und Mittel; wie der Tag zu-
>und abnimmt; wie die Zeit des Jahres sich ändert, und wie das
>Jahr herumläuft; wie die Sterne stehen;
>Die Art der zahmen und der wilden Tiere; wie der Wind so
>stürmet; und was die Leute im Sinn haben; mancherlei Art
>der Pflanzen und Kraft der Wurzeln.
>Ich weiß alles, was verborgen und offenbar ist; denn die Weisheit, so aller Kunst Meister ist, lehrte es mich

…in ihr ist ein Geist, der verständig ist…
…sie ist einig und tut doch alles
…sie ist der heimliche Rat in Gottes Erkenntnis und ein An-
geber seiner Werke…«

In der Geschichte des Christentums finden sich Bezüge zur Philosophie schon in den frühesten Anfängen, in den ersten Begeg-
nungen jüdisch-christlichen Denkens mit römischer und griechischer Kultur. »Gottes unsichtbare Eigenschaften, seine ewige
Kraft und Göttlichkeit, werden von der Schöpfung der Welt her
an seinen Werken ersehen, wenn man nachdenklich darauf achtet«, sagt Paulus im Römerbrief, und der Prolog des Johannes-
Evangeliums beginnt: »Am Anfang war der ›Logos‹ und der
›Logos‹ war bei Gott und Gott war der ›Logos‹.« Der Begriff
»Logos«, eingeführt von Heraklit von Ephesus um 500 Jahre vor
Christus, bezeichnet zunächst die Gesetzlichkeit der Natur, die
begriffliche Einheit der Welt, zugänglich dem menschlichen
Denken, aber auch verweisend auf das Göttliche. »Logos«
wurde danach zu einem zentralen Begriff der stoischen Philosophie, in der sich die Menschen als Teil des Kosmos verstanden.
Wir finden ihn in umgedeuteter Form wieder in verschiedenen
Strömungen jüdischen und frühchristlichen Denkens.
  Der Evangelist Johannes identifiziert den Logos mit Christus;
zugleich aber ist er das schöpferische, göttliche Prinzip des Welt-
ganzen: »Alle Dinge sind durch denselben gemacht, und ohne
denselben ist nichts gemacht, was gemacht ist.« Johannes, so
will es die christliche Überlieferung, lebte zuletzt in Ephesus,
der Stadt Heraklits. Von der Ruine der Basilika, die über der
Grabstätte des Evangelisten errichtet worden sein soll, geht der
Blick einige hundert Meter weiter in die Ebene, wo vor zweieinhalb Jahrtausenden der Tempel der Artemis erbaut wurde, eines
der sieben Weltwunder der Antike. Heraklit hinterlegte in
diesem Tempel – zu seiner Zeit ein »Neubau« – sein philosophisches Werk zur Bewahrung und Tradition an die Nach-
welt. Die Hoffnung erfüllte sich kaum; der Tempel wurde immer wieder zerstört, und nur wenige der dunklen Sprüche sind
überliefert, über den »Logos« nicht mehr als einige bruchstück-
hafte Sätze. Wo einst das riesige Bauwerk stand, finden sich

heute Tümpel und Sträucher. Irgendwo steht eine einzelne wiederaufgerichtete Säule. Die wenigen Touristen, die sich aus den spektakulären Ruinen der Römerstadt hierher verirren, blicken enttäuscht auf die grauen Steine im Sumpf.

Hätte Heraklit die Umdeutung des »Logos« bei Johannes gefallen? Vermutlich kaum; schon von den Denkern seiner eigenen Zeit hielt er nicht viel. Und doch geht es dem Evangelisten, mehr als ein halbes Jahrtausend nach Heraklit, wieder um die begriffliche Deutung der Welt als Ganzes, gedacht in Beziehung zu religiösen Vorstellungen seiner eigenen Zeit und Umwelt. Darum war es auch schon Heraklit gegangen. Viel Wasser war seitdem den nahegelegenen Mäander heruntergeflossen. »Wir steigen in denselben Fluß und doch nicht in denselben – wir sind es und wir sind es nicht« – dieser berühmte Spruch des alten »Physikers« aus Ephesus über Bestand und Wandel im Strom der Zeit mag auch für den Schlüsselbegriff seines eigenen philosophischen Denkens gelten. In diesem Sinne: Der »Logos« im Prolog des Johannes-Evangeliums ist nicht und ist doch derselbe wie der »Logos« des Heraklit.

# 4. Umgang mit Natur und Umgang mit Wissen

*Gründe für Behutsamkeit bei der Anwendung von Wissenschaft und Technik auf die Natur und den Menschen*

Verantwortung für die Natur, Bewahrung der Schöpfung – so heißen die Stichworte in agnostischer und in christlicher Formulierung für ein behutsames Umgehen mit der Natur. Das Problem entstand durch die umfassenden und zeitlich weit in die Zukunft reichenden Folgen moderner Technik. »Umweltprobleme« gab es zwar schon im Altertum: Die Abholzung der Wälder des Mittelmeerraumes in der Römerzeit führte zu Verkarstung und Verarmung weiter Landstriche. Gerade in der Waldwirtschaft gab es aber auch schon vor langer Zeit Maßnahmen zur Erhaltung der Umwelt – der Reichswald des mittelalterlichen Nürnberg oder die Aufforstung des Schwarzwaldes am Ende des 18. Jahrhunderts sind Beispiele dafür. Philosophisch wurde die Beziehung des Menschen zur Natur bereits vor der großen Welle der Industrialisierung thematisiert. Der junge Schelling wandte sich besonders energisch gegen die Verdinglichung der Natur in der »Ich«-Philosophie Fichtes:

> »In älteren Systemen war es wenigstens die Offenbarung der Güte, Weisheit und Macht des ewigen Wesens, die als Urzweck der Natur zugrundegelegt wurde. Im Fichte'schen System hat sie diesen letzten Rest von Erhabenheit verloren, und ihr ganzes Dasein läuft auf den Zweck ihrer Bearbeitung und Bewirtschaftung durch den Menschen hinaus.«[1]

> »Was ist am Ende die Essenz seiner ganzen Meinung von der Natur? Es ist die, daß die Natur gebraucht, benutzt werden soll, und daß sie zu nichts weiter da ist, als gebraucht zu wer-

den... Soweit nur immer die Natur menschlichen Zwecken dient, wird sie getötet.«[2]

Ganz neu sind also Umweltprobleme, Umweltbewußtsein, philosophische Gedanken zur Umwelt nicht – aber die Herausforderungen der Gegenwart sind doch von ganz anderer Größenordnung: Nur der reflektierte, zurückhaltende Gebrauch der Technik und der Übergang zu erneuerbaren, umweltfreundlichen Energiequellen wird Boden, Luft und Wasser so erhalten, daß die Erde auf Dauer für Menschen bewohnbar bleibt. Ohne die systematische Bewahrung von Strukturen, besonders von biologischen Arten, vor irreversibler Zerstörung ergäbe sich schließlich eine einförmige, vielleicht auch durch Einförmigkeit gefährdete Umwelt.

Derartige Begründungen und Motive für einen an langfristigen Zielen orientierten, geplanten, schützenden Umgang mit der Natur berufen sich zunächst »nur« auf die Lebensmöglichkeiten für künftige Generationen von Menschen. Haben wir darüber hinaus noch eine Verantwortung für die Natur als solche? Dieses philosophische Problem besitzt keine allgemeinverbindliche Lösung. In den praktischen Konsequenzen unterscheiden sich verschiedene theoretische Antworten hierauf nicht unmittelbar. Wenn man in das Ziel der Umwelterhaltung für den Menschen auch das subjektive Naturerleben und die Offenheit für noch nicht bekannte praktische Möglichkeiten – etwa der Nutzung der Gene von Wildpflanzen und Insekten – für alle Zukunft einbezieht, so läuft dies fast auf das gleiche hinaus, als wenn man den Strukturreichtum der Natur um ihrer selbst willen erhalten möchte. Das letztgenannte Motiv hat allerdings den Vorteil, daß sich die Beweislast der Umweltverträglichkeit erheblich zugunsten der Natur verschiebt.

In solchen Zusammenhängen stellt sich die Frage, ob eine philosophisch begründete Ethik, die sich als »Erkenntnis des Guten« versteht, gegen politische und wirtschaftliche Interessen überhaupt etwas ausrichten kann. Dabei wäre allerdings verallgemeinernde Skepsis billig, bequem und kurzsichtig. Da der Mensch von seinem biologischen Erbe her zu egoistischem wie altruistischem Handeln fähig ist, hat Ethik dann Chancen, wenn sie ihn fordert, aber nicht überfordert. Diese Überlegung läßt aber auch erkennen, daß es Grade des Problemdruckes gibt, vor denen zunächst ethische Einsichten, sodann die praktische Vernunft und schließlich auch die *weitsichtigeren* Formen des menschlichen Egoismus – etwa in Gestalt von Langzeitplanung, Risikobegrenzung, Vertrauensbildung – gänzlich versagen. Hier hilft nur der Versuch, den Problemdruck zu begrenzen.

Was den Umgang mit Natur angeht, so entsteht der überwältigende Problemdruck besonders durch das dramatische Wachstum der Weltbevölkerung. Beispiele der Entwaldung und des Vordringens der Trockenzonen in einigen Gegenden der Welt zeigen, wie eine zunehmende Bevölkerungsdichte letztlich die Zerstörung der Lebensgrundlage künftiger Generationen bewirken kann. Unbegrenztes Bevölkerungswachstum führt zu wachsenden Problemen bei sinkender Problemlösungskapazität und damit in eine Eigendynamik mit katastrophaler Entwicklungstendenz. Nur eine begrenzte Bevölkerungsdichte wäre mit annehmbarer Lebensqualität für alle und auf Dauer verträglich. Gegen die Umsetzung dieser Einsicht in praktisches Handeln gibt es zwei Typen von Einwänden: Maßnahmen, die auf demographische Stabilität abzielen, seien unnatürlich – selbst wenn sie sich auf die Mittel der Belehrung und Überredung beschränken; im Zielkonflikt mit der Unnatürlichkeit niedriger Lebensqualität in einer zugleich ärmlichen und künstlichen Umwelt bei hoher Bevölkerungsdichte zählt dieses Argument jedoch wenig. Sodann wird behauptet, gegen traditionelle Verhaltensweise ließe sich entweder gar nicht oder nur sehr langfristig oder nur unter unrealistischen Voraussetzungen angehen; zum Beispiel gebe es einen unveränderbaren Zusammenhang zwischen Armut und Kinderzahl. Zusammenhänge dieser Art sind aber keine Naturgesetze; sie für solche zu erklären, entspricht einer vernunftwidrigen Resignation, die die Lösung der Probleme vollends unmöglich macht. Zwar kann der Hinweis auf das Bevölkerungswachstum keine Entlastung von der globalen Verantwortung für die Not der Dritten Welt darstellen, und die Lösung des demographischen Problems wäre in sich keineswegs *hinreichend* für eine sozial verantwortbare Entwicklung; hierzu gehören nicht zuletzt ein bewahrender beziehungsweise regenerierender Umgang mit den natürlichen Ressourcen der Erde ebenso wie eine Begrenzung ökonomischer Ungleichheiten. Eine *notwendige* Bedingung aber ist eine Wachstumsbegrenzung der Weltbevölkerung in jedem Fall.

Philosophisch besonders herausfordernd ist die Frage nach den ethischen Grenzen der Anwendung von Naturwissenschaft und Technik auf den Menschen selbst. Deutlich zeigt sich die Problematik am Schlüsselbegriff »Menschenwürde«, verweist er doch mehr auf Grenzen als auf Möglichkeiten theoretischer Definitionen und Begründungen: Der Wert »Menschenwürde« läßt sich nicht – jedenfalls nicht verbindlich in einer pluralistischen Gesellschaft – aus noch »höheren« Werten ableiten; er impliziert im Gegenteil, daß die Selbstbestimmung und der Schutz menschlichen Lebens keiner vollständigen formalen Begründung zugänglich sind und ihrer auch nicht bedürfen. Diese Einsicht wiederum gebietet – im Blick auf Grenzen des Wissens, Grenzen der Voraussicht und Achtung vor der Selbstbestimmung anderer – besondere Umsicht und im Zweifelsfall Zurückhaltung bei der Anwendung von Wissenschaft und Technik auf den Menschen.

Aus diesem Grund wären – um das Prinzip an einem Beispiel zu erläutern – Eingriffe in die menschliche *Erbsubstanz* mit dem Ziel einer konstruktiven »Verbesserung« der Gattung »Mensch« mit den Werten der Mitmenschlichkeit nicht zu vereinbaren. Diese Werte zielen auf Glücksfähigkeit sowie Entlastung von Leiden und Schmerz; die Kriterien dafür wären jedoch in Frage gestellt, wenn die biologische Konstitution des Menschen wesentlich verändert würde, denn dies hätte in der Regel auch Konsequenzen für die Psyche: Die Verständlichkeit und Verbindlichkeit von Sprache und Gestik, die innere Zustände wie Gedanken und Gefühle ausdrücken, wäre nicht gesichert, die Möglichkeiten von Miterleben und Mitleiden beeinträchtigt. Objektivierbare Eigenschaften wiederum, wie hohe Intelligenz und Leistungsfähigkeit, können keine Ziele um ihrer selbst willen sein. Die philosophische Reflexion der Grenzen von Wissenschaft unterstützt eine Bescheidung auf menschengemäße Ziele, Ziele in der Reichweite der derzeit existierenden biologischen Gattung »Mensch«.

Zur Natur des Menschen gehört seine genetische Individualität; der »geklonte« Mensch wäre ein Alptraum. Zu seiner Natur gehört aber auch der privilegierte Zugang zum je eigenen Bewußtsein: Grenzen der Entschlüsselung der Leib-Seele-Beziehung setzen der Erkundung fremden Bewußtseins zunächst faktische Grenzen. Die freiwillige Äußerung des einzelnen über sich selbst ist eine Form der Kommunikation, welche durch keine objektive Analyse substituierbar ist. Mitmenschliches Empfinden, vermittelt durch Sprache und Gestik, ist geradezu eine logische Voraussetzung, um fremdes Bewußtsein zu verstehen. Der Anspruch der physikalisch begründeten Naturwissenschaft auf Geltung für alle objektivierbaren Ereignisse in Raum und Zeit ist also durchaus mit der Erkenntnis vereinbar, daß Subjektivität nicht auf objektive Sachverhalte und Vorgänge reduzierbar ist: Es gibt Fragen, die man durch objektive Außenanalyse nicht beantworten *kann*.

Die naturphilosophische Reflexion dieser Grenzen stützt aber intuitiv darüber hinaus *normative* Schranken – die Persönlichkeitssphäre verdient Schutz, und zwar auch im Zielkonflikt mit Werten wie Sicherheit und Gerechtigkeit: Man *soll* nicht alles analysieren, was man analysieren könnte. Wissen über psychische Persönlichkeitsmerkmale oder physische Risikofaktoren von Personen und Personengruppen kann negative, destruktive Folgen haben: durch Ängste; durch Entscheidungszwänge, die die menschliche Psyche überfordern; durch Ausgrenzungen von ohnehin Benachteiligten. In der modernen Industriegesellschaft mit ihren elektronischen Computern ist insbesondere die Erfassung, Verknüpfung und Verarbeitung persönlicher Daten so zu beschränken, daß Gedanken, Gefühle und Wünsche privat bleiben und gegen den Willen des einzelnen keine umfassenden Persönlichkeitsbilder, seien sie nun richtig oder falsch, konstruiert werden können.

Wenn Wissenschaft den Menschen dienen soll und nicht umgekehrt, so leistet sie ihren positiven Beitrag zum Weltverständnis ebenso wie zur Entwicklung von Technik für notwendige und angenehme praktische Anwendungen, die uns oft allzu schnell als selbstverständlich erscheinen – aber die kritische Reflexion der Ziele von Wissenschaft unter den Kriterien »Glück«

und »Glücksfähigkeit« zeigt auch: Wir müssen nicht alles wissen, wir dürfen nicht jedes Detail erkunden.

Diese Skizze einiger ethischer Grenzfragen zur Anwendung von Wissenschaft und Technik kann in ihrer Kürze den schwierigen und komplexen Problemen inhaltlich nicht gerecht werden. Was sie in unserem Zusammenhang exemplarisch zeigen soll, ist die Struktur des Problemkreises »Umgang mit der Natur und mit der Natürlichkeit des Menschen«: Hier geht es zunächst um Werte, und Werte lassen sich im Prinzip nicht aus Tatsachen allein ableiten, auch nicht aus den inhaltlichen Erkenntnissen der Naturwissenschaften. Vielmehr stützt sich jede ethische Argumentation auch auf intuitive Voraussetzungen. Zudem wird es immer schwer auflösbare Widersprüche zwischen anerkannten Werten geben. Deshalb gibt es in der Regel ein Spektrum von Meinungen, innerhalb dessen ein gesellschaftlich tragfähiger Kompromiß zu suchen ist. Manche Wissenschaftler, die sich mit Ethik in den Naturwissenschaften befassen, halten theoretische Begründungsversuche ethischer Entscheidungen für aussichtslos und empfehlen, sich ganz auf den Diskurs über praktische, konkrete Probleme zu beschränken. Warum aber sollte man die Reflexion über die *Voraussetzungen* der eigenen Bewertung ganz unterlassen? Zwar kann es keine allgemeinverbindliche Letztbegründung geben – sie würde doch wieder die Frage nach der Allerletztbegründung aufwerfen –, aber Entscheidungen können nicht dadurch besser werden, daß man das Reflexionsniveau aufgibt, das in der Geschichte des philosophischen Denkens über ethische Fragen erreicht wurde.

Erkennt man die intuitive Komponente ethischer Bewertungen an, so erscheint auch die Beziehung zwischen Naturwissenschaft und Ethik in einem anderen Licht, als wenn man immer nur die logische Unabhängigkeit von Tatsachen und Werten betont. Eine intuitive Beziehung zwischen dem Verständnis der Natur und dem Umgang mit der Natur gibt es ohne Zweifel. So hat das mechanistisch-materialistische Denken der Physik des vorigen Jahrhunderts, unter dem Eindruck ihrer großen Erfolge in der industriellen Technik, die Verdinglichung, Ausbeutung und Instrumentalisierung der Natur begünstigt. Angesichts der Wandlung des wissenschaftlichen Denkens in den letzten hundert Jahren wäre es aber schlicht falsch, in der Gegenwart die Zerstörung der Umwelt und den Mißbrauch technischer Möglichkeiten vorrangig der geistigen Struktur der Naturwissenschaften anzulasten. Im Gegenteil: Die wissenschaftliche Einsicht, daß die Natur eine Einheit ist, zu der der erkennende Mensch selbst gehört, spricht intuitiv *für* die »Bewahrung der Schöpfung« als menschliche Aufgabe; die reflektierte Selbstbegrenzung wissenschaftlicher Erkenntnisse und Voraussicht legt Behutsamkeit im Umgang mit der Natur nahe, um sie vor irreparablen Schäden zu bewahren.

Für die altgriechischen »Physiker« war die Erkenntnis der Natur durchaus normativ, sie suchten die Wahrheit über die »Physis« in engem Zusammenhang mit der Erkenntnis des Göttlichen, des Guten und des Gerechten. In der modernen Naturwissenschaft seit der Renaissance ging diese Beziehung mehr und mehr verloren. Die gedankliche Trennung des Beobachters von seinem Objekt war Voraussetzung für die dramatische Entwicklung der Naturwissenschaft. Erst in jüngerer Zeit erkannte man aber, wie fragwürdig die Objektivierung der Natur werden kann, wenn man sie unreflektiert über den Erkenntnisgewinn hinaus auf das *gesamte* Verhältnis des Menschen zur »Wirklichkeit« ausdehnt. Kann uns die Natur selbst belehren, wie wir mit ihr umgehen sollten? Ja, aber nicht vermittels objektiver Erkenntnis allein, sondern nur in Verbindung mit »metatheoretischen«, philosophischen Einsichten. Ethische Maßstäbe, die sich daraus ergeben, werden dann jedoch ihrerseits relativiert durch objektive biologische Randbedingungen, denen der Mensch als Teil der Natur unterworfen ist und aus denen sich überzeugende Gründe gegen moralische Überforderungen ergeben. Das normative Naturverständnis der altgriechischen Philosophen läßt sich nicht wiedergewinnen, aber die unreflektierte »Objektivierung« von allem und jedem ist auch nicht aufrechtzuerhalten. So wird uns die Verbindung von Erkenntnis und Werten zu einem schwierigen Problem, dessen Lösung eher ein Mindestmaß an Weisheit als noch mehr Wissen erfordert.

# 5. Plädoyer für eine naturphilosophische Perspektive

*...die Erkenntnisse moderner Wissenschaft mit der Geschichte des theoretischen Denkens über die Natur verbindet*

Welche Erwartungen lassen sich mit dem Rückblick in die Geschichte des theoretischen Denkens verknüpfen? Was die Erhaltung der natürlichen Lebensbedingungen bei der Anwendung von Technik betrifft, so sind zwar die Probleme im Ansatz uralt, jedoch in ihrer Reichweite so neu, daß die Lösungen kaum in der Vergangenheit zu finden sind, sondern neu erbracht werden müssen. In das Nachdenken über diese Probleme aber gehen Werte und Wertkonflikte ein, die ihrerseits mit sehr alten Themen philosophischer Überlegungen zusammenhängen, mit den Begriffen von Leben, Erleben, Seele und Bewußtsein, der Theorie des Glücks, dem Verständnis von Menschenwürde und Lebenssinn. Diese Themenkreise gehören in die Wert- und Zieldiskussion über Sinn und Grenzen der Anwendung moderner Naturwissenschaft und Technik.

Was das philosophische Verständnis der entwickelten Naturwissenschaft angeht, so bringt der Rückblick in die Geschichte wesentlich mehr: ein Spektrum von Deutungsansätzen und deutenden Begriffen vom Beginn der griechischen Naturphilosophie über das Mittelalter bis in die Neuzeit. Ein Teil der Ideen der Alten, die sich auf die Natur bezogen, erwies sich als im wesentlichen richtig, ein Teil als ziemlich falsch, und an vieles andere, was wir heute wissen, haben sie gar nicht gedacht; aber ihre Theorien, Perspektiven und Interpretationen sind Anregungen, ihre Begriffe sind mögliche Bestandteile für ein besseres philosophisches Verständnis moderner Wissenschaft – alte Begriffe in neuer Deutung, neuen Kombinationen, ergänzt durch Begriffe der Gegenwart.

Der Rückgriff auf frühe Deutungsmuster für ein Verständnis der Natur erfordert nicht, die Gedankenwelt vergangener Zeiten in ihren Feinheiten, ihren historischen und zeitgenössischen Bezügen vollständig in die Gegenwart zu transponieren – dieser Genauigkeitsanspruch würde die anregende Funktion von Schlüsselbegriffen und Grundprinzipien eher zerstören. Die kulturgeschichtliche Funktion alter Ideen für die Lösung neuer Probleme setzt Umdeutungen voraus, oft sogar – warum nicht? – das kreative Mißverständnis. So gilt zum Beispiel die Renaissance antiker Gedanken im Florenz des 15. Jahrhunderts heutigen Historikern als die »mißverstandene Antike« – aber was war das für ein großartiges Mißverständnis! Und dabei doch nur partiell ein Mißverständnis, denn es wurden auch gedankliche Leistungen der alten Griechen und Römer für die europäische Neuzeit wirklich erschlossen. Entsprechend könnte ein metatheoretisches Verständnis heutiger Naturwissenschaft zwar nicht auf die Übertragung vergangener philosophischer Systeme bauen; wohl aber auf eine Erweiterung der Perspektive, die Grundlagen moderner Naturwissenschaft *und* Themen alter Philosophie einbezieht.

Eine systematische, allgemeingültige Naturphilosophie wird es wegen der metatheoretischen Mehrdeutigkeit der Welt allerdings kaum je geben. Wer alles berücksichtigen wollte, wird am Ende gar nichts erkennen. Daß die notwendige Selektion von historischen Themen, Thesen und Persönlichkeiten subjektive Züge aufweist – wie in unserem Rückblick auf die Geschichte des theoretischen Denkens über die Natur –, ist nicht zu vermeiden. Ich meine aber, daß die gezogenen Schlüsse nicht sehr von Details der Auswahl historischer Beispiele abhängen. Dabei muß nicht alles »erklärt« werden; manche – darunter sehr schöne – Texte sprechen unmittelbar für sich selbst.

Die Verbindung neuer naturwissenschaftlicher Erkenntnis und alter philosophischer Weltdeutung ist auch im Lichte der zeitgenössischen Diskussion um den Wert der Naturwissenschaft in unserer Gesellschaft zu sehen. Manche trauen ihr zu, fast alle Probleme zu lösen; das kann sie ihrer inneren Struktur nach nicht leisten. Mehr und mehr in den Vordergrund der öffentlichen Diskussion rückt die gegenteilige Auffassung, die Naturwissenschaft stelle den falschen – technokratischen – Anspruch, für alle Bereiche zuständig zu sein und anstelle menschlicher Werte nur noch Sachzwänge zu respektieren. Dies entspricht aber keineswegs der Einstellung der meisten praktizierenden Naturwissenschaftler. Wieder andere finden, die praktischen Folgen von Naturwissenschaft und Technik hätten gezeigt, daß die mathematisch-naturwissenschaftliche Denkweise in eine Sackgasse führt, und proklamieren statt dessen, daß höhere philosophische oder religiöse Einsichten auf wissenschaftliche Rationalität keine Rücksicht zu nehmen bräuchten, ja daß sie zur Überwindung des »mechanistischen« Denkens berufen seien. Hierbei wird jedoch die Struktur einer Wissenschaft verkannt, die ihre eigenen Grenzen selbst zum Gegenstand der Erkenntnis macht und damit Fragen nach Sinn, Ziel und Deutung der Wissenschaft geradezu herausfordert. Es ist kaum zu erwarten, daß menschengerechte Lösungen der großen Zukunftsprobleme – wie zum Beispiel das »Ernten« von Sonnenenergie auf den Trockenflächen der Erde oder die weitere Eindämmung von Infektionskrankheiten – besser ohne als mit wissenschaftlicher Vernunft zu finden sind. Und was die Erklärung der Natur angeht: Ein Verständnis der Wirklichkeit, das die Möglichkeiten des menschlichen Denkens ausschöpft, ohne sie zu überschätzen, ist schlicht ein Beitrag zur Lebenskunst.

Das Wissen um die Grenzen des Wissens zeigt, daß es auf die übergeordneten philosophischen Fragen keine einzige, formale, allgemeinverbindliche Antwort geben kann. Wir bleiben angewiesen auf vielfältige Annäherung an die Wahrheit, ausgedrückt in verschiedenen Begriffen und Denkformen. Auch ohne Anspruch auf systematische, verbindliche Welterklärungen führen naturphilosophische Überlegungen weit. Sie verweisen auf die naturgesetzliche Einheit hinter der Komplexität der Wirklichkeit. Sie reflektieren und deuten Grenzen der Erkenntnis. Nicht zuletzt tragen sie zur Diskussion um eine sinnvolle Anwendung von Wissenschaft und Technik bei.

Naturwissenschaft ohne naturphilosophische Reflexion wäre ziemlich oberflächlich und könnte unser Erkenntnisinteresse kaum befriedigen; Philosophie ohne wirkliches – und nicht immer müheloses – Eingehen auf die Naturwissenschaft einschließlich ihrer erkenntniskritischen Dimension würde auf einen Teil der erkennbaren Wahrheit von vorneherein verzichten und mit der Naturwissenschaft eines der wichtigsten Kulturmerkmale der Gegenwart außer acht lassen. Beides zusammen erst ergibt ein plastisches Bild, eine tiefere Erkenntnis. Konturen des Bildes zeichnen sich ab: Die Naturwissenschaft ist mehr als eine Ordnung von Erfahrungswissen zum technischen Gebrauch, mehr auch als eine zeitgebundene Gedankenkonstruktion, die ebensogut anders ausfallen könnte. Sie erfüllt in erstaunlicher Weise die Vision frühgriechischer Philosophen, die Natur sei in Begriffen menschlichen Denkens erfaßbar; darin zeigt sich eine alles andere als selbstverständliche Konvergenz kreativen Denkens mit der erfahrbaren Wirklichkeit. Diese Konvergenz brauchte mehr Zeit und Mühe, als die vorsokratischen Philosophen geglaubt hatten, sie führte aber auch weiter: zu einem naturgesetzlichen Verständnis der unbelebten wie der belebten Natur, der Vorgänge in unsichtbar kleinen wie auch unvorstellbar großen, kosmischen Dimensionen in Raum und Zeit. Das Universum ist so *be*schaffen – oder auch so *ge*schaffen –, daß darin der Mensch als erkennendes Wesen möglich ist, erkennend durch den Aufbau und die naturgesetzliche Funktion seines Gehirns. Naturwissenschaft erweist sich, bei aller Objektivität, letztlich als Theorie des Wissens; das mögliche Wissen ist seinerseits naturgesetzlich begrenzt. Darin zeigt sich, daß »Geist« und »Natur« nicht unabhängig voneinander zu begreifen sind.

Eine naturphilosophische Perspektive, die ihre lange, faszinierende Geschichte und den wissenschaftlichen Erkenntnisstand der Gegenwart gleichermaßen einschließt, kann wesentlich dazu beitragen, die Wissenschaft in den allgemeinen Sinn- und Wertzusammenhang menschlichen Lebens einzubinden.

# Literaturhinweise und Anmerkungen

Im folgenden werden die Quellen der Zitate angegeben. Hervorhebungen in den Zitaten durch Kursivdruck stammen vom Autor. Allgemeine Literaturhinweise konzentrieren sich hauptsächlich, wenn auch nicht ausschließlich, auf gut lesbare Übersichten zu Teilaspekten, in denen dann auch meist weiterführende Schriften angeführt sind.

## I. Anspruch und Grenzen der Naturwissenschaft

Die Beziehung der Physik zur Biologie, die Einheit der Natur in den Grundgesetzen der Physik und die Grenzen naturwissenschaftlichen Denkens sowie ihre metatheoretische Deutungsfähigkeit sind Hauptthemen des Buches des Autors, A. Gierer, »Die Physik, das Leben und die Seele«, Piper, München 1985, 1988. Es bietet eine ausführlichere Darstellung zum einführenden, ersten Kapitel des vorliegenden Buches.

Die auf den Grundgesetzen der Physik basierende »Einheit der Natur« ist Thema des gleichnamigen Buches von C.F. von Weizsäcker (Hanser, München 1971). Die Physik wurde besonders auch von der Philosophie des logischen Positivismus als allgemeine Grundlagenwissenschaft angesehen, und mit der späteren Kritik an dieser Schule verbanden sich nicht selten – wie mir scheint, unberechtigte – Zweifel an dem Einheitskonzept. Wie in den Kapiteln I und V des vorliegenden Buches ausgeführt, bilden physikalische Grundgesetze für alle Ereignisse in Raum und Zeit die Grundlage der Erklärung von Naturvorgängen, aber natürlich nicht die Erklärung selbst – diese muß jemandem einfallen, sie erfordert eine spezialisierte Begrifflichkeit, oft auch mathematische Ideen, sie wird an Anschauung und Erfahrung entwickelt, und es gibt keine Erfolgsgarantie für jede Fragestellung. In diesem, aber auch nur in diesem bescheidenen Sinne ist es sinnvoll, von »Einheit« zu sprechen, wobei die Einheit einer Naturwissenschaft mit Wahrheitsanspruch auch auf die Einheit ihres Gegenstandes – also eine »Einheit der Natur« – verweist. Über semantische Modeströmungen zur Frage, ob es »Einheit« nun »gibt« oder nicht, sollte man sich wohl hinwegsetzen, denn der Sachverhalt ist ziemlich klar, gleichgültig, ob man die unbezweifelbare naturgesetzliche Ordnung des Geschehens in Raum und Zeit mit dem Einheitsbegriff oder mit irgendeinem anderen Wort für Verknüpfung und Verbindung bezeichnet.

Der Begriff »Natur« hat – besonders hinsichtlich seiner Beziehung zu verschiedenen Lebensbereichen, wie z. B. Recht und Kunst – im Laufe der Geschichte Wandlungen erfahren (siehe z. B.: R. Bubner, B. Gladigow und W. Haug [Hrsg.], »Die Trennung von Natur und Geist«, Fink, München 1990). Diese Begriffsgeschichte wird im vorliegenden Buch nicht thematisiert; hier geht es um die Wissenschaft von der Natur – um die über die Sinne zugängliche Wirklichkeit als Gegenstand theoretischen Denkens.

Eine ausführliche Einführung in die Molekularbiologie geben beispielsweise B. Alberts u. a., »Molekularbiologie der Zelle«, VCH, Weinheim 1987.

Philosophische Aspekte der Quantenphysik diskutiert W. Heisenberg in »Physik und Philosophie«, Ullstein Buch Nr. 351321, sowie, in leicht verständlicher Gesprächsform, in »Der Teil und das Ganze«, Piper, München 1969.

Schwerer zugänglich ist die mathematische Entscheidungstheorie; eine anspruchsvolle Darstellung gibt W. Stegmüller, »Unvollständigkeit und Unentscheidbarkeit«, Springer, Wien / New

York 1970. Das Beweisprinzip des Gödelschen Satzes enthält H. Meschkowskis »Wandlungen des mathematischen Denkens«, Piper, München 1985. Was Gödel selbst über die Deutung der Entscheidungstheorie dachte, hat er zum Teil in Notizen zu einer Auseinandersetzung mit Carnap niedergelegt, die allerdings schwer zugänglich sind. Einiges darüber findet sich bei H. Wang, »Reflections on Kurt Gödel«, MIT Press, Cambridge/USA 1987. Eine geistreiche Diskussion, wenn auch ohne den eigentlichen Gödelschen Beweis, gibt D. Hofstadter in: »Gödel, Escher, Bach«, Klett-Cotta, Stuttgart 1985.

Der erkenntnistheoretische Finitismus – nur eine begrenzte Zahl von analytischen Operationen ist innerkosmisch möglich – ist in einem Artikel des Autors in Zusammenhang mit dem Leib-Seele-Problem begründet: A. Gierer, »Der physikalische Grundlegungsversuch in der Biologie und das psychophysische Problem« (Ratio 12, 1970, S. 40–54). Eine sehr lesenswerte Einführung in die Philosophiegeschichte des Leib-Seele-Problems gibt K. R. Popper in dem gemeinsam mit J. C. Eccles herausgegebenen Buch »Das Ich und sein Gehirn«, Piper, München 1982, auf den Seiten 128–209. Zum Problemkreis »Gehirn und Bewußtsein« sei verwiesen auf das gleichnamige Buch (E. Pöppel, Hrsg., VCH, Weinheim 1989), das auf zwei Tagungen der Deutschen Forschungsgemeinschaft zum Thema beruht und in dem verschiedene Standpunkte vertreten sind; außerdem auf E. Pöppel, »Grenzen des Bewußtseins«, Deutsche Verlagsanstalt, Stuttgart 1985; E. Oeser und F. Seitelberger, »Gehirn, Bewußtsein und Erkenntnis«, Wissenschaftliche Buchgesellschaft, Darmstadt 1988.

Die Repräsentation der Person in ihrem eigenen Gehirn in Form multipler »Selbstbilder« wird psychologisch begründet und zusammengefaßt in: H. Markus und E. Wurf, »The dynamic self-concept: A social psychological perspective«, (Annual Review of Psychology 38, 1987, S. 229–337).

## II. Die Erfindung des theoretischen Denkens
   über die Natur

Eine Darstellung der altgriechischen Dichtung gibt W. Kranz in
»Geschichte der griechischen Literatur«, Diederichsche Ver-
lagsbuchhandlung, Leipzig 1958. Die Übersetzungen der Strophen des Alkaios von Lesbos und des Alkman von Sardes sind in
diesem Buch enthalten. Die Verse der Sappho »Wenn sie jetzt
unter Lydiens Frauen erscheint…«, von U. v. Wilamowitz-
Moellendorf übersetzt, stehen ebenfalls in dem Buch von Kranz.
Die weiteren zitierten Verse der Sappho von Lesbos sind Übersetzungen von J. Schickel aus »Sappho, Strophen und Verse«,
Insel-TB 309, Frankfurt/Main 1978.

»Seine Dichtungen sind… ein lebhafter Protest gegen die über-
triebenen Anschauungen zum mangelhaften Naturgefühl der
Alten«, heißt es über Alkaios in einem ihm gewidmeten Artikel
in »Paulys Real Encyclopädie der classischen Altertumswissen-
schaft« (Supplementband 11, Druckenmüller, Stuttgart 1968),
und im selben Werk wird im Artikel über Sappho der Altertums-
forscher Wilamowitz zitiert: »Die süße Bitternis der Liebe ist so
zahllosemale nachgeahmt, daß man den Wert *der sich selbst be-
obachtenden Dichterin* unterschätzt, die den Ausdruck prägte.«
Worauf es mir bei der Sappho von Lesbos ankommt, ist der Hinweis, daß sie und ihre Zeitgenossen eine bestimmte, sehr »direkte« Natur- und Selbstbeobachtung mit ihrer Poesie *erfunden*
haben, und zwar kurz vor der Blüte der ionischen Naturphilosophie.

Die klassische Ausgabe und Übersetzung der »Fragmente der
Vorsokratiker« stammt von Hermann Diels. Diesem Werk, herausgegeben von W. Kranz bei Weidmann, Zürich/Hildesheim
1985, sind die Übersetzungen der Fragmente (mit Ausnahme
derjenigen des Anaxagoras, s. u.) entnommen. Nach jedem
Fragment ist der Hinweis auf die Fragmentnummer der Diels-
Ausgabe angegeben. Einführungen in die Philosophie der Vorsokratiker geben W. Capelle, »Die Vorsokratiker«, Kröner,
Stuttgart 1963 (diesem Werk sind einige Anaxagoras zugeschrie-

benen Thesen in deutscher Übersetzung entnommen); J. Mansfeld, »Die Vorsokratiker«, Reclam, Stuttgart 1987; W. Kranz, »Die griechische Philosophie«, dtv Wissenschaft, München 1971, sowie L. De Crescenzo, »Geschichte der griechischen Philosophie«, Diogenes, Zürich 1985. Das letztgenannte Buch ist erfrischend »unkritisch«, was die Erzählung von Anekdoten angeht – die meisten stehen bei Diogenes Laertius –; es ist allerdings in der Interpretation sehr einseitig materialistisch.

Kurze Einführungen in die Philosophie des Platon und des Aristoteles finden sich in dem bereits erwähnten Buch von Kranz.

Die Zitate aus Aristoteles' »De anima« sind der Übersetzung von O. Gigon, »Aristoteles: Vom Himmel. Von der Seele. Von der Dichtkunst«, Artemis-Verlag, Zürich 1950, einige auch der Übersetzung von W. Theiler, »Aristoteles: Über die Seele« in der Lizenzausgabe des Akademie-Verlages Berlin, erschienen in der Wissenschaftlichen Buchgesellschaft, Darmstadt 1986, entnommen. Die Interpretationsunterschiede sind im Zusammenhang meines Buches nicht sehr bedeutend. Ich habe von Fall zu Fall die mir geeignet erscheinende Übersetzung zitiert. – Verwiesen sei besonders auf die Einleitung bzw. Erläuterungen und Anmerkungen dieser beiden Werke. Sie beziehen sich auch auf die Probleme, die mit der Redaktion der Lehren des Aristoteles durch seine Schüler und Herausgeber zusammenhängen.

Über den Geographen und Stoiker Eratosthenes von Cyrene unterrichtet P. M. Fraser, »Eratosthenes of Cyrene«, Proceedings of the British Academy 56, Oxford University Press 1971. Die Maschinen, bei denen Heron von Alexandria den Druck erhitzter Luft bzw. die Dampfkraft nutzte, sind von A. G. Drachmann, »Ktesibios, Philon and Heron. A Study in ancient pneumatics«, Munksgaard, Kopenhagen 1948, erörtert, insbesondere im Kapitel 35 »Steam«, S. 127–132.

Leben und Tod der Hypatia von Alexandria, soweit man etwas davon weiß, beschreibt W. A. Meyer, »Hypatia von Alexandria«, Georg Weiss Verlag, Heidelberg 1886.

Museum und Bibliothek von Alexandria bildeten eine einmalige Institution der Antike mit staatlich angestellten Lehrern und einer systematisch über Jahrhunderte aufgebauten Universalbibliothek. Der Untergang dieser Bibliothek ist wohl die folgenreichste unumkehrbare Zerstörung kultureller Überlieferung in der Geschichte der Menschheit. Entsprechend umstritten ist die Schuldfrage. Die Zerstörung vollzog sich in Raten, beginnend mit der Eroberung Alexandrias durch die Römer, weiterhin im Verlauf eines Bürgerkriegs sowie bei christlichen Ausschreitungen gegen heidnische Institutionen; ein Teil der verbliebenen Bestände wurde von den Byzantinern verschleppt, und nach der muslimischen Eroberung kam das endgültige Ende. Unser Hinweis im Text gilt der Rolle wissenschaftsfeindlicher christlicher Fanatiker, die einen wenn auch umstrittenen Teil der Schuld am Untergang der Bibliothek tragen. Zu diesem Fragenkomplex: E. A. Parsons, »The Alexandrian Library«, Cleaver-Hume Press, London 1952; er gibt zwar die Hauptschuld den Muslimen, zitiert aber Arbeiten anderer Autoren mit abweichenden Auffassungen.

Ein sehr schönes Buch über »Das philosophische Denken im Mittelalter« verdanken wir K. Flasch, Reclam, Stuttgart 1986; es enthält zahlreiche Hinweise auf weitere Literatur. Ich möchte besonders auf die Abschnitte über Eriugena, Thierry von Chartres, Marsilius von Padua, Roger Bacon und Albert den Großen hinweisen. Eine übersichtliche Einführung in die Philosophie des Eriugena gibt H. Bett, »Johannes Scotus Erigena«, Russel & Russel, New York 1964. Zu Thierry von Chartres ist der Aufsatz von N. Haring instruktiv: »The creation and creator of the world according to Thierry of Chartres and Clarenbaldus of Arras: The creation of the world according to Thierry«. (Archives d'Histoire Doctrinale et Littéraire du Moyen Age, 1955, S. 146–169).

In die Philosophie Al Kindis führt ein: M. Fakhry, »A History of Islamic Philosophy«, Longman, London 1983, S. 66–94; außerdem A. F. El-Ehwany in: M. M. Sharif, »A History of Muslim Philosophy«, Band I, Harrossowitz, Wiesbaden 1963,

S. 421–434. In denselben Werken finden sich auch Artikel über Ibn Sina, Ibn Ruschd und andere islamische Philosophen. Den Hinweis auf diese beiden besonders informationsreichen Werke verdanke ich Bassam Tibi. Speziell über Ibn Ruschds Äußerungen zur Stellung der Frau in der Gesellschaft siehe E. J. J. Rosenthal, »Averroes' commentary on Plato's Republic«, Cambridge University Press 1956.

Zu Grosseteste: A. C. Crombie, »Grosseteste's Position in the history of science«, in: »Robert Grosseteste« (Herausgeber D. A. Callus), Clarendon Press, Oxford 1969, S. 98–120; und A. C. Crombie, »Robert Grosseteste«, Clarendon Press, Oxford 1953. Zu Roger Bacon sei neben dem ihm gewidmeten Abschnitt in dem zitierten Buch von Flasch sowie dem Artikel über Bacon in der »Encyclopaedia Britannica« hingewiesen auf: E. Westacott, »Roger Bacon«, Rockliff, London 1953, insbesondere S. 60–68 (Philosophie und Wissenschaft) sowie S. 98–100 (Medizin), ferner auf M. Huber-Legnani, »Roger Bacon, Lehrer der Anschaulichkeit«, Hochschulverlag, Freiburg 1984.

Die numerierten Zitate im Text sind den obengenannten Werken entnommen; die folgenden Angaben beziehen sich auf Autor und Seitenzahl sowie – für die Vorsokratiker – auf die Fragmentnummer nach Diels.

| | | |
|---|---|---|
| 1 | Kranz, »Geschichte der griechischen Literatur« | S. 96/97 |
| 2 | Kranz, »Geschichte der griechischen Literatur« | S. 86 |
| 3 | Sappho, Übersetzung Wilamowitz-Moellendorf, zitiert bei Kranz | S. 91 |
| 4 | Sappho, Übersetzung Schickel | S. 11 |
| 5 | Sappho, Übersetzung Schickel | S. 13 |
| 6 | Sappho, Übersetzung Schickel | S. 25 |
| 7 | Sappho, Übersetzung Schickel | S. 17/18 |
| 8 | Capelle, Vorsokratiker, ausführlicher bei Mansfeld, »Die Vorsokratiker«, Reclam, Stuttgart 1987 | S. 84; S. 71 |
| 9 | Diels, Anaximander-Fragment Nr. 1 | I, S. 89 |
| 10 | Capelle, Vorsokratiker | S. 87/88 |

11 Diels, Xenophanes-Fragment Nr. 11      I, S. 132
12 Diels, Xenophanes-Fragment Nr. 16      I, S. 132
13 Diels, Xenophanes-Fragment Nr. 15      I, S. 133
14 Diels, Xenophanes-Fragmente Nr. 23, 24, 25      I, S. 135
15 Diels, Xenophanes-Fragment Nr. 34      I, S. 137
16 Diels, Xenophanes-Fragment Nr. 18      I, S. 133
17 Diels, Xenophanes-Fragment Nr. 2      I, S. 129
18 Diels, Xenophanes-Fragment Nr. 1      I, 126–128
19 Diels, Heraklit, Fragment Nr. 40      I, S. 160
20 Diels, Heraklit, Fragment Nr. 50      I, S. 161
21 Diels, Heraklit, Fragment Nr. 41      I, S. 160
22 Diels, Heraklit, Fragment Nr. 10      I, S. 153
23 Diels, Heraklit, Fragment Nr. 113      I, S. 176
24 Diels, Heraklit, Fragment Nr. 114      I, S. 176
25 Diels, Heraklit, Fragment Nr. 2      I, S. 151
26 Diels, Heraklit, Fragment Nr. 32      I, S. 159
27 Diels, Heraklit, Fragment Nr. 101      I, S. 173
28 Diels, Heraklit, Fragment Nr. 116      I, S. 176
29 Diels, Heraklit, Fragment Nr. 115      I, S. 176
30 Diels, Heraklit, Fragment Nr. 45      I, S. 161
31 Diels, Heraklit, Fragment Nr. 91      I, S. 171
32 Diels, Heraklit, Fragment Nr. 12      I, S. 154
33 Diels, Heraklit, Fragment Nr. 49a      I, S. 161
34 Diels, Heraklit, Fragment Nr. 126      I, S. 179
35 Diels, Heraklit, Fragment Nr. 8      I, S. 152
36 Diels, Heraklit, Fragment Nr. 54      I, S. 161
37 Diels, Heraklit, Fragment Nr. 90      I, S. 172
38 Diels, Heraklit, Fragment Nr. 30      I, S. 157
39 Diels, Heraklit, Fragment Nr. 27      I, S. 157
40 Diels, Heraklit, Fragment Nr. 26      I, S. 156
41 Diels, Heraklit, Fragment Nr. 62      I, S. 164
42 Diels, Heraklit, Fragment Nr. 6      I, S. 152
43 Diels, Heraklit, Fragment Nr. 112      I, S. 176
44 Capelle, Vorsokratiker      S. 255
45 Capelle, Vorsokratiker      S. 256
46 Capelle, Vorsokratiker      S. 259
47 Diels, Anaxagoras, Fragment Nr. 12      II, 37–38
48 Aristoteles, Über die Seele, Übersetzung Theiler      S. 62

49 Aristoteles, Über die Zeugung der Geschöpfe,
   Übersetzung P. Gohlke, Schöningh, Paderborn
   1959                                                 S. 160/161
50 Aristoteles, Über die Seele, Übersetzung Gigon    S. 285
51 Aristoteles, Über die Seele, Übersetzung Gigon    S. 293
52 Erwähnt bei Diels, Vorsokratiker, Anmerkun-
   gen zu Empedokles, Fragment Nr. 61                 II, S. 334;
   in Deutsch bei Capelle, Vorsokratiker              S. 220
   siehe auch H. Wagner, »Aristoteles, Physikvor-
   lesung«, Akademieverlag, Berlin 1983               S. 51/52
53 Aristoteles, Über die Seele, Übersetzung Gigon    S. 292
54 Aristoteles, Über die Seele, Übersetzung Gigon    S. 291
55 Aristoteles, Über die Seele, Übersetzung Gigon    S. 316
56 Aristoteles, Über die Seele, Übersetzung Gigon    S. 326
57 Aristoteles, Über die Seele, Übersetzung Gigon    S. 321
58 Aristoteles, Über die Seele, Übersetzung Gigon    S. 336
59 Aristoteles, Über die Seele, Übersetzung Theiler  S. 62
60 Aristoteles, Über die Seele, Übersetzung Gigon    S. 257/259
61 Aristoteles, Über die Seele, Übersetzung Gigon    S. 260
62 Aristoteles, Über die Seele, Übersetzung Gigon    S. 257
63 Bett, Johannes Scotus Eriugena                     S. 63
64 Fakhry, Islamic Philosophy                         S. 70
65 Fakhry, Islamic Philosophy                         S. 71
66 El-Ehwany in: Sharif, Muslim Philosophy           S. 426–427

## III. Zum Beispiel Nikolaus von Kues: Das Wissen vom Nichtwissen

Eine kurze, instruktive, wenn auch sehr wohlwollende Biographie schrieb E. Meuthen, »Nikolaus von Kues«, Aschendorff, Münster 1982.

Ausführlicher in bezug auf die Tiroler Zeit und mit eher kritischer Sympathie geschrieben ist W. Baums »Nikolaus Cusanus in Tirol«, Athesia, Bozen 1983. »Die Schlacht im Enneberg« beschrieb aufgrund neuer Quellen H. Hallauer in den Kleinen Schriften der Cusanus-Gesellschaft, Heft 9, Trier 1969. In der

Darstellung der Ereignisse, die für die Würdigung der Persönlichkeit des Cusanus nicht unwichtig sind, folge ich Hallauer mit zwei Ausnahmen: Daß die Hilfstruppen des bischöflichen Amtmannes erst auf dem Kampfplatz erschienen, als die Söldner der Verena von Stuben bereits tot waren, glaube ich nicht; und die Ehrenrettung des Nikolaus von Kues sollte nicht auf Kosten des angeblich gewissenlosen Gregor von Heimburg gehen.

Viele biographisch interessante Details finden sich in der Aufsatzsammlung »Cusanus Gedächtnisschrift« (N. Grass Hrsg.), Universitätsverlag Wagner, Innsbruck/München 1970. Bemerkenswerte Bilder und Dokumente, u. a. zur Satzung der Cusanus-Stiftung, enthält: G. H. Mohr und W. P. Eckert, »Das Werk des Nikolaus Cusanus«, Wienand Verlag, Köln 1975.

Zusammenfassende Abschnitte über die Gedanken des Nikolaus von Kues gibt es eigentlich in jeder Geschichte der Philosophie. Bekannt ist das Werk M. de Gandillacs »Nikolaus von Cues«, Schwann, Düsseldorf 1953, das die Verflechtung der Ideen des Cusanus mit der Gedanken- und Begriffswelt antiker und mittelalterlicher Philosophie heraushebt; Naturphilosophie bildet jedoch nicht den Schwerpunkt dieses Buches. Was den letzteren Aspekt angeht, so bestritt K. Jaspers in »Nikolaus Cusanus«, Piper, München 1964, 1987, daß Nikolaus von Kues wirklich Wegbereiter der Wissenschaft im modernen Sinne war. Seine Kritik scheint mir nicht durchweg falsch, aber doch ziemlich kleinlich und zu sehr an altmodischen, zu hoch gesteckten Wissenschaftsidealen orientiert, an die sich auch in der Gegenwart niemand so richtig hält. Die Rolle des Cusanus bei der Entstehung neuzeitlich naturwissenschaftlichen Denkens kommt in dem Werk von H. Blumenberg, »Die Legitimität der Neuzeit«, Suhrkamp, Frankfurt/Main 1966, im Kapitel »Cusaner und Nolaner: Aspekte der Epochenschwelle«, S. 433–585, zur Geltung. Der Abschnitt legt großes Gewicht auf die kosmologischen Gedanken des Nikolaus von Kues. Besonders sympathisch ist mir die Verbindung der Tendenz zu wohlwollender Interpretation mit einer kritisch-ironischen Einstellung zum Historikerproblem »Epochenschwellen und Gründerfiguren«; letztere »erlagen der Erosion des historischen Fleißes, der schließlich immer vermeintliche Revolutionen auf Evolutionen zurückführt«. Blumenberg charakterisiert die Intentionen des Cusanus positiv mit der Beschreibung, »daß er die geistige Substanz, in der und für die er lebte, mit der Variabilität für das Unvorhergesehene ausstatten wollte«, womit ein entscheidender Grundzug der neuzeitlichen Naturwissenschaft getroffen ist: Sie ist ein dynamischer Prozeß mit offenen Ergebnissen. Darüber hinaus hat Cusanus allerdings auch wichtige strukturelle Ansichten und Einsichten zum Wissenschaftsprozeß eingebracht.

F. Nagel, »Nikolaus Cusanus und die Entstehung der exakten Wissenschaften«, Buchreihe der Cusanus-Gesellschaft 9, Aschendorff, Münster 1984, setzt den Einfluß des Cusanus auf Bruno und Kepler als bekannt voraus und schildert die weitere, personenspezifische Wirkungsgeschichte, besonders im Zusammenhang mit der Mathematik. Eine kurze, wenig bekannte Monographie, die sich gut als Einführung in die Erkenntnisphilosophie des Cusanus und ihren theologischen Kontext eignet, klar und mit Konzentration auf das Wesentliche geschrieben, ist T. van Velthovens »Gottesschau und menschliche Kreativität«, Brill, Leiden 1977. Meine Auffassung, die der von Blumenberg nicht fern und der von Velthoven in mancher Hinsicht nahesteht, stützt sich vorwiegend auf Cusanus' Frühschriften und berücksichtigt weder die Vorgeschichte der philosophischen Begriffe noch ihre Bedeutungsänderungen innerhalb des Lebenswerkes des Cusanus selbst. Zu Fachfragen dieser Art gibt es eine umfangreiche Literatur jenseits meiner naturwissenschaftlich orientierten Kompetenz und Interessen (Beispiele von Begriffsexplikationen sind: K. Flasch, »Die Metaphysik des Einen bei Nikolaus von Kues«, Brill, Leiden 1973, sowie N. Henke, »Der Abbildbegriff in der Erkenntnislehre des Nikolaus von Kues«, Buchreihe der Cusanus-Gesellschaft 3, Aschendorff, Münster 1968).

In meiner Interpretation habe ich nicht versucht, besonders originell zu sein oder extreme Deutungen auszuprobieren, sondern angestrebt, ein möglichst normales, an der Umgangssprache orientiertes Verständnis von Texten zur Grundlage der Überlegungen und ihrer Darstellung zu machen. Die dafür ausgewählten und zum Teil zusammengezogenen Zitate entstammen im wesentlichen zwei Übersetzungen der Werke des Nikolaus von Kues. Eine davon ist die Ausgabe im Auftrag der Heidelberger Akademie der Wissenschaften: E. Hoffmann, P. Wilpert, K. Bormann, »De conjecturis« (Mutmaßungen) sowie »De docta ignorantia« (Die belehrte Unwissenheit), Band I, II, III, erschienen in der »Philosophischen Bibliothek«, Meiner, Hamburg 1971, 1979 bzw. 1977. Bei den Zitaten im Text ist die jeweilige Quelle mit Abschnittnummer und Seitenzahl angegeben. Die Übersetzung ist in zwei Punkten geändert: Aus Konsistenzgründen mit anderen Übersetzungen steht »Vernunft« für »intellectus« und »Verstand« für »ratio«, und nicht umgekehrt, wie in den zitierten Ausgaben des Meiner-Verlages. Zur Frage, was »richtig« ist und wann beziehungsweise warum ein Bedeutungswandel erfolgte, siehe »Wörterbuch der philosophischen Begriffe« (J. Hoffmeister, Hrsg.), Meiner, Hamburg 1955, S. 645, 646.

Für »alteritas«, wörtlich »Andersheit« (im Gegensatz zur »Einheit«), steht anstelle der wörtlichen Übersetzung der mehr umgangssprachliche Begriff »Unterscheidung« bzw. »Differenzierung« (siehe K. Bormann, »Zur Lehre des Nikolaus von Kues von der Andersheit und deren Quellen«, Mitteilungen und Forschungen der Cusanus-Gesellschaft, Band 10, 1973, S. 134).

Die Zitate aus »De beryllo« (Der Beryll), »De visione dei« (Die Gottesschau), »De ludo globi« (Das Kugelspiel), »Idiota de mente« (Der Laie über den Geist), »Idiota de staticis experimentes« (Der Laie über die Experimente mit der Waage) und »De pace fidei« (Der Friede im Glauben) sind Übersetzungen von D. und W. Dupré in der Ausgabe von L. Gabriel, »Nikolaus von Kues, Philosophisch-Theologische Schriften«, Band III, Herder, Wien 1982, entnommen. Bei den unten spezifizierten Zitaten ist nach dem Buchstaben W (für »Wiener Ausgabe«) jeweils die Seitenzahl im Band III dieses Werkes angegeben.

Die Übersetzung des Zitats aus der Schrift des Cusanus »Über das Gott Suchen«, in der er Aussagen der biblischen Schöpfungsgeschichte nach Moses, wörtlich genommen, als »absurd« bezeichnet, ist dem Buch von F.A. Scharpff »Des Cardinals und Bischofs Nicolaus von Cusa wichtigste Schriften«, Freiburg 1862, entnommen; sie zeigt etwas vom Flair der ersten Arbeiten, in denen die »Tübinger Schule« im vorigen Jahrhundert den lange kaum beachteten Werken des Nikolaus von Kues wieder Aufmerksamkeit und Interesse schenkte.

Die numerierten Zitate im Text dieses Kapitels sind an folgenden Stellen der erwähnten Quellen zu finden:

| | | |
|---|---|---|
| 1 | Belehrte Unwissenheit III | S. 99–101 |
| 2 | Mutmaßungen 5 | S. 7–9 |
| 3 | Mutmaßungen 56 | S. 63 |
| 4 | Beryll, W. | S. 9 |
| 5 | Der Laie über den Geist, W. | S. 535 |
| 6 | Der Laie über den Geist, W. | S. 589 |
| 7 | Mutmaßungen 160 | S. 189 |
| 8 | Mutmaßungen 166 | S. 197 |
| 9 | Kugelspiel, W. | S. 335 |
| 10 | Mutmaßungen 159 | S. 187, 189 |
| 11 | Mutmaßungen 168 | S. 199 |
| 12 | Mutmaßungen 130 | S. 155 |
| 13 | Mutmaßungen 163 | S. 193 |
| 14 | Mutmaßungen 27 | S. 33 |
| 15 | Mutmaßungen 125 | S. 149 |
| 16 | Mutmaßungen 32 | S. 39 |
| 17 | Der Laie über den Geist, W. | S. 487 |
| 18 | Der Laie über den Geist, W. | S. 487 |
| 19 | Der Laie über den Geist, W. | S. 513 |
| 20 | Der Laie über den Geist, W. | S. 509–511 |
| 21 | Der Laie über den Geist, W. | S. 553 |
| 22 | Kugelspiel, W. | S. 253 |
| 23 | Mutmaßungen 144 | S. 171 |
| 24 | Mutmaßungen 143 | S. 171 |
| 25 | Kugelspiel, W. | S. 331–333 |

26 Belehrte Unwissenheit II 175                       S. 109

27 Belehrte Unwissenheit II 106, 108          S. 25

28 Experimente mit der Waage, W.            S. 627

29 Experimente mit der Waage, W.            S. 631

30 Experimente mit der Waage, W.            S. 627

31 Belehrte Unwissenheit II 177                     S. 111

32 Belehrte Unwissenheit II 97                       S. 13

33 Belehrte Unwissenheit II 162                     S. 95

34 Belehrte Unwissenheit II 157                     S. 87

35 Belehrte Unwissenheit II 162                     S. 93

36 Belehrte Unwissenheit II 164                     S. 95

37 F.A. Scharpff, »Des Cardinals und Bischofs Nicolaus von Cusa wichtigste Schriften«, Freiburg 1862                     S. 161

38 Belehrte Unwissenheit III 198                   S. 21

39 Belehrte Unwissenheit I 2                           S. 7

40 Belehrte Unwissenheit I 2                           S. 7

41 Belehrte Unwissenheit I 2                           S. 7

42 Belehrte Unwissenheit I 3,4                    S. 8–9

43 Belehrte Unwissenheit I 4                           S. 9

44 Belehrte Unwissenheit I 9, 10                  S. 15

45 Der Laie über den Geist, W.                S. 605–607

46 Der Laie über den Geist, W.                S. 559

47 Der Laie über den Geist, W.                S. 559

48 Kugelspiel, W.                                 S. 317

49 Belehrte Unwissenheit I 11                      S. 17

50 Belehrte Unwissenheit I 5                        S. 11

51 Beryll, W.                                   S. 541–543

52 Der Laie über den Geist, W.                S. 521

53 Mutmaßungen 183                            S. 215

54 Belehrte Unwissenheit I 89                      S. 113

55 Der Friede im Glauben, W.                 S. 707

56 Der Friede im Glauben, W.                 S. 707

57 Der Friede im Glauben, W.                 S. 711,713

58 Der Friede im Glauben, W.                 S. 713,715

59 Gottesschau, W.                           S. 121,123

60 Der Friede im Glauben, W.                 S. 715

61 Der Friede im Glauben, W.                 S. 715

62  Der Friede im Glauben, W.                               S. 717
63  Der Friede im Glauben, W.                               S. 721
64  Der Friede im Glauben, W.                               S. 775
65  Der Friede im Glauben, W.                               S. 785
66  Der Friede im Glauben, W.                               S. 797
67  Der Friede im Glauben, W.                               S. 797
68  Experimente mit der Waage, W.                           S. 631
69  siehe Fölsing, Galileo Galilei                          S. 176
70  siehe Baum, Nikolaus Cusanus in Tirol                   S. 393–396
71  Belehrte Unwissenheit III, Anmerkungen                  S. 219/220
72  Belehrte Unwissenheit III 188,189                       S. 11,13

## IV.  Vom Entwurf zur entwickelten Naturwissenschaft

Dokumente zur Vorgeschichte der Entdeckungsreise des Ko-
lumbus, so die Korrespondenz mit Toscanelli, finden sich in:
»Die großen Entdeckungen«, Band II (Hrsg. E. Schmitt), Beck,
München 1984, insbesondere S. 9–11, 98–99.

Eine interessante Biographie Keplers enthält das Buch von A.
Koestler, »Die Nachtwandler«, Scherz, Bern/Stuttgart 1959.

Eine kurze Biographie haben W. Gerlach und M. List dem
Astronomen gewidmet: »Johannes Kepler«, Piper, München
1966, 1980. Diese Biographie, die Zitatensammlung »Johannes
Kepler: Der Mensch und die Sterne«, Insel-Bücherei Nr. 576,
1953, sowie die Lebensbeschreibung von J. Hemleben,
»Kepler«, Rowohlt, Reinbek 1971, enthalten auch einige der
von mir ausgewählten Zitate. Die meisten Zitate entstammen
der deutschen Übersetzung der Hauptwerke Keplers durch
M. Caspar, »Das Weltgeheimnis«, Filser, Augsburg 1923;
»Neue Astronomie«, Oldenbourg, München/Berlin 1929;
»Weltharmonik«, Wissenschaftliche Buchgesellschaft, Darm-
stadt 1967. Die Seitenzahlen im Text beziehen sich auf diese
Ausgaben.

Keplers »Somnium«, der Traum vom Mond, erschien in englischer Übersetzung: J. Lear, »Kepler's Dream«, University of California Press, Berkeley 1965. Die zitierte Passage zur Schwerelosigkeit steht auf S. 108.

Dem Galileo Galilei wird das erwähnte Buch von Koestler »Die Nachtwandler« nicht gerecht. Sein Leben und Werk stellt A. Fölsing in »Galileo Galilei – Prozeß ohne Ende«, Piper, München 1983, in sehr instruktiver Weise dar. Die deutsche Übersetzung von Galileis Brief an Castelli entstammt diesem Buch.

Das physikalische Hauptwerk Galileis, die »Discorsi«, erschien in deutscher Übersetzung: »Galileo Galilei, Unterredungen und mathematische Demonstrationen über zwei neue Wissenszweige, die Mechanik und die Fallgesetze betreffend«, Wissenschaftliche Buchgesellschaft, Darmstadt 1973. Die Fallversuche auf der schiefen Ebene sowie die bereits in Kap. III erwähnte Zeitmessung durch die Kombination der Prinzipien der Wasseruhr und der Waage werden auf S. 162/163 beschrieben.

Zu Isaac Newton sei verwiesen auf: I. Schneider, »Isaac Newton«, Beck'sche Reihe, Beck, München 1988. Newtons »Mathematische Prinzipien der Naturlehre« erschienen in der deutschen Übersetzung von J. Ph. Wolfers bei Oppenheim, Berlin 1972. Das Zitat aus seiner Vorrede habe ich aus der englischen Ausgabe »Newton/Huygens«, Great Books of the Western World, Encyclopaedia Britannica, Chicago/London 1952, S. 1–2, ins Deutsche übertragen.

Einige interessante Aspekte über die Mechanik Newtons und ihre Folgen zeigt auch I. Szabo, »Geschichte der mechanischen Prinzipien«, Birkhäuser, Basel/Stuttgart 1976.

Zum Leben von John Donne sei auf den ausführlichen Artikel in der »Encyclopaedia Britannica« verwiesen; dasselbe Werk enthält übrigens gute Übersichtsartikel über einige andere in dem vorliegenden Buch vorkommende Persönlichkeiten, so über Avicenna, Averroes und – natürlich – über Newton.

Über die Einstellung John Donnes zur neuen Naturwissenschaft sowie über Entstehung und zeitgeschichtliches Umfeld von »Ignatius his Conclave« siehe: G. Williamson, »Mutability, decay and 17th century melancholy« (in: A Journal of English Literary History 2, 1935, S. 140–147), besonders aber C. M. Coffin, »John Donne and the New Philosophy«, Routledge and Kegan Paul, London 1937. Ferner: E. M. Simpson, »A study of the prose works of John Donne«, Clarendon Press, Oxford 1924.

Zur Philosophie der theoretischen Begriffe innerhalb der Naturwissenschaften siehe R. Carnap, »Einführung in die Philosophie der Naturwissenschaft«, Nymphenburger Verlagshandlung, München 1969, dort insbesondere S. 225 ff. »Theorie und nicht-beobachtbare Größen« und S. 232 ff. »Zuordnungsregeln«.

Eine konzentrierte Übersicht über die analytische Philosophie gibt W. Stegmüller in: »Hauptströmungen der Gegenwartsphilosophie«, Kröner, Stuttgart 1965 und folgende Auflagen.

Die numerierten Zitate von Toscanelli, Kepler und Galilei sind in folgenden der genannten Werke zu finden:

| | | |
|---|---|---|
| 1 | Schmitt, »Die großen Entdeckungen« II | S. 9–11 |
| 2 | Schmitt, »Die großen Entdeckungen« II | S. 99 |
| 3 | Kepler, »Weltharmonik«, Übersetzung Caspar | S. 291 |
| 4 | Kepler, »Neue Astronomie« Übersetzung Caspar | S. 26 |
| 5 | Lear, »Kepler's dream« | S. 107/108 |
| 6 | Newton / Huygens | S. 1–2 |
| 7 | Brief Keplers an Herwart von Hohenburg, Briefe Bd. 13, Nr. 91, S. 191, zitiert bei Hemleben, »Kepler« | S. 53 |
| 8 | Epitome zur Astronomie des Kopernikus 2, 1621, zitiert bei Hemleben, »Kepler« | S. 32 |
| 9 | Kepler, »Neue Astronomie«, Übersetzung Caspar | S. 29 |
| 10 | Kepler, »Neue Astronomie«, Übersetzung Caspar | S. 32, 33 |

11 Kepler, »Neue Astronomie«, Übersetzung
   Caspar                                              S. 33
12 Kepler, »Neue Astronomie«, zitiert bei Gerlach / List                                         S. 65
13 Brief Keplers an Herwart von Hohenburg vom
   10.2.1605, zitiert in »Johannes Kepler, Der
   Mensch und die Sterne«, Inselbücherei 576           S. 37
14 Kepler, »Weltharmonik«, Übersetzung Caspar          S. 11
15 Brief Keplers an Herwart von Hohenburg vom
   9.4.1599, zitiert in »Johannes Kepler, Der
   Mensch und die Sterne«, Inselbücherei 576           S. 31
16 Galilei, Brief an Castelli vom 21.12.1613, Edi-
   zione Nazionale V, 281 ff., zitiert nach Fölsing,
   »Galileo Galilei«                                   S. 286/287

Die Auszüge aus der Satire von John Donne, »Ignatius his Conclave«, habe ich übersetzt aus:

17 C.M. Coffin, »The complete poetry and selec-
   ted prose of John Donne«, Modern library,
   Random House, New York 1952.
   Die übersetzten Texte zu Kopernikus und Para-
   celsus stehen auf                                   S. 322–326
   dieser Ausgabe. (Die ursprüngliche Version von
   »Ignatius« war lateinisch, aber die englische
   Fassung war auch schon früh verbreitet.)

Die zitierten Texte zu Schellings Naturphilosophie sind in folgenden Werken zu finden:

18 F. W. J. Schelling, »Vorlesungen über die Methode des akademischen Studiums«, Cotta,
   Tübingen 1803, 11. Vorlesung »Über die Naturwissenschaft im allgemeinen«                     S. 237–259
19 F. W. J. Schelling, »Schriften von 1794–1798«,
   Vorrede zu »Von der Weltseele« (1798), Wissenschaftliche Buchgesellschaft, Darmstadt
   1980                                                S. 402/403

20 F. W. J. Schelling, »Schriften von 1799–1801«,
»Erster Entwurf eines Systems der Naturphilosophie« (1799), Wissenschaftliche Buchgesellschaft, Darmstadt 1982                          S. 80

## V. Rückblick und Ausblick: Sinn und Ziel wissenschaftlicher Erkenntnis

Zur Rolle der Griechen in der Frühgeschichte wissenschaftlichen, insbesondere des mathematischen Denkens sei verwiesen
auf J. Mittelstraß, »Die Möglichkeit von Wissenschaft«, Suhrkamp Taschenbuch Wissenschaft 62, Frankfurt/Main 1974,
S. 29–55.

Ist das Leib-Seele-Problem ein lösbares, ein unlösbares oder gar
ein Scheinproblem? Die positivistisch orientierte analytische
Philosophie, besonders des Wiener Kreises um R. Carnap, hatte
es zunächst als Scheinproblem dargestellt, das durch die unzu-
lässige Einführung unwissenschaftlicher Begriffe – wie z.B.
»Seele« – in wissenschaftliche Zusammenhänge entstanden sei
(siehe R. Carnap, »Scheinprobleme in der Philosophie«, Suhrkamp, Hamburg 1971). (Interessant ist in diesem Zusammenhang auch die erwähnte »Theorie des Geistes« von G. Ryle,
Reclam Universalbibliothek 8331–8336, Stuttgart 1969.) Es ist
H. Feigls Verdienst, das Leib-Seele-Problem auch *innerhalb* des
begrifflichen Rahmens der analytischen Philosophie als wohldefinierte Fragestellung herausgearbeitet zu haben (»The Mental
and the Physical«, Minnesota Studies II, S. 370 ff., Minnesota
Press, Minneapolis 1958): nämlich als Beziehung zwischen unmittelbar erlebten, in Worten auszudrückenden seelischen Vorgängen zu den neurophysiologischen Prozessen im Gehirn der
erlebenden Person.

Eine typische Einstellung innerhalb der gegenwärtigen wissen-
schaftlichen »Community« – soweit sie sich für das Leib-Seele-
Problem interessiert – geht von der anerkannten Gültigkeit der
Physik im Gehirn des Menschen aus und verweist auf die »geisti-

gen« Fähigkeiten physikalischer Systeme der Informationsverarbeitung (z. B. in elektronischen Computern), die Möglichkeiten der Selbstrepräsentation einschließt, um so das Leib-Seele-Problem als mehr oder weniger enträtselt, jedenfalls als prinzipiell lösbar hinzustellen; diese Tendenzen finden sich z. B. in dem Buch von D. R. Hofstadter, »Gödel, Escher, Bach«, Klett-Cotta, Stuttgart 1985, und, noch ausgeprägter, bei P. M. Churchland, »Matter and Consciousness«, MIT Press, Cambridge/USA 1988. Wesentlich tiefer ist die wissenschaftsphilosophische Analyse von M. Bunge angelegt (in »Gehirn und Bewußtsein«, Hrsg. E. Pöppel, VCH, Weinheim 1989, S. 87–104): Bewußtsein sei eine »emergente« Eigenschaft (ich würde den Ausdruck »Systemeigenschaft« für das Gemeinte vorziehen) des – physikalisch funktionierenden – Nervensystems im menschlichen Gehirn; dessen Verständnis erfordere einen multidisziplinären Zugang, der außer Neurophysiologie und Individualpsychologie auch evolutionstheoretische und soziologische Aspekte einschließen müsse. Meine Auffassung stimmt mit der von Bunge weitgehend überein, geht aber in einem Punkt darüber hinaus: in der Vermutung, daß prinzipielle entscheidungstheoretische Gründe gegen die Möglichkeit einer vollständigen Theorie des Leib-Seele-Zusammenhanges sprechen. Die Tragweite der Physik und der Informationstheorie wird in meiner Darstellung voll akzeptiert, ich versuche jedoch zu zeigen, daß damit das Leib-Seele-Problem nicht gelöst ist, sondern überhaupt erst interessant wird; denn erst an dieser Stelle ergeben sich die Grundfragen: Ist die Leistung des Gehirns voll formalisierbar, und ist die Leib-Seele-Beziehung mit endlichen Mitteln vollständig dekodierbar? Es sind diese Fragen und nicht die Fragen nach der Gültigkeit der Physik im Gehirn, die im vorliegenden Buch skeptisch bzw. negativ beantwortet werden.

Wie die Beziehung zwischen jüdischer und griechischer Gedankenwelt in der Antike gesehen wird, ist von der eigenen Einstellung mitbestimmt: Man kann in weiten Grenzen eher die Unterschiede oder eher die Ähnlichkeiten betonen. Sowohl die Begrifflichkeit der griechischen Naturphilosophie als auch der jüdische Monotheismus in Verbindung mit dem Verbot, sich ein Bild Gottes zu machen, entsprechen einem hohen Grad gedanklicher Abstraktion. Vermutlich hat sich dieses griechische und jüdische Denken in seinen jeweiligen Anfängen um das 6. Jahrhundert v. Chr. kaum gegenseitig beeinflußt; beide Strömungen waren aber wesentlich durch den Kulturkontakt mit denselben Hochkulturen mitbestimmt – mit Babyloniern, Persern, Ägyptern. Für die Zeit des Hellenismus vom 4. Jahrhundert v. Chr. an gibt es ohne Zweifel starke Auswirkungen griechischer Ideen auf das Judentum, sowohl in Form von Anregungen als auch Auseinandersetzungen. Diese Einflüsse werden auch in der frühchristlichen Theologie sehr deutlich. Eine besonders informationsreiche Erörterung der Beziehung zwischen hellenistischem Gedankengut und jüdischer Theologie gibt M. Hengel in »Judentum und Hellenismus«, Mohr, Tübingen 1988.

Die Schelling-Zitate zur »Umweltphilosophie« sind entnommen der »Darlegung des wahren Verhältnisses der Naturphilosophie zur verbesserten Fichteschen Lehre«, in: F. W. J. Schelling, »Schriften von 1806–1813«, Wissenschaftliche Buchgesellschaft, Darmstadt 1983, und finden sich auf folgenden Seiten:

| | |
|---|---|
| 1 | S. 110 |
| 2 | S. 17, 18 |

# Personenregister

Al Ghazali 107
Al Kindi 51, 102 ff., 112, 136, 272
Al Razi 105
Albert der Große 112, 113, 272
Alberts, B. 268
Alkaios von Lesbos 60, 270
Alkman von Sardes 60, 270
Anaxagoras von Klazomenai 59,
    75 ff., 118, 246
Anaximander von Milet 59, 64, 67,
    70, 84, 235
Archimedes von Syrakus 91, 92
Aristarch von Samos 91, 192, 218,
    247
Aristoteles 79, 80 ff., 93, 103, 104,
    112–114, 117, 136–138, 141,
    192, 195, 214, 225, 243, 271
Augustin 95
Averroes siehe Ibn Ruschd
Avery, O. T. 205
Avicenna siehe Ibn Sina

Bacon, R. 114, 272, 273
Ball, J. 181
Baum, W. 275
Behaim, M. 190
Bessarion 129, 182, 191
Bett, H. 272
Blumenberg, H. 276
Bormann, K. 278
Brahe, T. 195
Bruno, G. 120, 148, 215, 223

Bubner, R. 268
Bunge, M. 286

Capelle, W. 270
Capranica, D. 124
Carnap, R. 229, 230, 269, 283, 285
Caspar, M. 281
Cesarini, G. 124, 126, 131
Churchland, P. M. 286
Coffin, C. M. 283
Crescenzo, L. De 271
Crick, F. H. 205
Crombie, A. C. 273
Cusanus siehe Nikolaus von Kues

Darwin, Ch. 228
De Valla 182
Demokrit 76, 89
Descartes, R. 200, 221, 226, 241
Diels, H. 270, 273
Diogenes Laertius 271
Dionysius Areopagita 125
Donne, J. 217 ff., 221, 282, 283,
    284
Drachmann, A. G. 271
Dupré, D. und W. 278

Eccles, J. C. 269
Eckert, W. P. 276
Einstein, A. 36, 202, 249
El Ehwany, A. F. 272
Empedokles 77, 84

Enea Silvio Piccolomini (Pius II.)
126, 127, 178, 180, 182
Epikur 89, 149
Eratosthenes von Cyrene 91, 271
Eriugena, Johannes Scotus 96 ff.,
108, 182, 272
Eucken, A. 51
Euripides 75

Fakhry, M. 272
Feigl, H. 285
Fichte, J. G. 256
Flasch, K. 272, 273, 277
Fölsing, A. 282
Fraser, P. M. 271

Gabriel, L. 278
Galilei, G. 91, 149, 171, 193, 209,
210, 213 ff., 217, 247, 282, 283
Gandillac, M. de 276
Gerlach, W. 281
Gigon, O. 271
Gladigow, B. 268
Gödel, K. 33, 249, 269, 286
Grass, G. 276
Grosseteste, R. 273

Hallauer, H. 275
Haring, N. 272
Harun al Raschid, Kalif von Bag-
dad 100, 102, 110
Harvey, W. 204
Haug, W. 268
Heimburg, G. von 126, 127, 178,
179, 276
Heisenberg, W. 33, 239, 249, 268
Hemleben, J. 281
Hengel, M. 287
Henke, N. 277
Herakleides 97, 218
Heraklit von Ephesus 51, 52, 59,
71 ff., 78, 84, 93, 118, 145, 146,
235, 239, 246, 254, 255
Heron von Alexandria 92, 271
Hoffmann, E. 278
Hofstadter, D. 269, 286

Homer 68, 241
Huber-Legnani, M. 273
Hus, J. 126
Hypatia 96, 271

Ibn Ruschd (Averroes) 51, 106 ff.,
273, 282
Ibn Sina (Avicenna) 106, 273, 282
Ignatius von Loyola 217, 283

Jaspers, K. 276
Johannes der Evangelist 254, 255
Johannes VIII. Palaiologos 129
Johannes von Segovia 162

Kant, I. 48, 51, 118, 152, 172, 222
Karl der Große 96, 110
Keck, J. 182
Kepler, J. 120, 193, 194, 209,
210 ff., 248, 252, 281, 282, 283
Kleanthes 91
Koestler, A. 281, 282
Kolumbus, Chr. 188 ff.
Kopernikus, N. 91, 120, 192, 195,
211, 214, 218–220
Kranz, W. 270, 271
Krösus, König von Lydien 59, 63

Lear, J. 282
Leibniz, G. W. 198
Leonardo da Vinci 120
List, M. 281
Luther, M. 192

Magellan (Magalhães, F. de) 189
Mamun, Kalif von Bagdad 102
Manderscheid, U. von 125
Mansfeld, J. 271
Maria von Wolkenstein 177
Markus, H. 269
Marsilius von Padua 124, 128, 272
Mästlin, M. 195
Mayer, R. 224
Mehmet II., der Eroberer 161, 180
Melanchthon, P. 192
Mendelejew, D. 203

Meschkowski, H. 269
Meuthen, E. 275
Meyer, L. 203
Meyer, W. A. 271
Minkowski, H. 202
Mittelstraß, J. 285
Mohr, G. H. 276

Nagel, F. 277
Nestor, Patriarch von Konstanti-
    nopel 101
Newton, I. 193, 194, 196, 201,
    223 ff. 227, 282
Nietzsche, Fr. 228
Nikolaus von Kues (eigtl. N.
    Cryfftz) 51, 117 ff., 121 ff., 187,
    222, 239, 244, 245, 246, 252,
    275 ff.

Oerstedt, H. C. 224
Oeser, E. 269
Oswald von Wolkenstein 177

Paracelsus 205, 219
Parmenides 77
Parsons, E. A. 272
Paulus, Apostel 166, 167
Perikles 75
Pico della Mirandola, G. 182
Pius II. siehe Enea Silvio Piccolo-
    mini
Planck, M. 249
Platon 48, 51, 79, 103, 104, 107,
    117, 128, 175, 271
Pöppel, E. 269, 286
Polykrates 67
Popper, K. R. 241, 269
Proklos 212
Protagoras 246
Ptolemäus 192
Pythagoras von Samos 59, 67, 70,
    75, 80

Raimundus Lullus 125
Rosenthal, E. J. J. 273
Rositz, Ferdinand Martinez de 187
Ryle, G. 241, 285

Saladin, Sultan 111
Sappho von Lesbos 60 ff., 81, 270
Scharpff, F. A. 279
Schelling, F. W. J. 222 ff., 256, 284,
    287
Schickel, J. 270
Schmitt, E. 281
Schneider, I. 282
Schopenhauer, A. 228, 240
Seitelberger, F. 269
Sharif, M. M. 272
Sigismund, Herzog von Tirol 175,
    179, 180
Simpson, E. M. 283
Sokrates 48, 79, 152
Stegmüller, W. 268, 283
Straton 89
Szabo, J. 282

Tertullian 216
Thales von Milet 59, 63, 67, 70, 235
Theiler, W. 271
Theophrast 63
Thierry von Chartres 112, 272
Thomas von Aquin 216
Tibi, B. 273
Toscanelli, P. 124, 182, 187, 188,
    190, 281, 283

Velthoven, T. van 277
Verena von Stuben 177

Wang, H. 269
Watson, J. D. 205
Watt, J. 93
Weizsäcker, C. F. von 267
Wenck, J. 149
Westacott, E. 273
Wilamowitz-Moellendorf, U. von
    270
Williamson, G. 283
Wilpert, P. 278
Wolfers, J. P. 282
Wurf, E. 269

Xenophanes von Kolophon 59,
    68 ff., 75, 78, 246, 249

# Sachregister

Das Register beschränkt sich auf ausgewählte naturwissenschaftliche und naturphilosophische Begriffe, vorwiegend solche, die in mehreren Kapiteln vorkommen.

Atome 22, 32, 76, 156, 202, 203, 204

Bewußtsein 40ff., 46, 207, 228, 241, 242, 243, 260, 263, 269
Biologie 21, 81, 85, 90, 201, 207, 236, 248, 267

Chaos 65, 205
Chemie 21, 171, 201, 203, 207, 242, 248

Dekodierbarkeit (Grenzen der D.) 43, 44, 46
DNS 25, 26, 38, 82, 205, 208

Eigendynamik 50, 119, 258
Einheit der Natur (in den Grundgesetzen der Physik) 20, 24, 31, 37, 38, 54, 208, 221, 223, 224, 237ff., 267
Elemente (als Grundbausteine der Materie) 53, 64, 80, 112, 141, 144, 146, 203, 235
Energie 66, 79, 81, 146, 202, 237, 257
Entelechie 81, 82

Entscheidbarkeit (Grenzen mathematisch-logischer E.) 33, 155, 173, 240, 242, 249, 268
Erde 58, 65–67, 92, 97, 112, 113, 187, 192, 194ff., 202, 208, 210, 257
Evolution 25, 26, 31, 46, 67, 77, 84, 160, 206, 228, 248
Experiment 118, 144ff., 170ff., 193, 213, 219, 223, 236

Feuer 73, 145, 146
finitistisch, finitistische Erkenntnistheorie 36, 43, 46, 154, 156, 174, 208, 240, 242, 269

Gehirn 30, 35, 41ff., 138, 139, 207, 208, 221, 227, 242, 243, 269, 285
Geist 19, 75ff., 77, 79, 97, 117, 133, 137, 142, 143, 151, 153ff., 159, 207, 221, 228, 235, 236ff., 266, 268, 285
Gestaltbildung 31, 88
Glück 89, 90, 108, 113, 124, 140, 157, 259, 260, 263

Harmonie 67, 73, 80, 171, 235

Information (in der Erbsubstanz DNS) 26, 82, 85, 226

Kosmos 35, 48, 67, 73, 91, 104, 141, 145, 146, 151, 156, 206, 212, 254

Leib-Seele-Problem 30, 40ff., 46, 86, 139, 221, 226, 240ff., 260, 269, 285
Logos 71ff., 77, 164, 165, 254

Mathematik 63, 67, 79, 93, 141, 158, 169, 170, 172, 194, 196, 242, 244, 248
Mechanik 20ff., 193, 196, 200–202, 223, 227, 282
Mikrokosmos 96, 104, 140, 169
molekulare Biologie 25, 82, 205, 226, 268
Mutation 25, 26, 33, 38

Positivismus 229, 241, 245, 267

Quantenphysik 22ff., 32, 38, 173, 200, 202, 204, 209, 229, 249, 268

Relativitätstheorie 36, 203, 209, 229, 249
Reproduktion (im biologischen Generationszyklus) 25, 26, 38, 83, 85

Schöpfung 57, 95, 112, 117, 151, 169, 212
Selbstbilder 44, 269
Selbstgliederung, biologische 28
Selbstorganisation 29, 65, 88, 143
Selbstvermehrung (siehe Reproduktion)
Selbstverständnis 77, 239
Selbstverstärkung (als Prinzip der Strukturbildung) 29
Stoffwechsel 25, 26, 38, 83, 85

Unbestimmtheit (der Quantenphysik nach Heisenberg) 23, 32ff., 35, 46, 154, 155, 173, 204, 239
Unendliche(s), das 48, 64, 65, 146, 154, 157, 158
Unentscheidbarkeit (mathematisch-logische U. nach Gödel) 33, 35, 46

Verhaltensdisposition 41, 42, 44

Wahrnehmung 80, 81, 85, 134, 170

Zeit 22, 23, 37, 95, 142, 143, 157, 193, 194, 201, 207, 212, 237

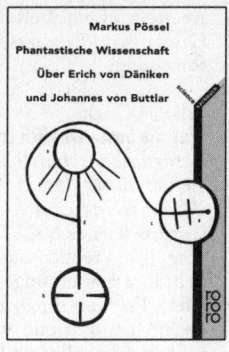

science

Die Reihe **rororo science** bietet Lesern, die sich für Naturwissenschaft und Technologien interessieren, aktuelle und verläßliche Informationen. Die Autoren sind Wissenschaftler und Wissenschaftsjournalisten, die ohne Formelhuberei und Fachkauderwelsch, dafür mit Sachverstand, Witz und farbiger Sprache, über verschiedene Bereiche der Forschung und deren Auswirkungen auf unser Leben berichten.

Hans Christian Baeyer
**Das All, das Nichts und Achterbahn** *Physik und Grenzerfahrungen*
(rororo science 60357)
«Der Autor ist ein Meister der Analogie, der das Abstrakte durch klug gewählte Beispiele mit dem Vertrauten verknüpft.»
*bild der wissenschaft*
**Das Atom in der Falle** *Forscher erschließen die Welt der kleinsten Teilchen*
rororo science 9923)
**Regenbogen, Schneeflocken und Quarks** *Physik und die Welt, die wir täglich erleben*
(rororo science 9709)

Albert Einstein /
Leopold Infeld
**Die Evolution der Physik**
(rororo science 9921)

Paul Halpern
**Löcher im All** *Modelle für Reisen durch Zeit und Raum*
(rororo science 60356)
Der Physiker Paul Halpern nimmt den Leser auf eine atemberaubende Reise in die Welt der kosmischen Löcher und Röhren mit.

Markus Pössel
**Phantastische Wissenschaft**
*Über Erich von Däniken und Johannes von Buttlar*
(rororo science 60259)
«In meinem Buch geht es um verschlüsselte Botschaften in Hamburgs Hauptkirchen, die Entwicklung der Hieroglyphenschrift, die Art und Weise, wie bestimmte Dinosaurier Fußabdrücke hinterlassen, und viele mehr.»
*Markus Pössel*

Gero von Randow (Hg.)
**Der Fremdling im Glas** *und weitere Anlässe zur Skepsis, entdeckt im «Skeptical Inquirer»*
(rororo science 9665)
**Mein paranormales Fahrrad** *und andere Anlässe zur Skepsis, entdeckt im «Skeptical Inquirer»*
(rororo science 9535)

*rororo science* wird herausgegeben von Jens Petersen. Ein Gesamtverzeichnis aller lieferbaren Titel finden Sie in der *Rowohlt Revue*. Vierteljährlich neu. Kostenlos in Ihrer Buchhandlung.

rororo sachbuch

Ausflüge in die Welt der Gehirn- und Bewußtseinsforschung:

Francis Crick
**Was die Seele wirklich ist** *Die naturwissenschaftliche Erforschung des Bewußtseins*
(rororo science 60257)
«Sie, Ihre Freuden und Leiden, Ihre Erinnerungen, Ihre Ziele, Ihr Sinn für Ihre eigene Identität und Willensfreiheit – bei alledem handelt es sich in Wirklichkeit nur um das Verhalten einer riesigen Ansammlung von Nervenzellen und dazugehörigen Molekülen. Lewis Carrolls Alice aus dem Wunderland hätte es vielleicht so gesagt: «Sie sind nichts weiter als ein Haufen Neurone.» – So beginnt das Buch des Medizin-Nobelpreisträgers Francis Crick, das unsere Vorstellungen dessen, was die Seele ist, auf den Kopf und den Boden der Tatsachen stellt.

Detlef B. Linke
**Kunst und Gehirn** *Eine Einführung*
(rororo science 60258)
Wie erzeugen Nervenzellen Bilder aus elektrischen Signalen? Wie arbeiten dabei linke und rechte Gehirnhälfte zusammen? Ist Genialität eine Hirnstörung? Ein Buch voller Geschichten von Menschen, bekannten wie van Gogh, Leonardo da Vinci oder Beuys, und unbekannten wie dem Studenten, der sich im Selbstversuch auf Linkshändigkeit umstellen wollte.

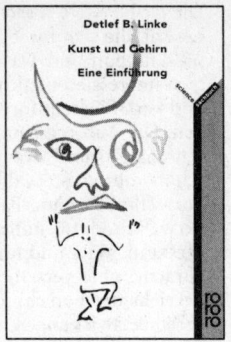

Jacques-Michel Robert
**Nervenkitzel** *Den grauen Zellen auf der Spur*
(rororo science 60253)
«Jacques-Michel Robert informiert den Leser amüsant und leicht verständlich über ein komplettes wissenschaftliches Sachgebiet.» *Badische Zeitung*

Ulrich Schnabel / Andreas Sentker
**Wie kommt die Welt in den Kopf?** *Reise durch die Werkstätten der Bewußseinsforscher*
(rororo science 60256)
Die Autoren porträtieren in ihrem Buch die Protagonisten der «Bewußtseinsszene» und bieten Orientierung im Dschungel der Theorien und Spekulationen.

*rororo science* wird herausgegeben von Jens Petersen. Ein Gesamtverzeichnis aller lieferbaren Titel finden Sie in der *Rowohlt Revue*. Vierteljährlich neu. Kostenlos in Ihrer Buchhandlung.

**Dr. James Trefil,** geboren 1938 in Chicago, ist Physikprofessor an der George Manson Universität in Virginia.

**Physik im Strandkorb** *Von Wasser, Wind und Wellen*
Deutsch von Helmut Mennicken
288 Seiten. Gebunden
Wie kommt das Salz ins Meer? Warum gibt es Ebbe und Flut? Wieso rollen die Wellen immer parallel auf den Strand zu? «Ein herrlicher Ausflug vom Strand bis ans Ende des Sonnensystems.»
*The New York Times*

**Physik in der Berghütte** *Von Gipfeln, Gletschern und Gestein*
(rororo science 9382)
James Trefils Streifzüge durchs Gebirge sind keine schweißtreibenden Kletterpartien, sondern lustvolle Gedankenreisen: von Felsmassiven zur Geschichte der Erde, vom sprudelnden Gebirgsbach zur Strömungslehre und Chaostheorie, vom Drehwuchs der Bäume zum Ursprung des Lebens.
«Trefil ist einer der wenigen Wissenschaftler, die dem Leser nicht nur die wissenschaftlichen Sachverhalte, sondern auch den Spaß daran vermitteln.»
*Los Angeles Times*

**Fünf Gründe, warum es die Welt nicht geben kann** *Die Astrophysik der Dunklen Materie*
(rororo science 9313)
«Am weiten Himmel der populärwissenschaftlichen Literatur ist Professor Trefils Buch zweifellos ein heller Stern: Dem physikalischen Laien bietet dieses Buch nicht nur einen tiefen Einblick in Geschichte und derzeitigen Stand der Astrophysik, sondern auch in die Methodik einer lebendigen Wissenschaft.» *Universitas*

*rororo science* wird herausgegeben von Jens Petersen. Ein Gesamtverzeichnis aller lieferbaren Titel finden Sie in der *Rowohlt Revue*. Vierteljährlich neu. Kostenlos in Ihrer Buchhandlung.

*James Trefil*

*rororo science*

Rolf Degen
**Der kleine Schlaf zwischendurch**
*In Minuten frisch erholt
und fit*
(rororo sachbuch 60213)

Ingo Jarosch
**Tai Chi** *Neue Körperer-
fahrung und Entspannung*
(rororo sachbuch 18803)

Sue Luby
**Hatha Yoga** *Entspannen,
auftanken, sich wohl
fühlen*
(rororo sachbuch 18592)
«Das Buch wendet sich an
Anfänger und Fortgeschritte-
ne verschiedenen Grades. Es
möchte dem Leser helfen,
Geist und Körper auf
intelligente Weise beherrschen zu lernen, um dadurch
Gesundheit und Spannkraft
des Körpers zu erhöhen.
Diese Absicht des Buches
kann der Leser gewiß mit
Erfolg erreichen, wenn er
nach den Anleitungen des
Buches übt. Es ist ein
intelligentes Buch.»
*BDY-Information (Berufs-
verband der deutschen
Yogalehrer)*

Paul Wilson
**Wege zur Ruhe** *100 Tricks
und Techniken zur
schnellen Entspannung*
(rororo sachbuch 60119)
Ein kurzweiliger Reader für
hektische Zeiten: Neben
Klassikern wie Atemtechnik,
Stretching, Autosuggestion
und Massagen stellt der
Autor auch viele überra-
schende Wege zur Ruhe vor.
Für besonders Ungeduldige
und Gestreßte gibt es
effektive Hilfe für den
«Notfall».

Paul Wilson
**Zur Ruhe kommen** *Einfache
Wege zur Meditation*
(rororo sachbuch 60533)
Viele Menschen zucken bei
dem Wort «Meditation»
zusammen: Sie denken an
wallende Gewänder, Sekten
und unverständliche fern-
östliche Philosophie.
Paul Wilson geht sehr be-
hutsam auf die Ängste seiner
Leser ein und führt sie
locker, eloquent und gänzlich undogmatisch an die
Wohltaten des regelmäßigen
Meditierens heran.

Ein Gesamtverzeichnis aller
lieferbaren Titel der Reihe
*rororo gesundes leben* finden
Sie in der *Rowohlt Revue.*
Vierteljährlich neu. Kostenlos in Ihrer Buchhandlung.

Rowohlt im Internet:
http://www.rowohlt.de

Jeanne Achterberg
**Gedanken heilen** *Die Kraft der Imagination. Grundlagen einer neuen Medizin*
(rororo sachbuch 18548)
«Die neuen Verhaltenstherapien, die die Imagination in den Mittelpunkt stellen, wie zum Beispiel gelenkte Phantasien, Hypnose und Biofeedback haben in kontrollierten Testsituationen ihren Einfluß auf die Immunität bewiesen. Nun, da sich die schwer faßbaren Geheimnisse des menschlichen Geistes zu enthüllen beginnen, spielt sich vor unseren Augen ein faszinierendes, noch nie dagewesenes Drama ab: Das wissenschaftliche Paradigma wechselt, die Metaphern vermischen sich. Es ist ein guter Augenblick zu leben.»
*Dr. med. Jeanne Achterberg*

Bärbel und Walter Bongartz
**Hypnose** *Wie sie wirkt und wem sie hilft*
(rororo sachbuch 19133)

Norman Cousins
**Der Arzt in uns selbst** *Wie Sie Ihre Selbstheilungskräfte aktivieren können*
Mit einem Vorwort von Heiko Ernst
(rororo sachbuch 19307)
Norman Cousins litt an einer tückischen Knochendegeneration, als er beschloß, sich selbst zu heilen: durch Höchstdosen von Vitamin C und – Lachen. Zur Verblüffung aller Fachleute war seine Therapie tatsächlich erfolgreich. Er beschreibt hier seinen sensationellen Heilungsprozeß, der die Wegscheide in der modernen Medizin markiert.

NORMAN COUSINS
**DER ARZT IN UNS SELBST**
Wie Sie Ihre Selbstheilungskräfte aktivieren können

Volker Friebel
**Die Kraft der Vorstellung**
*Visualisieren: Übungen zur Stärkung des Immunsystems*
(rororo sachbuch 19959)

Frauke Teegen
**Die Begegnung mit dem Schatten**
*Erkundungen in den Tiefenschichten des Bewußtseins*
(rororo sachbuch 18533)
**Körperbotschaften** *Selbstwahrnehmung in Bildern*
(rororo sachbuch 19651)

Ein Gesamtverzeichnis aller lieferbaren Titel der Reihe *rororo gesundes leben* finden Sie in der *Rowohlt Revue*. Vierteljährlich neu. Kostenlos in Ihrer Buchhandlung.

Rowohlt im Internet:
http://www.rowohlt.de

Annette Bopp / Gerd Glaeske
**Was hilft? Medikamentenführer für Frauen**
(rororo sachbuch 60176)

Gisa Briese-Neumann
**Herausforderung Stress**
*Gesund durch Körper- und InnerManagement*
(rororo sachbuch 60212)

Cherry Hartman /
Julie Sheldon Huffaker
**Über den Wolken** *Entspannt fliegen, erholt ankommen*
(rororo sachbuch 60237)

Dietmar Juli /
Angelika Schulz
**Stressverhalten ändern lernen**
*Vorbeugung und Hilfe bei psychosomatischen Störungen und Krankheiten*
(rororo sachbuch 60214)
Jedes gesundheitsschädliche Stressverhalten ist Folge einer psersönlichen Entwicklung, die erkannt werden muß, damit Änderungen möglich werden. Hier setzt dieses Buch an; es verbindet das medizinische Stresskonzept mit Aussagen der psychologischen Lerntheorie.

Heidy Lambelet
**Hinter den Augen lächeln**
*Körperübungen zum Entspannen und Wohlfühlen*
(rororo sachbuch 19780 / Großformat)

Judith Leibowitz /
Bill Connington
**Die Alexander-Technik**
*Körpertherapie für jedermann*
(rororo sachbuch 19502)

Inga-Maria Richberg
**Praktische Homöopathie heute**
*Anleitung zur Selbstbehandlung*
(rororo sachbuch 60276)

Nicole Ronsard
**Das Anti-Cellulite-Erfolgsprogramm**
(rororo sachbuch 60370)

Benno Werner
**Im Rhythmus der Jahreszeiten**
*Gesund leben im Einklang mit der Natur*
(rororo sachbuch 60279)
Der Autor zeigt auf, welche Organe in welcher Jahreszeit besonders aktiv sind und welche Emotionen in dieser Zeit dominieren. Mit zahlreichen Übungen für Körper, Geist und Seele gibt er wertvolle Hinweise für ein gesundes Leben.

Ein Gesamtverzeichnis aller lieferbaren Titel der Reihe *rororo gesundes leben* finden Sie in der *Rowohlt Revue*. Vierteljährlich neu. Kostenlos in Ihrer Buchhandlung.

Rowohlt im Internet:
http://www.rowohlt.de